"十四五"职业教育国家规划教材

（第四版）

# 变频器原理及应用技术

◉ 童克波 / 主编

傅继军 曾益保 任有春 / 副主编

U0244341

微课版

大连理工大学出版社

**图书在版编目(CIP)数据**

变频器原理及应用技术 / 童克波主编. -- 4 版. --
大连：大连理工大学出版社，2021.9(2025.1重印)
ISBN 978-7-5685-3147-4

Ⅰ. ①变… Ⅱ. ①童… Ⅲ. ①变频器－高等职业教育
－教材 Ⅳ. ①TN773

中国版本图书馆 CIP 数据核字(2021)第 158436 号

大连理工大学出版社出版

地址：大连市软件园路 80 号　邮政编码：116023
营销中心：0411-84707410　84708842　邮购及零售：0411-84706041
E-mail：dutp@dutp.cn　　URL：https://www.dutp.cn
辽宁虎驰科技传媒有限公司印刷　　大连理工大学出版社发行

幅面尺寸：185mm×260mm　　印张：16.5　　字数：412 千字
2012 年 7 月第 1 版　　　　　　2021 年 9 月第 4 版
2025 年 1 月第 8 次印刷

责任编辑：唐　爽　　　　　　　　责任校对：陈星源
封面设计：张　莹

ISBN 978-7-5685-3147-4　　　　　　　　定　价：51.80 元

# 前　言

　　《变频器原理及应用技术》(第四版)是"十四五"职业教育国家规划教材。

　　本教材内容由浅入深,结构新颖,重点突出,主题鲜明,注重高等职业教育的实际情况以及知识的完整性,且保证其通用性。本教材按"项目引导、任务驱动"模式编写,突出工作过程的导向流程,提出任务实施的目的和要求;在"相关知识"部分,对任务涉及的理论知识进行梳理;在"任务实施"部分,对所讲知识加以应用。整本教材努力使教学内容脱离传统的理论教材,以"理实一体化"的模式呈现。

　　本教材由 8 个项目共 25 个任务组成,每个任务又由"任务引入""任务目标""相关知识""任务实施""知识拓展"组成。项目 1～项目 4 介绍了变频器调速的基础知识、变频器的类型、变频器的选择及变频器的安装、使用与维护。由于西门子MM 系列变频器近年来在国内获得了较好的应用,所以项目5 以 MM440 变频器为例,通过 8 个任务,详细阐述了 MM440变频器的各种操作方法和参数设置。项目 6、项目 7 分别介绍了 G120 变频器和 ACS510 变频器的基本操作。项目 8 阐述了变频调速控制系统的设计。

　　本教材由兰州石化职业技术大学童克波任主编,兰州石化职业技术大学傅继军、兰州石化职业技术大学曾益保、中国神华煤制油化工有限公司鄂尔多斯煤制油分公司任有春任副主编,兰州石化职业技术大学孙红英任参编。具体编写分工如下:项目 1～项目 3、项目 6 由童克波编写;项目 4、项目 5 的任务 1 和附录 C 由曾益保编写;项目 5 的任务 2～任务 5、附录 A 和附录 B 由傅继军编写;项目 5 的任务 6～任务 8、项目8 和附录 D 由孙红英编写;项目 7 和附录 E 由任有春编写。全书由童克波负责统稿并定稿。

本教材有效应用现代信息技术,建设了丰富的立体化数字教学辅助资源。其中,针对知识重点和难点,本教材开发了微课视频;全面贯彻党的二十大精神,设置"素质课堂",融合素质教育与拓展阅读的内容,全方位助力教师授课和学生自学。

在编写本教材的过程中,编者参考、引用和改编了国内外出版物中的相关资料以及网络资源,在此对这些资料的作者表示深深的谢意!请相关著作权人看到本教材后与出版社联系,出版社将按照相关法律的规定支付稿酬。

尽管我们在探索教材特色的建设方面做出了许多努力,但教材内容仍可能存在一些疏漏和不足之处,恳请读者批评指正,并将建议及时反馈给我们,以便修订时改进。

编　者

所有意见和建议请发往:dutpgz@163.com

欢迎访问职教数字化服务平台:https://www.dutp.cn/sve/

联系电话:0411-84707424　84708979

# 目　录

项目 1　了解变频器调速 ································································· 1

　　任务 1　异步电动机的调速运行 ················································· 1

　　任务 2　变频器的调速控制 ······················································ 7

项目 2　了解变频器的基本结构及分类 ············································· 13

　　任务 1　了解变频器的基本结构 ··············································· 13

　　任务 2　了解变频器的分类 ····················································· 20

项目 3　变频器的选择 ································································· 32

　　任务 1　了解变频器的技术规范 ··············································· 32

　　任务 2　了解变频器的选择方法 ··············································· 37

项目 4　变频器的安装、使用与维护 ················································ 44

　　任务 1　变频器的安装 ··························································· 44

　　任务 2　变频器的调试与维护 ·················································· 56

　　任务 3　变频器外围设备的选择 ··············································· 63

项目 5　MM440 变频器的基本操作 ················································· 72

　　任务 1　了解 MM440 变频器的端子 ·········································· 72

　　任务 2　MM440 变频器的面板操作与运行 ·································· 79

　　任务 3　MM440 变频器的端子控制操作 ····································· 93

　　任务 4　MM440 变频器的多段速操作 ········································ 99

　　任务 5　MM440 变频器的模拟量控制运行操作 ·························· 112

　　任务 6　MM440 变频器的输出 ··············································· 119

　　任务 7　MM440 变频器的 PID 控制运行操作 ···························· 127

　　任务 8　变频与工频的切换控制 ············································· 132

项目 6　G120 变频器的基本操作 ·················································· 137

　　任务 1　G120 变频器的 BOP 操作 ·········································· 137

　　任务 2　G120 变频器的宏操作 ·············································· 149

　　任务 3　G120 变频器的多段速操作 ········································· 164

项目 7  ACS510 变频器的基本操作 ………………………………………………… 174

　　任务 1  ACS510 变频器的端子和控制盘操作 ……………………………… 174

　　任务 2  ACS510 变频器的标准宏操作 ……………………………………… 182

　　任务 3  ACS510 变频器的 3-线宏操作 ……………………………………… 197

项目 8  变频调速控制系统的设计 …………………………………………………… 212

　　任务 1  变频调速控制系统设计及电动机的选择 ………………………… 212

　　任务 2  根据控制对象设计变频调速控制系统 …………………………… 218

参考文献 ……………………………………………………………………………… 228

附　录 ………………………………………………………………………………… 229

　　附录 A  MM440 变频器功能参数表 ……………………………………… 229

　　附录 B  MM440 变频器故障信息及排除 ………………………………… 243

　　附录 C  MM440 变频器报警信息及排除 ………………………………… 247

　　附录 D  G120 变频器故障/报警信息及排除 …………………………… 250

　　附录 E  ACS510 变频器功能参数表 ……………………………………… 252

# 项目 1
# 了解变频器调速

# 任务 1 异步电动机的调速运行

任务引入

交流电动机分为异步电动机和同步电动机两大类,其中异步电动机结构简单、运行可靠、维护方便、价格低廉,是所有电动机中应用最广泛的一种。目前,在电力拖动中多数采用的是异步电动机。在电力系统总负荷中,三相异步电动机占 50% 以上。因此,了解三相异步电动机的变频调速具有重要意义。

**任务目标**

(1)了解异步电动机的基本结构。
(2)了解异步电动机的旋转原理。
(3)了解异步电动机的机械特性及典型负载机械特性。

**相关知识**

## 1. 异步电动机的基本结构

异步电动机的主要结构包括以下部分:磁路部分,定、转子铁芯;电路部分,定、转子绕组;机械部分,机座、端盖、轴和轴承等。

异步电动机的定子上装有三相对称绕组,转子上也有绕组,分为两种:一种是绕线型,一种是笼型。其绕组都是自成回路的"短路绕组"。

绕线型转子绕组与定子绕组一样,也是三相对称绕组。转子绕组连接成星形,即三相绕组的末端接在一起,三个始端分别接到彼此相互绝缘的三个铜制滑环上。滑环固定在转轴上,并与转轴绝缘。滑环随转轴旋转,与固定的电刷滑动接触。电刷安装在电刷架上,电刷的引出线通常与外接三相变阻器连接。通过滑环、电刷将转子绕组与外接三相变阻器构成闭合回路,用以改善电动机的启动和调试性能。绕线型转子绕组如图 1-1 所示。

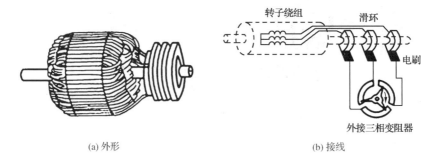

(a) 外形                (b) 接线

图 1-1   绕线型转子绕组

笼型转子绕组由转子槽中的裸导条和连接这些裸导条的端环组成。100 kW 以上异步电动机的笼型转子绕组由插入转子槽中的铜条焊上端环构成,如图 1-2(a)所示。小型异步电动机的笼型绕组通常采用熔化的铝液在转子铁芯上一次浇铸而成,端环上铸有风扇叶片,以供电动机内部通风散热,如图 1-2(b)所示。

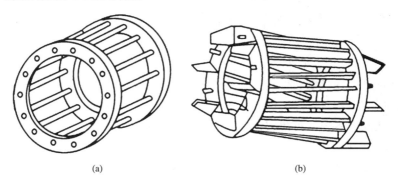

(a)                        (b)

图 1-2   笼型转子绕组

## 2. 异步电动机的工作原理

三相异步电动机的定子上装有互差 120°的 U、V、W 三相对称绕组,当三相绕组通以 $U_U$、$V_V$、$W_W$ 三相对称交流电压后,就产生三相互差 120°的三相对称交流电流,其波形如图 1-3(a)所示。在 $t_1 \sim t_4$ 时刻的一个周期里,定子绕组产生的磁场旋转一周(360°),如图 1-3(b)所示。当电源频率 $f_1 = 50$ Hz 时,流入定子绕组的三相对称电流就将在电动机的气隙内产生一个转速为 $n_1 = 60\dfrac{f_1}{p}$ 的旋转磁场。当转子导体被该旋转磁场的磁力线切割时,导体内将产生感应电动势,在转子回路闭合的情况下,转子导体中就有电流流通。根据载流导体在磁场中产生电磁力的作用,用左手定则就可以判断出转子受到了一个与旋转磁场同方向的转矩。当该转矩大于转轴上的阻力矩时,转子就转动起来,这就是异步电动机的基本工作原理。

电动机转子转动的方向与旋转磁场的方向虽然相同,但它们的转速却不相等。因为如果二者相等,转子导体就不可能切割磁力线,转子电动势、电流就不存在,当然转矩也就没有了。因此,转子的转速一定小于旋转磁场的转速。如果在外力拖动作用下,转子的转速大于旋转磁场的转速,则电动机就成了发电机。如果用 $n_1$ 表示旋转磁场转速,$n$ 表示电动机轴实际转速,$s$

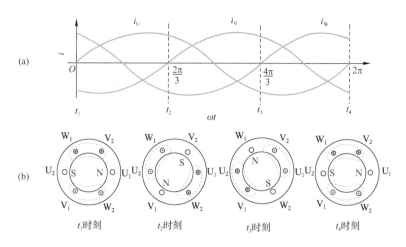

图 1-3　三相交流波形及旋转磁场

表示转差率，则

$$s=\frac{(n_1-n)}{n_1}\times100\%\tag{1-1}$$

当 $s>0$ 时，为电动机运行；当 $s<0$ 时，为发电机运行。

## 3. 异步电动机的机械特性

### （1）自然机械特性

如图 1-4 所示为固定电压下异步电动机的电流曲线和自然机械特性曲线。

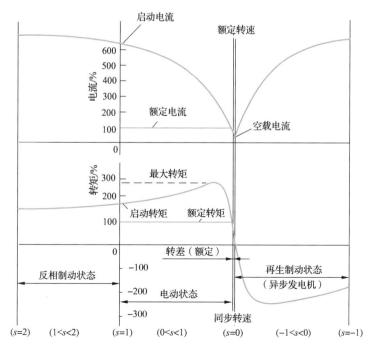

图 1-4　固定电压下异步电动机的电流曲线和自然机械特性曲线

图 1-4 中的术语说明如下：

①启动转矩　处于停止状态的异步电动机加上电压后，电动机所产生的转矩。通常为额定转矩的 1.25 倍。

②最大转矩　在理想情况下，电动机在临界转差率为 $s_m$ 时产生的最大转矩 $T_m$。

③启动电流　通常启动电流为额定电流的 4～7 倍。

④空载电流　电动机在空载时产生的电流，此时电动机的转速接近同步转速。

⑤电动状态　电动机产生转矩，使负载转动。

⑥再生制动状态　由于负载的原因，电动机实际转速超过同步转速，此时，负载的机械能转换为电能并反馈给电源，异步电动机作为发电机运行。

⑦反相制动状态　将三相电源中的两相互换后，旋转磁场的方向发生改变，对电动机产生制动作用，负载的机械能将转换为电能，并消耗于转子电阻上。

### (2)异步电动机调速时的机械特性

异步电动机的转速 $n$ 为

$$n = \frac{60 f_1}{p}(1-s) = n_1(1-s) \tag{1-2}$$

式中　$n$——电动机轴转速，r/min；

　　　$f_1$——电源频率，Hz；

　　　$s$——转差率。

　　　$p$——电动机的极对数；

　　　$n_1$——同步转速，r/min。

当电动机空载时，转差率 $s$ 接近于零，而当电动机满载(产生额定转矩)时，则转差率 $s$ 一般为 1%～10%。

由式(1-2)可知，改变 $f_1$、$s$ 和 $p$ 中任意一个，即可改变电动机的转速。因此，异步电动机的调速最容易实现的是变极调速和改变转差率调速。只要有一个变频电源用以改变电动机的电源频率，就可实现对电动机变频调速。

变频电源除满足频率可变的条件外，还必须考虑有效利用电动机励磁抑制启动电流及获取理想转矩特性等功能。早期的通用变频器多采用恒 $U/f$ 控制方式，即对变频器的输出电压 $U$ 和 $f$ 同时进行控制，故通用变频器也常被称为 VVVF 变频器(Variable Voltage Variable Frequency)。

异步电动机调速时的机械特性曲线如图 1-5 所示。

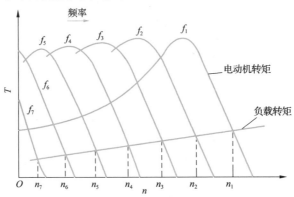

图 1-5　异步电动机调速时的机械特性曲线

## 4. 异步电动机负载的机械特性

异步电动机的负载特性主要是指负载的阻转矩与速度的关系。常见的有恒转矩负载、恒功率负载和二次方律负载。

### (1)恒转矩负载

恒转矩负载的转矩特点是在不同的转速下,负载的阻转矩基本恒定,即负载阻转矩 $T_L$ 的大小与转速 $n_L$ 的高低无关。其机械特性曲线如图 1-6(a)所示。

恒转矩负载的功率特点表达式为

$$P_L = \frac{T_L n_L}{9\,550} \tag{1-3}$$

可见,负载功率与转速成正比,其功率曲线如图 1-6(b)所示。

带式输送机是恒转矩负载的典型实例之一,其基本机构和工作情况如图 1-6(c)所示。皮带与滚筒间的摩擦力 $F$ 与皮带和滚筒的材质有关,与滚筒的转速无关,若滚筒半径 $r$ 不变,则 $F$、$r$ 两者都与滚筒的转速无关。因此,负载的阻转矩为

$$T_L = Fr \tag{1-4}$$

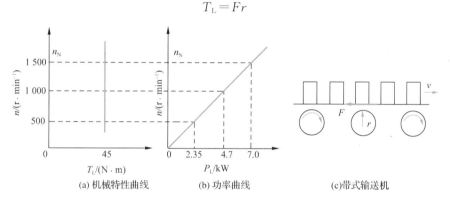

(a) 机械特性曲线　　　(b) 功率曲线　　　(c)带式输送机

图 1-6　恒转矩负载及其特性

### (2)恒功率负载

恒功率负载的功率特点是在不同的转速下,负载的功率基本恒定,其功率曲线如图 1-7(b)所示。这里所说的"恒功率"指的是:此类负载一旦被电动机拖动运行,其负载的变化不会影响电动机的功率。例如,机床上的同一工件,若所受的切削力变大了,就要求机床主轴转动的线速度 $v$ 减小,以保证加工质量和机床的安全,而此时电动机的输出功率不变。但它不是指无论什么负载、轻重如何,加到同一台电动机上都输出同样的功率。机床上加工不同工件时要求电动机的功率是不同的。又如卷取机械,当被卷物体的材质不同时,所要求的张力和线速度是不一样的,所要求的电动机的卷取功率的大小也就不相等。

恒功率负载的转矩计算公式为

$$T_L = \frac{9\,550 P_L}{n_L} \tag{1-5}$$

可见,负载阻转矩的大小与转速成反比,如图 1-7(a)所示。

各种薄膜的卷取机械是恒功率负载的典型实例之一,如图1-7(c)所示。其工作特点:随着薄膜卷的卷径不断增大,卷取辊的转速应逐渐减小,以保证薄膜的线速度恒定,从而也保证了张力的恒定。

从图1-7(c)可知,负载阻转矩的大小取决于 $T_L = Fr$($F$ 为卷取物的张力,在卷取过程中,要求张力保持恒定;$r$ 为卷取物的卷取半径,随着卷取物不断地卷绕到卷取辊上,$r$ 将越来越大。)

由于具有以上特点,在卷取过程中,拖动系统的功率是恒定的,即

$$P_L = Fv \tag{1-6}$$

式中  $v$——卷取物的线速度,在卷取过程中,为了使张力大小保持不变,要求线速度也保持恒定。

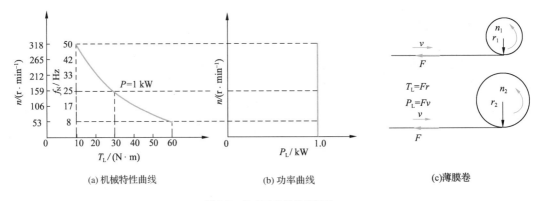

(a) 机械特性曲线  (b) 功率曲线  (c)薄膜卷

图 1-7  恒功率负载及其特性

### (3)二次方律负载

二次方律负载,如离心式风机和水泵类电动机,其负载的阻转矩 $T_L$ 与转速 $n_L$ 的二次方成正比,即

$$T_L = K_T n_L^2 \tag{1-7}$$

其机械特性曲线如图1-8(a)所示。

负载的功率 $P_L$ 与转速 $n_L$ 的三次方成正比,即

$$P_L = \frac{T_L n_L}{9\,550} = \frac{K_T n_L^2 n_L}{9\,550} = K_P n_L^3 \tag{1-8}$$

式中  $K_T$——二次方律负载的转矩常数;

  $K_P$——二次方律负载的功率常数。

其功率曲线如图1-8(b)所示。

离心风机和水泵都属于典型的二次方律负载。以风扇叶片为例,如图1-8(c)所示,即使在空载的情况下,电动机的输出轴上也会有损耗转矩 $T_0$,如摩擦转矩等。因此,严格地讲,其转矩表达式应为

$$T_L = T_0 + K_T n_L^2 \tag{1-9}$$

其功率表达式应为

$$P_L = P_0 + K_P n_L^3 \tag{1-10}$$

式中  $P_0$——空载损耗。

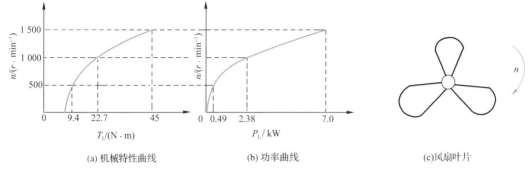

(a) 机械特性曲线 (b) 功率曲线 (c)风扇叶片

图 1-8 二次方律负载及其特性

## 思考与练习

(1)异步电动机变极调速、改变转差率调速和 U/f 调速各有什么特点？

(2)恒转矩、恒功率和二次方律负载，除书中所举实例外，你还能举出新的实例吗？

# 任务 2 变频器的调速控制

## 任务引入

目前我国电动机装备中交流电动机占了 90% 左右。在电力系统总负荷中，三相异步电动机占 50% 以上。在各种异步电动机调速控制系统中，目前效率最高、性能最好的系统是变压变频调速控制系统，异步电动机的变压变频调速控制系统一般简称为变频器。通用变频器使用方便、可靠性高，已成为现代自动控制系统的主要组成部件之一。

## 任务目标

(1)了解变频器的基本控制方式。

(2)掌握变频器带负载时控制方式的选择方法。

(3)掌握变频器调速时的主要技术指标。

素质课堂1

## 相关知识

### 1. 变频器的基本控制方式

由电机学知识可知,定子绕组的反电动势是定子绕组切割旋转磁场磁力线的结果,本质上是定子绕组的自感电动势。三相异步电动机定子每相电动势的有效值为

$$E_1 = 4.44 k_{r1} f_1 N_1 \Phi_M \qquad (1\text{-}11)$$

式中　$E_1$——定子每相电动势的有效值,V;

$k_{r1}$——与绕组结构有关的常数;

$f_1$——定子绕组感应电动势频率,与电源频率相等;

$N_1$——定子每相绕组串联匝数;

$\Phi_M$——每极气隙磁通,Wb。

由式(1-11)可知,如果定子每相电动势的有效值 $E_1$ 不变,改变定子频率就会出现下列两种情况:

(1)如果 $f_1$ 高于电动机的额定频率 $f_{1N}$,那么每极气隙磁通 $\Phi_M$ 就会小于额定气隙磁通 $\Phi_{MN}$。其结果:尽管电动机的铁芯没有得到充分利用是一种浪费,但是在机械条件允许的情况下,长期使用不会损坏电动机。

(2)如果 $f_1$ 低于电动机的额定频率 $f_{1N}$,那么每极气隙磁通 $\Phi_M$ 就会大于额定气隙磁通 $\Phi_{MN}$。其结果:电动机的铁芯产生过饱和,从而导致过大的励磁电流,严重时会因绕组过热而损坏电动机。

要实现变频调速,在不损坏电动机的条件下充分利用电动机铁芯,发挥电动机转矩的能力,最好在变频时保持每极气隙磁通量 $\Phi_M$ 为额定值不变。对于直流电动机,励磁系统是独立的,尽管存在电枢反应,但只要对电枢反应进行适当的补偿,保持 $\Phi_M$ 不变是很容易做到的。在异步电动机中,磁通是定子和转子磁动势合成产生的,如何才能保持磁通基本不变呢?有如下四种方式:

#### (1)恒比例控制方式

由式(1-11)可知,要保持 $\Phi_M$ 不变,当频率 $f_1$ 从额定值 $f_{1N}$ 向下调节时,必须同时减小 $E_1$,使 $\dfrac{E_1}{f_1}$ = 常数,即采用电动势与频率之比恒定的控制方式。然而,绕组中的感应电动势是难以直接控制的,当电动势的值较大时,可以忽略定子绕组的漏磁阻抗压降,而认为定子相电压 $U_1 \approx E_1$,则

$$\frac{U_1}{f_1} = 常数 \qquad (1\text{-}12)$$

在恒压频比条件下改变频率时,可以证明机械特性曲线基本上是平行下移的,如图 1-9 所示。这和他励直流变压调速的特

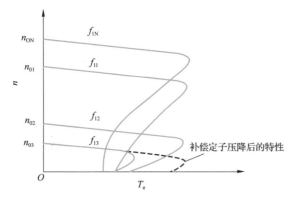

图 1-9　恒比例调速时的机械特性曲线

性相似,所不同的是当转矩增大到最大值以后,特性曲线就折回来了。如果电动机在不同转速下都具有额定电流,则电动机都能在温升允许的条件下长期运行,这时转矩基本上随磁通变化。由于在基频以下调速时磁通恒定,所以转矩也恒定。根据电机与拖动原理,这种调速属于恒转矩调速。低频时,$U_1$ 和 $E_1$ 都较小,定子阻抗压降所占的分量就比较显著,不能再忽略。这时,可以人为地把电压 $U_1$ 增大一些,以便近似补偿定子压降。

**(2)恒磁通控制方式**

由式(1-11)可知,要在整个调速范围内实现恒磁通控制,必须按以下需求进行控制,即

$$\frac{E_1}{f_1}=常数 \tag{1-13}$$

式(1-13)是维持恒磁通(维持最大转矩变频调速)的协助条件。但是,由于电动机的每相电动势 $E_1$ 难以测量和控制,所以实际应用中采用一种近似的恒磁通控制方法,具体做法:当频率较高时,采用恒比例控制方式;当频率较低时,电动机在低频运行时的带负载能力将有所减弱,为了增强电动机的带负载能力,在低频运行时可以适当加大 $U/f$,来增大电动机的输出转矩。这种方法通常称为转矩提升。引入低频补偿,也就是通过控制环节,适当增大变频电源输出电压,以补偿低频时定子电阻上的压降,维持磁通不变,实现恒转矩控制。如图 1-10 所示为恒磁通变频调速时的各种补偿曲线,其中曲线 1 为无补偿时的 $U_1$ 与 $f_1$ 的关系曲线,曲线 2~4 为有补偿时的 $U_1$ 与 $f_1$ 的关系曲线。

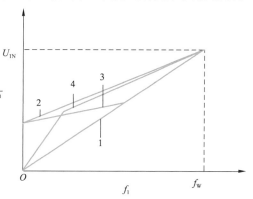

图 1-10　恒磁通变频调速时的各种补偿曲线

**(3)恒功率控制方式**

当调速转速超过额定转速时,要求 $f_1>f_{1N}$。此时,若仍按恒磁通控制方式控制,则 $U_1$ 会超过 $U_{1N}$(额定电压),这是不允许出现的。这时必须改用恒功率控制方式,即当 $f_1>f_{1N}$ 时,应保持 $U_1=U_{1N}$,不进行电压的协调控制。随着频率的升高,气隙磁通会小于额定磁通,导致转矩减小,但频率升高,速度会增大。由 $P=\dfrac{Tn}{9\,550}$ 可知,当 $T$ 减小的倍数和 $n$ 增大的倍数相等时,$P$ 维持不变,故称这种方式为恒功率控制方式。不过,$T$ 和 $n$ 并非严格地等比例增减,这只能说是一种近似的恒功率控制方式。

如果要准确地维持恒功率调速,必须按以下原则进行电压、频率的协调控制,即

$$\frac{U_1}{\sqrt{f_1}}=常数 \tag{1-14}$$

与恒比例控制方式比较,在采用恒功率控制时,随着 $f_1$ 的升高,要求 $U_1$ 增大相对小一些。恒功率控制方式的特点是输出功率不变,适用于负载随转速的增大而变轻的场合。

**(4)恒电流控制方式**

在变频调速时,保持三相异步电动机定子电流 $I_1$ 为恒定值,这种控制方式称为恒电流控制。

$I_1$ 的恒定可通过电流调节器的闭环控制来实现。这种系统不仅安全可靠,而且具有良好的工作特性。恒流控制和恒磁通控制的机械特性曲线形状基本相同,均具有恒转矩调速性质。变频时,对最大转矩大小影响不大。但由于恒流控制限制了 $I_1$,所以恒流控制时的最大转矩 $T_m$ 要比恒磁通控制时小得多,且过载能力小,因此,这种方式只适用于负载变化不大的场合。

## 2. 控制方式的选择

为了使异步电动机变频调速时取得最好的技术和经济效果,不同类型的负载应根据具体要求选择不同的控制方式。控制方式应满足的条件:

(1)电动机的过载能力不低于额定值,以防堵转。

(2)每极磁通不应超过额定值,以免磁路饱和。

(3)电流不应超过额定值,以免引起电动机过热。

(4)电动机的损耗最小。

(5)充分利用电动机的容量,尽可能使磁路保持额定值,以充分利用铁芯;尽可能使电流保持额定值,以充分利用绕组导线;尽可能使功率因数保持额定值,以免降低电动机出力。

以上条件中,前三条是技术条件,后两条是经济条件。根据负载不同,控制方式的选择可分为以下两种情况:

### (1)额定频率以下控制方式的选择

工程实际中常用的负载有二次方律负载、恒功率负载和恒转矩负载。这些负载的机械特性不同,调速范围不同,所要求的控制方式也不一样。

①二次方律负载　这类负载的性质是转矩和转速的平方成正比,如风机、水泵类负载。恒磁通控制时,磁通不变,由于负载转矩和转速的平方成正比,所以电动机电流也和转速的平方成正比。随着转速的减小,电流急剧减小,使电动机的铜耗大大减小,故二次方律负载在负载重、电流大、铜耗大的场合采用恒磁通控制方式较合适。但对于负载轻的场合,不宜采用这种控制方式,这是因为恒磁通控制时,磁通不变,铁耗较大,对减小轻载时的损耗不利。这时,可采用恒电流控制方式。恒电流控制时,对风机、水泵类负载,磁通和转速的平方成正比,随着转速的减小,铁耗大大减小,有利于减小电动机损耗。

②恒功率负载　恒功率负载的转矩与转速成反比。在决定这类负载的电动机容量时,电动机转矩应由最小转速时的负载转矩决定,转速则由最大转速时的负载转速决定。对于恒功率负载,可采用恒磁通控制方式和恒功率控制方式。

恒磁通控制方式的特点是磁通不变和最大转矩不变。采用恒磁通控制方式,可使电动机铁芯获得充分利用,另外,恒功率型负载随着转速的增大,负载转矩减小,电流也随之减小,电流和转速成反比。若调速范围为 $D$,则在额定转速时的电流为额定电流的 $1/D$,因此,有利于减小铜耗。这种控制方式比较适于重载的场合,因为负载重、铜耗大,在调速中如果能减小铜耗,则对提高效率有利。

恒功率控制方式的特点是输出功率不变。在低速段,磁通和电流均为额定值,随着转速增大,磁通和电流均减小。和磁通不变的控制方式相比,这种方式铁耗要小,而铜耗要大。因此,比较适于负载较轻的场合。

③恒转矩负载　在电动机满载的条件下,恒转矩负载只有一种控制方式,即恒磁通控制方式。这种控制方式能同时保证磁通不变、电流不变以及过载倍数不变。其他控制方式则不能

使这些技术条件得到满足。

**（2）额定频率以上控制方式的选择**

在额定频率以上，负载皆为恒功率负载，一般采用恒电压控制方式，即近似恒功率控制方式。恒压控制方式在保持电压不变的条件下，输出转矩近似和转速成反比，电动机功率因数也随转速的增大而减小，因此它并不能使电动机得到充分利用。其次，这种调速方式的过载倍数和转速成反比，高速时有堵转的危险，故只有在负载较轻、调速范围较小的场合才能应用。

## 知识拓展

不同的控制对象对控制系统有不同的调速要求。例如，精密机床要求加工精度为百分之几毫米甚至几毫米；大型铣床的送进机构，快速移动最大速度达到 600 mm/min，而精加工时最小速度只有 2 mm/min，这些要求可以转化为电力拖动控制系统（调速系统）的静态或动态技术指标。调速系统的主要技术指标有调速范围 $D$、静差率 $S$、调速的平滑性和经济性等。

### 1. 调速范围 $D$

在额定负载转矩 $T_N$ 下，电动机的最大转速 $n_{max}$ 与最小转速 $n_{min}$ 之比称为调速范围 $D$，即

$$D = \frac{n_{max}}{n_{min}} \tag{1-15}$$

如图 1-11 所示，通常将 $n_{max}$ 视为电动机的额定转速 $n_N$。一般调速系统 $D$ 大一些好。

### 2. 静差率 $S$

静差率 $S$ 是指电动机由理想空载增大到额定负载时，对应的转速降 $\Delta n_N$ 与其理想空载转速 $n_0$ 之比，采用百分数表示，即

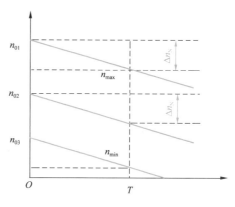

图 1-11　不同转速对 $S$ 的影响

$$S = \frac{n_0 - n_N}{n_0} \times 100\% = \frac{\Delta n_N}{n_0} \times 100\% \tag{1-16}$$

静差率主要表示负载变化时调速系统转速变化的程度。在同一负载下，高速运行和低速运行时，转速降 $\Delta n$ 是相同的，如图 1-11 所示，但在高速和低速运行时，对应的理想空载转速 $n_{01}$ 和 $n_{02}$ 却不同（$n_{01} > n_{02}$），显然高速时 $S$ 较小，低速时 $S$ 较大。如低速时 $S$ 能满足调速要求，则高速时更能满足要求，因此可以用调速范围 $D$ 内最小转速时的静差率代表调速系统能达到的静差率。

通过数学变换，可以求出 $D$、$S$ 和 $\Delta n_N$ 三者之间的关系，即

$$D = \frac{n_{max}}{n_{min}} = \frac{n_{max}}{n_{0min} - \Delta n_N} = \frac{n_N}{\Delta n_N \left( \frac{n_{0min}}{\Delta n_N} - 1 \right)} = \frac{n_N}{\Delta n_N \left( \frac{1}{S} - 1 \right)} = \frac{n_N S}{\Delta n_N (1 - S)} \tag{1-17}$$

由式（1-17）可知，$\Delta n_N$ 一定时，$S$ 越小，则调速范围 $D$ 也越小；若要满足 $D$ 和 $S$ 的要求，则要设法减小 $\Delta n_N$。

### 3. 调速的平滑性

调速的平滑性用两个相邻转速之比 $\varphi$ 表示,即

$$\varphi = \frac{n_i}{n_{i-1}} \tag{1-18}$$

$\varphi$ 为某一转速 $n_i$ 与能调节到的最邻近的转速 $n_{i-1}$ 之比。显然,$\varphi$ 值越小,调速越平滑,无级调速时 $\varphi \approx 1$。

### 4. 调速的经济性

主要从以下三个方面对调速的经济性进行考察:

#### (1)设备投资

设备投资常常是用户在选择调速方案时首先考虑的问题,但是,过分地强调这一方面也是不可取的,应同时结合后两个方面进行综合评估。

#### (2)调速后的运行效率

有的调速方法本身是以损耗能量来获得调速性能的,如绕线转子异步电动机是靠增大转子回路中的电阻,从而增大能耗来调速的。有的调速方法由于能量转换的环节较多,调速时的工作效率也明显下降,如电磁调速电动机等。近代无级调速系统,如直流电动机的晶闸管调压调速系统和交流电动机的变频调速系统等,虽然调速装置本身也要消耗功率,但所占比例甚小,总体来说运行效率是很高的。

#### (3)调速系统的故障率

调速系统的故障率包括电动机本身的故障率。生产机械如因调速系统发生故障而导致停工修理,则每停工一次所造成的经济损失往往超过调速装置本身价格的许多倍。在这个方面,三相交流笼型异步电动机与直流电动机相比具有明显的优势。因此,尽管变频调速器价格相对较高,但其普及应用仍然十分迅速。

综上所述,主要用调速的设备费用、能量消耗、维护及运转的费用来评价其经济性。

## 思考与练习

1. 简述异步电动机恒磁通调速的原理。

2. 简述异步电动机恒功率调速时,为何要保持 $\dfrac{U_1}{\sqrt{f_1}}$ = 常数,而不是 $\dfrac{U_1}{f_1}$ = 常数。

3. 如何理解调速的经济性与调速指标之间的关系?

4. 什么是转矩提升?

# 项目 2
## 了解变频器的基本结构及分类

# 任务 1　了解变频器的基本结构

**任务引入**

变频技术是建立在电力电子技术基础之上的。每当有新一代的电力电子器件出现时,体积更小、规模更大的新型通用变频器就会产生;每当出现新的微机控制技术时,功能更全、适应面更广和操作更方便的一代新型变频器就会出现在市场上。虽然各生产厂家生产的变频器,其主电路结构和控制电路并不完全相同,但基本的构造原理和主电路连接方式以及控制电路的基本功能都大同小异。了解一种变频器的结构,可以触类旁通其他类型变频器的结构。

**任务目标**

(1)变频器的基本构成。

(2)变频器的额定值和技术指标。

**相关知识**

**1.**　**通用变频器的发展历程**

自 20 世纪 80 年代初问世以来,通用变频器更换了五代:第一代是 20 世纪 80 年代初的模拟式通用变频器;第二代是 20 世纪 80 年代中期的数字式通用变频器;第三代是 20 世纪 90 年代初的智能型通用变频器;第四代是 20 世纪 90 年代中期的多功能通用变频器;21 世纪初研制上市了第五代集中型通用变频器。

作为交流电动机变频调速用的高新技术产品,各种国产和进口的通用变频器在国民经济的各部门得到了广泛的应用。"通用"一词有两个方面的含义:首先是通用变频器可以用来驱动通用型交流电动机,而不一定使用专用变频器电动机;其次是通用变频器具有各种可供选择的功能,能适应许多不同性质的负载机械。通用变频器也是相对于专用变频器而言的,专用变频器是专门为某些有特殊要求的负载机械而设计制造的。

随着电力电子器件的自动关断化、模块化,变流电路开关模式的高频化,以及全数字化控制技术和微型计算机(单片机)的应用,变频器的体积越来越小,性能越来越高,功能不断加强。目前,中、小容量(600 kV·A 以下)的一般用途变频器已经实现了通用化。交流变频器是强、弱电混合,机电一体化的综合性调速装置。它既要进行电能的转换(整流、逆变),又要进行信息的收集、变换和传输。它不仅要解决与高压、大电流有关的技术问题和新型电力电子器件的应用问题,还要解决控制策略和控制理论等问题。目前,变频器主要朝以下五个方向发展:

### (1)高水平的控制

目前,通用变频器的控制技术中比较典型的有 $U/f$ 恒定控制、转差频率控制、矢量控制和直接转矩控制。除以上四种之外,还有基于现代控制理论的滑模变频控制技术、模型参考自适应技术、非线性解耦合鲁棒观测器技术、针对某种指标意义的最优控制技术等。

### (2)主电路逐步向集成化、高频化和高效率发展

①集成化主要是把功率元件、保护元件、驱动元件、检测元件进行大规模的集成,变为一个智能功率模块(Intelligent Power Module,IPM),其体积小、可靠性高、价格低。

②高频化主要是开发高性能的 IGBT(绝缘栅双极晶体管)产品,提高其开关频率。目前,开关频率已提高到 $10\sim15$ kHz,基本上消除了电动机运行时的噪声。

③提高效率的主要办法是减小开关元件的发热损耗,通过减小 IGBT 的集电极-发射极的饱和电压来实现。其次,用主控二极管整流采取各种措施设法使功率因数增大到 1。

### (3)控制量由模拟量向数字量发展

由变频器供电的调速系统是一个快速系统,在使用数字控制时要求的采样频率较高,通常高于 1 kHz,常需要完成复杂的操作控制、数学运算和逻辑判断,因此要求单片机具有较大的存储容量和较强的实时处理能力。全数字控制方式使信息处理能力大幅度地增强。采用模拟控制方式无法实现的复杂控制在今天都已成为现实,使可靠性、可操作性、可维修性功能得以完善。

### (4)向多功能化和高性能化发展

电力电子器件和控制技术的不断进步,使变频器向多功能化和高性能化方向发展。特别是微机以其简单的硬件结构和丰富的软件功能,为变频器的多功能化和高性能化提供了可靠的保证。

### (5)向大容量和高压化发展

目前,高压大容量变频器主要有两种结构,一是采用升降压变压器的"高-低-高"式变频器,也称间接高压变频器;另一种是无输出变压器的"高-高"式变频器,也称直接高压变频器。后者省掉了输出变压器,减小了损耗,提高了效率,同时也减小了安装空间,它是大容量电动机调速驱动的发展方向。

## 2. 变频器的基本构成

### (1) 变频器的外部特征

从外部结构来看,通用变频器有开启式和封闭式两种。开启式的散热性能较好,接线端子外露,适用于电气柜内的安装;封闭式的接线端子全部在内部,必须打开面盖才能看见。以西门子 MM 系列封闭式变频器为例,其外形如图 2-1 所示。

素质课堂2

图 2-1　西门子 MM 系列封闭式变频器的外形
1—操作面板(可选);2—状态显示面板

### (2) 变频器的内部结构

变频器是把电压、频率固定的交流电变成电压、频率可调的交流电的一种电力电子装置,其实际电路相当复杂。如图 2-2 所示为变频器的内部组成框图。

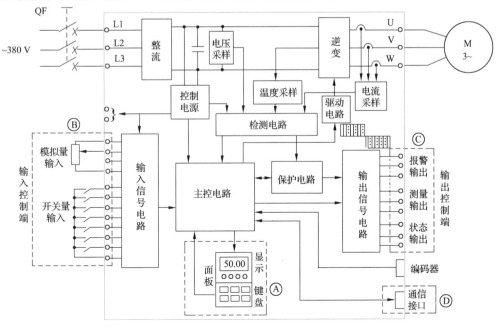

图 2-2　变频器的内部组成框图

从图 2-2 中可以看出,变频器内部主要由以下几部分组成:

①控制通道  图 2-2 中的Ⓐ所示为操作面板,主要用于变频器参数设置、参数显示和面板控制;Ⓑ和Ⓒ所示为输入/输出控制端,包括数字量输入端子和模拟量输入端子,继电器输出端子主要用于远距离、多功能控制;Ⓓ所示为通信接口,主要用于变频器与 PLC 和上位机之间的通信设置、控制。

②主控电路部分  主控电路部分主要用来处理各种外部控制信号、内部检测信号以及用户对变频器的参数设定信号等,实现变频器的各种控制功能和保护功能,是变频器的控制中心。

③控制电源部分  控制电源部分主要为主控电路、外控电路等提供稳压电源。

④采样及检测电路部分  采样及检测电路部分的主要作用是提供控制用数据和保护采样。尤其是在进行矢量控制时,必须测量足够的数据,提供给主控电路部分进行矢量运算。

⑤驱动电路部分  驱动电路部分的主要作用是产生逆变环节开关管的驱动信号,受主控电路控制。

⑥主电路部分  主电路部分主要包括整流和逆变两个主要功率变换环节,三相交-直-交变频器主电路的基本组成如图 2-3 所示,电网电压由输入端(L1、L2、L3)接入变频器,经整流环节整流成直流电压,然后由逆变环节逆变成电压、频率可调的交流电压,从输出端(U、V、W)输出到交流电动机。

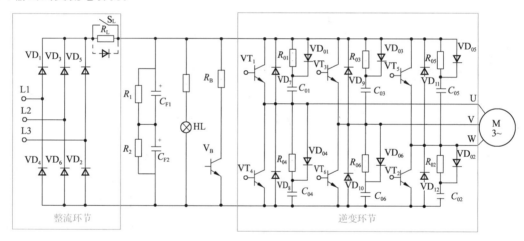

图 2-3  三相交-直-交变频器主电路的基本组成

● 整流环节(VD$_1$～VD$_6$)  三相不可控整流电路由电力二极管 VD$_1$～VD$_6$ 组成整流桥,将三相交流电整流成直流。滤波电容器起储能和滤波作用,其平均直流电压为

$$U_D = 1.35 U_L = 1.35 \times 380 = 513 \text{ V} \tag{2-1}$$

式中  $U_L$——电源的线电压。

● 逆变环节(VT$_1$～VT$_6$)  由逆变管 VT$_1$～VT$_6$ 组成三相逆变桥,VT$_1$～VT$_6$ 交替通断,将整流后的直流电压变成交流电压。目前常用的逆变管有功率晶体管(GTR)、绝缘栅双极晶体管(IGBT)等。

## 3. 变频器的额定值和技术指标

### (1)输入侧的额定值

中、小容量通用变频器输入侧的额定值主要指电压和相数。在我国,输入电压的额定值(指线电压)有三相 380 V、三相 220 V(主要是进口变频器)和单相 220 V(主要用于家用小容量变频器)三种。此外,输入侧电源电压的频率一般规定为工频 50 Hz 或 60 Hz。

### (2)输出侧的额定值

①输出电压 $U_N$　由于变频器在变频的同时也要变压,所以输出电压的额定值 $U_N$ 是指输出电压中的最大值。大多数情况下,它就是输出频率等于电动机额定频率时的输出电压值。通常,输出电压的额定值总是和输入电压相等。

②输出电流 $I_N$　$I_N$ 指允许长时间输出的最大电流,是用户在选择变频器时的主要依据。

③输出容量 $S_N$　$S_N$ 取决于 $U_N$ 和 $I_N$ 的乘积,即

$$S_N = \sqrt{3} U_N I_N \tag{2-2}$$

④配用电动机容量 $P_N$　对于变频器说明书中规定的配用电动机的其容量说明如下:

● $P_N$ 是估算的结果,估算公式为

$$P_N = S_N \eta_M \cos \varphi_M \tag{2-3}$$

式中　$\eta_M$——电动机的效率;

　　　$\cos \varphi_M$——电动机的功率因数。

由于电动机容量的标称值是统一的,而 $\eta_M$ 和 $\cos \varphi_M$ 值不一致,所以配用电动机容量相同的变频器,品牌不同,其输出容量常常不相同。

● 说明书中的配用电动机容量仅对长期连续负载才适用,对于各种变动负载则不适用。

⑤过载能力　变频器的过载能力是指允许其输出电流超过额定电流的能力,大多数变频器都规定为 $150\% I_N$,1 min。

### (3)变频器的性能指标

变频器的性能就是通常所说的功能,这类指标是可以通过各种测量仪器在较短时间内测量出来的,这类指标是 IEC 标准和国家标准所规定的出厂所需检验的质量指标。用户选择几项关键指标就可知道变频器的质量,而不是单纯看是进口还是国产,是昂贵还是便宜。变频器的关键性能指标主要包括:

①在 0.5 Hz 时能输出多大的启动转矩　比较优良的变频器在 0.5 Hz 时,22 kW 以下能输出 200% 的大启动转矩,30 kW 以上能输出 180% 的启动转矩。具有这一性能的变频器,可根据负载要求实现短时间平稳加/减速,快速响应急变负载,及时检测出再生功率。

②频率指标　变频器的频率指标包括频率范围、频率稳定度和频率分辨率。

● 频率范围以变频器输出的最高频率 $f_{max}$ 和最低频率 $f_{min}$ 标示,各种变频器的频率范围不尽相同。通常,最低频率为 0.1～1 Hz,最高频率为 200～500 Hz。

● 频率稳定度也称为频率精度，是指在频率给定值不变的情况下，当温度、负载变化，电压波动或长时间工作后，变频器的实际输出频率与给定频率之间的最大误差与最高频率之比（用百分数表示）。

例如，用户给定的最高频率 $f_{max}=120$ Hz，频率精度为 $0.01\%$，则最大误差为

$$\Delta f_{max}=0.01\%\times120=0.012 \text{ Hz}$$

通常，由数字量给定时的频率精度约比模拟量给定时的频率精度高一个数量级，前者通常能达到 $\pm0.01\%$（$-10\sim5$ ℃），后者通常能达到 $\pm0.5\%$（$15\sim35$ ℃）。

● 频率分辨率是指输出频率的最小改变量，即每相邻两挡频率之间的最小差值。

例如，当工作频率 $f_x=25$ Hz 时，如果变频器的频率分辨率为 0.01 Hz，则上一挡的最低频率为

$$f_x'=25+0.01=25.01 \text{ Hz}$$

下一挡的最高频率为

$$f_x''=25-0.01=24.99 \text{ Hz}$$

对于数字设定式的变频器，频率分辨率取决于微机系统的性能，在整个调频范围（如 $0.5\sim400$ Hz）是一个常数（如 $\pm0.01$ Hz）。对于模拟设定式的变频器，频率分辨率还与频率给定电位器的分辨率有关，一般可以达到最高输出频率的 $\pm0.05\%$。

③速度控制精度和转矩控制精度　现有变频器速度控制精度能达到 $\pm0.005\%$，转矩控制精度能达到 $\pm3\%$。

④低速时的脉动情况　低速时的脉动情况是检验变频器质量的一个重要指标。有的高质量变频器在 1 Hz 时转速脉动只有 1.5 r/min。

此外，变频器的噪声、谐波干扰、发热量等都是重要的性能指标，这些指标与变频器所选用的开关器件及调制频率和控制方式有关。用 IGBT 和 IPM 制成的变频器的调制频率高，其噪声很小，一般情况下人耳听不见，但其高次谐波始终存在。如果采用的控制方式较好，也可减小谐波量。

## 知识拓展

### 1. 西门子变频器的铭牌

通用变频器的铭牌主要包括型号、订货号、输入电源规格、最大输出电流等内容，使用变频器必须遵循铭牌上的有关说明。

#### (1)西门子 MM440 变频器的铭牌

以西门子 MM440 变频器为例，说明铭牌各项表达的意义。如图 2-4 所示为西门子 MM440 变频器的铭牌。

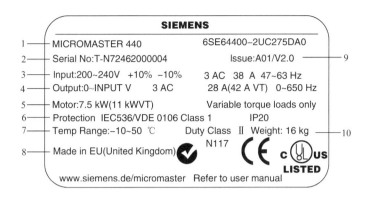

图 2-4　西门子 MM440 变频器的铭牌

1—变频器型号；2—制造序号；3—输入电源规格；4—输出电流及频率范围；5—适用电动机及其容量；
6—防护等级；7—运行温度；8—产地（采用的标准）；9—硬件/软件版本号；10—质量

### （2）西门子 MM440 变频器的型号

西门子 MM440 变频器的型号为 6SE64400-2UC275DA0，其各项表示的意义如图 2-5 所示。

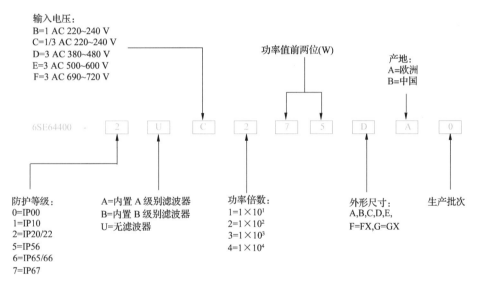

图 2-5　西门子 MM440 变频器的型号说明

## 2. 西门子变频器的订货号

西门子公司生产的每件产品都有订货号，订货号将每件产品所要表达的意义都包括在内，所以了解订货号，就能了解所订购产品的性能。例如，6SE7021-3EB61-Z 是西门子变频器的订货号，其各项表达的含义如下：

6SE7：表示 SIMOVERT MASTERDRIVES 6SE7 系列变频器。

0：表示书本型、装柜型装置。

2:表示输出电流倍数为 1 倍(1 表示 10％,3 表示 10 倍,4 表示 100 倍)。

1-3:表示输出电流前两位,因此本变频器的输出电流＝1×13＝13 A。

E:表示输入电压,3 AC 380～480 V。

B:表示装置尺寸。

6:表示控制形式,SIMOVERT 矢量控制。

1:表示功能状态。

Z:用选件时的补充代号。

## 思考与练习

(1)通用变频器由哪几部分构成?

(2)供电电网电压的波动会造成变频器整流环节输出直流电压的波动,设电网电压波动率为±5％,试计算变频器整流环节输出直流电压的波动范围。

(3)变频器的性能指标有哪几项?

(4)说明订货号 6SE7037-0TE60-Z 表达的含义。

# 任务2　了解变频器的分类

## 任务引入

变频器的种类很多,分类方法也很多。通过对变频器分类方法的熟悉,实现对变频器整体的了解。

## 任务目标

(1)了解主流变频器的内部结构。

(2)熟悉变频器的分类。

## 相关知识

### 1. 交-直-交变频器

交-直-交变频器是通用变频器的主要形式,如图 2-3 所示为其主电路的基本组成。

#### (1)交-直部分

①整流电路　整流电路由 $VD_1 \sim VD_6$ 组成三相不可控整流桥,它们将电源的三相交流全

波整流成直流。整流电路因变频器输出功率大小不同而异。小功率的变频器,其输入电源多用单相 220 V,整流电路为单相全波整流桥;功率较大的变频器则一般用三相 380 V 电源,整流电路为三相桥式全波整流电路。

设电源的线电压为 $U_L$,则三相全波整流后平均直流电压 $U_D = 1.35U_L = 1.35 \times 380 = 513$ V。

②滤波电容器　整流电路输出的整流电压是脉动的直流电压,必须加以滤波。滤波电容器 $C_{F1}$ 和 $C_{F2}$ 的作用:除了滤除整流后的电压波外,还在整流电路与逆变环节之间起去耦作用,以消除相互干扰,给作为感性负载的电动机提供必要的无功功率,因而中间直流电路电容器的电容量必须较大,起到储能作用,因此中间直流电路的电容器又称储能电容器。

③限流电阻 $R_L$ 与开关 $S_L$　由于储能电容大,同时在接入电源时电容器两端的电压为零,故当变频器刚合上电源的瞬间,滤波电容器的充电电流是很大的,这可能使三相整流桥的二极管损坏。为了保护整流桥,在变频器刚接通电源后的一段时间里,电路内串联限流电阻,其作用是将滤波电容器的充电电流限制在允许的范围以内。开关 $S_L$ 的功能:当滤波电容器充电到一定程度后令 $S_L$ 接通,将 $R_L$ 短路掉。

④电源指示灯 HL　HL 除了表示电源是否接通以外,还有一个十分重要的功能,即在变频器切断电源后显示滤波电容器上的电荷是否已经释放完毕。

由于滤波电容器的容量较大,而切断电源又必须在逆变电路停止工作的状态下进行,所以滤波电容器没有快速放电的回路,其放电时间往往长达数分钟。又由于滤波电容器上的电压较大,如电荷不放完,在维修变频器时将对人身安全构成威胁,所以 HL 完全熄灭后才能接触变频器内部的导电部分。

**(2)直-交部分**

①逆变管 $VT_1 \sim VT_6$　$VT_1 \sim VT_6$ 组成逆变桥,把 $VD_1 \sim VD_6$ 整流后的直流电再逆变成频率、幅值都可调的交流电。这是变频器实现变频的执行环节,因而是变频器的核心部分。当前常用的逆变管有绝缘栅双极晶体管(IGBT)、大功率晶体管(GTR)、可关断晶闸管(GTO)及功率场效应晶体管(MOSFET)等。

②续流二极管 $VD_7 \sim VD_{12}$　续流二极管 $VD_7 \sim VD_{12}$ 的主要功能:

● 电动机的绕组是感性的,其电流具有无功分量,$VD_7 \sim VD_{12}$ 为无功电流返回直流电源提供"通道"。

● 当频率下降、电动机处于再生制动状态时,再生电流将通过 $VD_7 \sim VD_{12}$ 返回直流电路。

● $VT_1 \sim VT_6$ 进行逆变的基本工作过程:同一桥臂的两个逆变管处于不停地交替导通和截止的状态,在这一交替导通和截止的换相过程中,也不时地需要 $VD_7 \sim VD_{12}$ 提供通路。

③缓冲电路　在不同型号的变频器中,缓冲电路的结构也不尽相同。如图 2-3 所示是比较典型的一种,其功能如下:

逆变管 $VT_1 \sim VT_6$ 每次由导通状态切换成截止状态的关断瞬间,集电极(C 极)和发射极(E 极)间的电压 $U_{CE}$ 将极为迅速地由接近 0 增大至直流电压值 $U_D$。这过高的电压增长率将导致逆变管的损坏,因此,$C_{01} \sim C_{06}$ 的功能便是降低 $VT_1 \sim VT_6$ 在每次关断时的电压增长率。

$VT_1 \sim VT_6$ 每次由截止状态切换成导通状态的接通瞬间,$C_{01} \sim C_{06}$ 上所充的电压(等于

$U_D$)将向 $VT_1 \sim VT_6$ 放电。此放电电流的初始值将是很大的,并且将叠加到负载电流上,导致 $VT_1 \sim VT_6$ 的损坏。因此,$R_{01} \sim R_{06}$ 的功能是限制逆变管在接通瞬间 $C_{01} \sim C_{06}$ 的放电电流。

$R_{01} \sim R_{06}$ 的接入又会影响 $C_{01} \sim C_{06}$ 在 $VT_1 \sim VT_6$ 关断时降低电压增长率的效果。$VD_{01} \sim VD_{06}$ 接入后,在 $VT_1 \sim VT_6$ 的关断过程中使 $R_{01} \sim R_{06}$ 不起作用;而在 $VT_1 \sim VT_6$ 的接通过程中,又迫使 $C_{01} \sim C_{06}$ 的放电电流流经 $R_{01} \sim R_{06}$。

### (3)制动电阻和制动单元

①制动电阻 $R_B$　电动机在工作频率下降过程中,异步电动机的转子转速将超过此时的同步转速处于再生制动状态,拖动系统的动能要反馈到直流电路中,使直流电压 $U_D$ 不断增大,甚至可能达到危险的地步。因此,必须将再生到直流电路的能量消耗掉,使 $U_D$ 保持在允许范围内,制动电阻 $R_B$ 就是用来消耗这部分能量的。

②制动单元 $V_B$　制动单元 $V_B$ 由大功率晶体管 GTR 及其驱动电路构成,其功能是控制流经 $R_B$ 的放电电流 $I_B$。

## 2.　交-交变频器

交-交变频器如图 2-6 所示。它只用一个变换环节就可以把恒压恒频(CVCF)的交流电源变换成 VVVF 电源,因此也称为直接变频器。

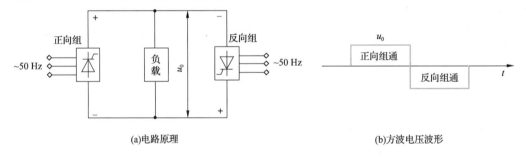

(a)电路原理　　　　　　　　　　　　　　　(b)方波电压波形

图 2-6　交-交变频器的电路原理及方波电压波形

常用的交-交变频器输出的每一相都是一个两组晶闸管整流装置反并联的可逆线路,如图 2-6(a)所示。正、反向两组按一定周期相互切换,在负载上就可获得交变输出电压 $u_0$。$u_0$ 的幅值取决于各组整流装置的控制角 $\alpha$,$u_0$ 的频率取决于两组整流装置的切换频率。如果控制角 $\alpha$ 一直不变,则输出平均电压就是方波,如图 2-6(b)所示。

以上只分析了交-交变频器的单相输出,对于三相负载,其他两相也各用一套反并联的可逆线路,输出平均电压相位依次相差 120°。这样,如果每个整流环节都用桥式电路,三相交-交变频器需用三套反并联桥式线路,共需 36 个晶闸管。如图 2-7 所示,使用多绕组整流变压器是因为三相之间有星形连接,需要隔断相间的短路环流。这个电路因为无环流运行,必须保证电流严格过零才能触发反向组工作,为可靠起见需要一个死区,因此最高输出频率约为 15 Hz。如果采用有环流运行,则需要加装 6 只环流电抗器,输出频率可以提高到 20~25 Hz,再高则波形的畸变就严重了。

交-交变频器虽然在结构上只有一个变换环节,省去了中间直流环节,但所用器件的数量更多,总设备投资巨大。交-交变频器的最高输出频率为 30 Hz,使其应用受到限制,一般只用

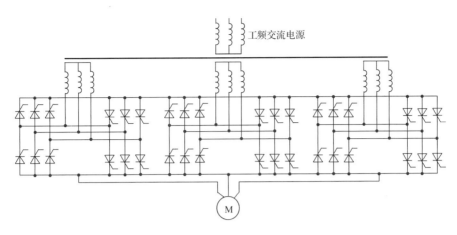

图 2-7　六脉冲无环流交-交变频器的主电路

于低速、大容量的调速系统,如轧钢机、球磨机、水泥回转窑等。根据输出电压波形的不同,交-交变频器可分为 120° 导通型的方波电流源变频器和 180° 导通型的正弦波电压源变频器。

交-交变频器与交-直-交变频器的性能比较见表 2-1。

表 2-1　　　　　　　　　　　交-交变频器与交-直-交变频器的性能比较

| 比较项目 | 类　别 | |
| --- | --- | --- |
| | 交-交变频器 | 交-直-交变频器 |
| 换能形式 | 一次换能,效率较高 | 两次换能,效率略低 |
| 换流形式 | 电源电压换流 | 强迫换流或负载谐振换流 |
| 元器件数量 | 元器件数量较多 | 元器件数量较少 |
| 调频范围 | 一般情况下,最高输出频率为电网频率的 1/3～1/2 | 频率调节范围宽 |
| 功率因数 | 较小 | 用可控整流调压时,功率因数在低压时较小;用斩波器或 PWM 方式调压时,功率因数大 |
| 适用场合 | 特别适用于低速、大功率拖动 | 可用于各种电力拖动装置、稳频稳压电源和不停电电源 |

## 3. 矢量控制变频器

### (1)直流电动机的调速特征

直流电动机具有两套绕组,即励磁绕组和电枢绕组,它们的磁场在空间上互差 90° 电角度,两套绕组在电路上是互相独立的,直流电动机的励磁绕组流过电流 $I_F$ 时产生主磁通 $\Phi_M$,电枢绕组流过负载电流 $I_A$,产生的磁场为 $\Phi_A$,两磁场在空间互差 90° 电角度。直流电动机电磁转矩为

$$T = C_T \Phi_M I_A \qquad (2\text{-}4)$$

当励磁电流 $I_F$ 恒定时,$\Phi_M$ 的大小不变。直流电动机所产生的电磁转矩 $T$ 和电枢电流 $I_A$ 成正比,因此调节 $\Phi_A$ 就可以调速。而当 $I_A$ 一定时,控制 $I_F$ 的大小可以调节 $\Phi_M$,也就可以调速。这就是说,只需要调节两个磁场中的一个就可以对直流电动机调速。这种调速方法使直

流电动机具有良好的控制性能。

### (2)异步电动机的调速特征

异步电动机虽然也有两套绕组,即定子绕组和转子绕组,但只有定子绕组和外部电源相接,定子电流是从电源吸取的电流,转子电流是通过电磁感应产生的感应电流。因此异步电动机的定子电流应包括两个分量,即励磁分量和负载分量。励磁分量用于建立磁场;负载分量用于平衡转子电流磁场。

### (3)直流电动机与异步电动机的比较

①直流电动机的励磁电路、电枢电路相互独立,而异步电动机将两者都集中于定子电路。

②直流电动机的主磁场和电枢磁场在空间互相垂直,互不影响。

③直流电动机是通过独立地调节两个磁场中的一个来进行调试的,而异步电动机则做不到。

### (4)矢量控制的基本思想

矢量控制的基本思想就是仿照直流电动机的调速特点,使异步电动机的转速也能通过控制两个互相独立的直流磁场进行调节。这个思想的提出,是在人们研究了三相异步电动机的数学模型并和直流电动机比较后,发现经过坐标变换后,可以像控制直流电动机那样去控制异步电动机。

异步电动机的定子绕组通入三相平衡的正弦电流,可以产生旋转磁场;在空间位置上互相垂直的两相绕组,通入两相相位差为 90° 的平衡正弦电流,也会产生旋转磁场;直流电动机能够转动,是其定子绕组与转子导体分别通入直流电流后,产生的两个互相垂直磁场相互作用的结果。尽管电枢在转动,但整流子的电刷位置不动,这就保证了电枢磁场在空间位置上与定子绕组磁场互相垂直。

如果以直流电动机的转子为参照物,那么定子所产生的磁场就是旋转磁动势。

由此可见,以产生同样的旋转磁动势为准则,三相交流绕组、两相交流绕组和两组直流绕组可以彼此等效。换句话说,三相交流磁场可以分解等效为两相互相垂直的交流磁场。这个两相交流磁场又和两组直流磁场等效,两者仅相差一个相位角 Φ,彼此关系如图 2-8 所示。

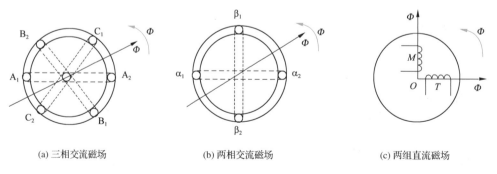

(a) 三相交流磁场　　　　(b) 两相交流磁场　　　　(c) 两组直流磁场

图 2-8　交流与直流等效磁场

**（5）矢量控制中的坐标变换**

　　若要对三相系统进行简化，就必须对电动机的参考坐标进行变换，即坐标变换。在研究矢量控制时，定义有三种坐标系：三相静止坐标系（3s）、两相静止坐标系（2s）和两相旋转坐标系（2r）。

　　①坐标变换的概念　异步电动机三相对称的静止绕组 A、B、C 通入三相平衡的正弦电流 $i_A$、$i_B$、$i_C$ 时，所产生的合成磁动势是旋转磁动势 $F$，它在空间呈正弦分布，并以同步转速 $\omega_1$ 沿 A－B－C 相序旋转，其等效模型如图 2-9(a) 所示。如图 2-9(b) 所示为两相静止绕组 α 和 β，它们在空间相差 90°，再通以时间上互差 90°的两相平衡交流电流，也能产生旋转磁动势 $F$ 与三相等效。如图 2-9(c) 所示为两个匝数相等且互相垂直的绕组 M 和 T，在其中分别通以直流电流 $i_M$ 和 $i_T$，在空间产生合成磁动势 $F$。

　　如果让包含两个绕组在内的铁芯（图 2-9 中以圆表示）以同步转速 $\omega_1$ 旋转，则磁动势 $F$ 也随之旋转成为旋转磁动势；如果能把这个旋转磁动势的大小和转速也控制成 ABCO 和 αβO 坐标系中的磁动势一样，那么，这套旋转的直流绕组也就和这两套交流绕组等效了。

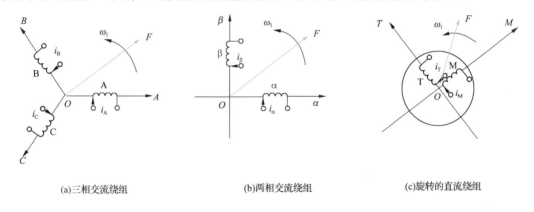

|(a)三相交流绕组|(b)两相交流绕组|(c)旋转的直流绕组|

图 2-9　坐标变换的概念

　　当观察者站到铁芯位置和绕组一起旋转时，会看到 M 和 T 是两个通以直流而相互垂直的静止绕组，如果使磁通矢量 $\Phi$ 的方向在 M 轴上，就和一台直流电动机模型没有本质上的区别。可以认为：绕组 M 相当于直流电动机的励磁绕组，T 相当于电枢绕组。

　　②3 相/2 相（3s/2s）变换　三相静止坐标系 ABCO 和两相静止坐标系 αβO 之间的变换，称为 3s/2s 变换。变换原则是保持变换前的功率不变。

　　设三相对称绕组（各相匝数相等、电阻相同、互差 120°空间角）通入三相对称电流 $i_A$、$i_B$、$i_C$，形成定子磁动势，用 $F_3$ 表示，如图 2-10(a) 所示。两相对称绕组（匝数相等、电阻相同、互差 90°空间角）内通入两相电流后产生定子旋转磁动势，用 $F_2$ 表示，如图 2-10(b) 所示。适当选择和改变两套绕组的匝数和电流，即可使 $F_3$ 和 $F_2$ 的幅值相等。若将两种绕组产生的磁动势置于同一图中比较，并使 $F_\alpha$ 和 $F_A$ 重合，如图 2-10(c) 所示，即完成 3 相/2 相（3s/2s）变换。

　　③2 相/2 相（2s/2r）旋转变换　2s/2r 又称为矢量旋转变换器（VR），因为 α、β 两相绕组是在静止的直角坐标系（2s）上，而 M、T 绕组则在旋转的直角坐标系（2r）上，变换的运算功能由矢量旋转变换器来完成，如图 2-11 所示为旋转变换矢量图。

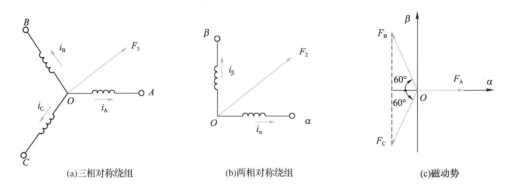

(a)三相对称绕组　　　(b)两相对称绕组　　　(c)磁动势

图 2-10　3 相/2 相变换

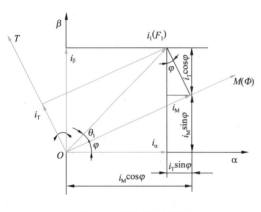

图 2-11　旋转变换矢量图

在图 2-11 中,静止坐标系的两相交流电流 $i_\alpha$、$i_\beta$ 和旋转坐标系的两相直流电流 $i_M$、$i_T$ 均合成为 $i_1$,产生以 $\omega_1$ 转速旋转的磁动势 $F_1$,由于 $F_1 \propto i_1$,故在图上亦可用 $i_1$ 代替 $F_1$。图中的 $i_\alpha$、$i_\beta$、$i_M$、$i_T$ 实际上是磁动势的空间矢量,而不是电流的时间相量。设磁通矢量为 $\Phi$,并定向于 $M$ 轴上,$\Phi$ 和 $\alpha$ 轴的夹角 $\varphi$ 是随时间变化的,这就表示 $i_1$ 的分量 $i_\alpha$、$i_\beta$ 长短也随时间变化。但 $i_1(F_1)$ 和 $\Phi$ 之间的夹角 $\theta_1$ 是表示空间的相位角。稳态运行时,$\theta_1$ 不变,因此,$i_M$、$i_T$ 大小不变,说明 M、T 绕组只产生直流磁动势。

**(6)矢量控制的基本方法**

如图 2-12 所示,从整体上看为 A、B、C 三相输入 $i_A$、$i_B$、$i_C$,输出转速为 $\omega$ 的异步电动机;从内部看,经过 3s/2s 变换和 VR 变换(同步矢量旋转 $\varphi$ 角,$\varphi$ 是等效两相交流磁场与直流电动机磁场的两磁通轴的瞬时夹角),变成一台由 $i_{M1}$ 和 $i_{T1}$ 输入、$\omega$ 输出的直流电动机。

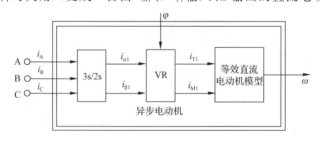

图 2-12　异步电动机的坐标变换结构

既然异步电动机经过坐标变换可以等效成直流电动机,那么,模仿直流电动机的控制方式求得直流电动机的控制量,经过相应的坐标反变换就可以控制异步电动机。由于进行坐标变换的是电流(代表磁动势)的空间矢量,所以通过坐标变换实现的控制系统就称为矢量变换控制系统或矢量控制系统,其结构如图 2-13 所示。

由图 2-13 可知,将给定信号和反馈信号经过控制器综合,电枢电流的给定信号 $i_{T1}^*$ 和产生励磁电流的给定信号 $i_{M1}^*$,经过反旋转变换 $VR^{-1}$ 得到 $i_{\alpha1}^*$ 和 $i_{\beta1}^*$,再经过 2s/3s 变换得到 $i_A^*$、$i_B^*$ 和 $i_C^*$。把这三个电流控制信号和由控制器直接得到的频率控制信号 $\omega_1$ 加到带电流控制器的变频器上,就可以输出异步电动机调速所需的三相变频电流,实现了用模仿直流电动机的控制方法(改变给定信号,使励磁电流的给定信号 $i_{M1}$ 即转矩分量得到调整)去控制异步电动机,使异步电动机的调速性能达到直流电动机的控制效果。图 2-13 中的反馈信号通常是转速反馈信号,目的是使异步电动机的转速和给定转速尽量保持一致。因此,这种交流调速系统的机械特性是很硬的,并且具有很强的动态响应能力。

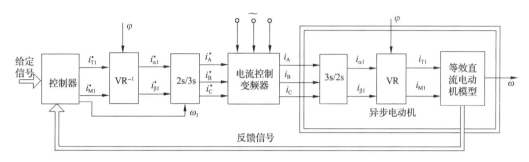

图 2-13　矢量控制系统的结构

但是,转速反馈中用到的转速传感器需要在变频器外部另外安装测速装置,这个装置又是整个传动系统中最不可靠的环节,安装也很麻烦。矢量控制技术的核心是等效变换,而转速反馈并不是等效变换的必要条件。进一步的研究表明,在了解电动机参数的前提下,通过检测电动机的端电压、电流也能计算出转子磁通及其角速度,实现矢量控制,因而许多新系列的变频器设置了无速度反馈矢量控制功能。无速度反馈矢量控制系统也能得到很硬的机械特性,但由于运算环节相对较多,故动态响应能力不及有速度反馈矢量控制系统。在一些动态响应能力要求不高的场合,建议采用无速度反馈矢量控制系统。

**(7)矢量控制的优点与应用范围**

矢量控制变频调速系统可以使异步电动机的调速获得和直流电动机相媲美的高精度和快速响应性能。异步电动机的机械结构比直流电动机简单、坚固,且转子无碳刷、滑环等电气接触点,故应用前景十分广阔,其优点和应用范围如下:

①优点

● 动态高速响应　直流电动机受整流的限制,过大的 $di/dt$ 是不被允许的。异步电动机只受逆变环节容量的限制,强迫电流的倍数可取得很大,故速度响应快,一般可达到毫秒级,在快速性方面已超过直流电动机。

● 低频转矩增大　一般通用变频器(VVVF 控制)在低频时转矩常小于额定转矩,在 5 Hz 以下不能带满负载工作。而矢量控制变频器由于能保持磁通恒定,转矩与 $i_T$ 呈线性关系,故在极低频时也能使电动机的转矩大于额定转矩。采用矢量控制技术的变频器在 1～50 Hz 所驱动电动机的输出转矩均可保持 150% 额定转矩。

● 控制灵活　直流电动机常根据不同的负载对象选用他励、串励、复励等形式,它们各有不同的控制特点和机械特性。而在异步电动机矢量控制系统中,可使同一台电动机输出不同的特性。在系统内用不同的函数发生器作为磁通调节器,即可获得他励和串励直流电动机的机械特性。

②应用范围

● 要求高速响应的工作机械 如工业机器人驱动系统在速度响应上至少需要 100 rad/s,矢量控制驱动系统能达到的速度响应最大值为 1 000 rad/s,可保证机器人驱动系统快速、精确地工作。

● 适用于恶劣的工作环境 如造纸机、印染机均要求在高湿、高温并有腐蚀性气体的环境中工作,异步电动机比直流电动机更为适应。

● 高精度的电力拖动 如钢板和线材卷取机属于恒张力控制,对电力拖动的动、静态精确度有很高的要求,能做到高速(弱磁)、低速(点动)、停机时强迫制动。异步电动机应用矢量控制后,静差率<0.02%,有可能完全代替 V-M 直流调速系统。

● 四象限运转 如高速电梯的拖动过去均用直流拖动,现在也逐步用异步电动机矢量控制变频调速系统代替。

## 4. 直接转矩控制变频器

### (1)直接转矩控制的基本思想

直接转矩控制是继矢量控制之后发展起来的另一种高性能的异步电动机控制方式,该技术在很大程度上解决了上述矢量控制的不足,并以新颖的控制思想、简洁明了的系统结构、优良的动/静态性能得到了迅速发展。

直接转矩控制的基本思想:在准确观测定子磁链的空间位置和大小并保持其幅值基本恒定以及准确计算负载转矩的条件下,通过控制电动机的瞬时输入电压来控制电动机定子磁链的瞬时旋转速度,改变它对转子的瞬时转差率,从而达到直接控制电动机输出的目的。

直接转矩控制直接在定子坐标系下分析交流电动机的数学模型,控制电动机的磁链和转矩。它不需要将交流电动机等效为直流电动机,从而省略了矢量旋转变换中的许多复杂计算;它不需要模仿直流电动机的控制,也不需要为解耦而简化交流电动机的数学模型。

### (2)直接转矩控制的特点及应用

不同于矢量控制,直接转矩控制具有鲁棒性强、转矩动态响应性好、控制结构简单、计算简便等优点,它在很大程度上解决了矢量控制中结构复杂、计算量大、对参数变化敏感等问题。然而作为一种诞生不久的新理论、新技术,自然有其不完善、不成熟之处:一是在低速区,定子电阻的变化带来了一系列问题,主要是定子电流和磁链的畸变非常严重;二是低速时转矩脉动大,因而限制了调速范围。

与矢量控制比较,直接转矩控制的控制结构相对简单一些。另外一个重大的差别是直接转矩控制的控制作用直接施加到逆变环节开关状态控制上,而不需要由 SPWM 控制器进行转换控制,因此控制响应要迅速一些。

随着现代科学技术的不断发展,直接转矩控制技术必将有所突破,具有广阔的应用前景。目前,该技术已成功地应用在电力机车牵引的大功率交流传动上。

**知识拓展**

变频器的分类方法很多,下面简单介绍几种分类方法。

## 1. 按变换环节分类

### (1)交-交变频器

交-交变频器的电路原理如图 2-6(a)所示。其主要优点是没有中间环节,变换效率高,但其连续可调的频率范围较窄,输出频率一般为额定频率的一半以下,电网功率因数较小,主要应用于低速、大功率的拖动系统。

### (2)交-直-交变频器

交-直-交变频器的基本组成如图 2-3 所示,它主要由整流环节、中间直流环节和逆变环节三部分组成。交-直-交变频器按中间直流环节的滤波方式又可分为电压型变频器和电流型变频器。

①电压型变频器　电压型变频器的主电路典型结构如图 2-14 所示。在电路中,中间直流环节采用大电容器滤波,直流电压波形比较平直,使施加于负载上的电压基本上不受负载的影响,基本保持恒定,其特性类似于电压源,所以称之为电压型变频器。

②电流型变频器　电流型变频器与电压型变频器在主电路结构上基本相似,不同的是电流型变频器的中间直流环节采用大电感滤波,如图 2-15 所示,直流电流波形比较平直,使施加于负载上的电流基本不受负载的影响,其特性类似于电流源,所以称之为电流型变频器。

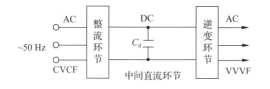

图 2-14　电压型变频器的主电路典型结构

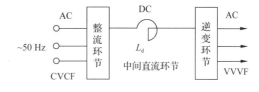

图 2-15　电流型变频器的主电路典型结构

## 2. 按逆变环节开关方式分类

### (1)PAM(脉冲振幅调制)变频器

PAM 通过调节输出脉冲的幅值来进行输出控制。在调节过程中,整流环节负责调节电压或电流,逆变环节负责调频。

### (2)PWM(脉宽调制)变频器

PWM 通过改变输出脉冲的占空比来实现变频器输出电压的调节,因此,逆变环节需要同时进行调压和调频。目前,普遍应用的是脉宽按正弦规律变化的正弦脉宽调制方式,即SPWM 方式。

## 3. 按逆变环节控制方式分类

### (1) U/f 控制变频器

U/f 控制同时控制变频器输出电压和频率,通过保持 U/f 恒定,使得电动机的主磁通不变,在基频以下实现恒转矩调速,在基频以上实现恒功率调速。U/f 控制是一种转速开环控制,不需要速度传感器,控制电路简单,多应用于精度要求不高的场合。

### (2) 矢量控制变频器

矢量控制变频器主要为了提高变频调速的动态性能。它模仿自然解耦的直流电动机的控制方式,对异步电动机的磁场和转矩分别进行控制,以获得类似于直流调速系统的动态性能。

### (3) 直接转矩控制变频器

直接转矩控制变频器是一种新型的变频器。它省略了复杂的矢量变换与电动机数学模型的简化处理。该系统的转矩响应迅速,无超调,是一种具有高静态和动态性能的交流调速方法。

## 4. 按变频器的用途分类

### (1) 通用变频器

通用变频器的特点是通用性,是变频器家族中应用最为广泛的一种。通用变频器主要包含两大类:节能型变频器和高性能通用变频器。

①节能型变频器　节能型变频器是一种以节能为主要目的而简化了其他一些系统功能的通用变频器,其控制方式比较单一,一般为 U/f 控制,主要应用于风机、水泵等调速性能要求不高的场合,具有体积小、价格低等优势。

②高性能通用变频器　在设计中充分考虑了变频器应用时可能出现的各种需要,并为这些需要在系统软件和硬件方面都做了相应的准备,使其具有较丰富的功能。例如,PID 控制、PG 闭环速度控制等。高性能通用变频器除了可以应用于节能型变频器的所有应用领域之外,还广泛用于电梯、数控机床等调速性能要求较高的场合。

### (2) 专业变频器

专业变频器是一种针对某一种特定的应用场合而设计的变频器,为满足某种需要,这种变频器在某一方面具有较为优良的性能。例如,电梯及起重机用变频器等,还包括一些高频、大容量、高压等变频器。

# 思考与练习

（1）交-直-交变频器的限流电阻 $R_L$ 与开关 $S_L$ 在主电路中起什么作用？

（2）交-直-交变频器停电后，为什么不能马上接触变频器导电部分或拆开维修？

（3）交-直-交变频器、交-交变频器各有什么特点？主要应用于哪种场合？

（4）矢量控制变频器的矢量控制的基本思想是什么？有何特点？

（5）变频器按逆变环节控制方式不同可分为哪几类？

# 项目 3
## 变频器的选择

# 任务 1　了解变频器的技术规范

## 任务引入

在选用变频器时,用户通常都要查看该型号变频器的产品资料,每一个品牌的变频器有多种规格型号供选择。只有了解了变频器的技术规范,才能在实际工程应用中正确地选择变频器。

## 任务目标

(1)变频器技术规范。
(2)变频器常见品牌。

## 相关知识

一般通用变频器的技术数据包括型号及订货号、额定输入/输出参数、控制参数等,其中包括控制精度、控制参数、显示模式参数、保护特性参数及环境参数五大类。实际工程应用中涉及以下参数。

### 1. 容量

通用变频器的容量用所使用的电动机功率(kW)、输出容量(kV·A)、额定输出电流(A)表示。其中最重要的是额定输出电流,它是指变频器连续运行时输出的最大交流电流的有效值。输出容量取决于额定输出电流与额定输出电压下的三相视在输出功率。

日本产的通用变频器的额定输入电压往往是 200 V 与 220 V、400 V 与 440 V 共用不细分,变频器的输入电源电压常允许在一定范围内波动,因此,输出容量一般作为衡量变频器容量的一种辅助手段。但德国西门子公司的变频器对电源电压则规定得很严格。

变频器所适用的电动机功率(kW)是以标准的 2 或 4 极电动机为对象,在变频器的额定输出电流以内可以传动的电动机功率。6 极以上的电动机和变极电动机,由于功率因数的减小,其额定电流比标准电动机大,所以变频器的容量应相应扩大,使变频器的电流不超出其允许值。

**2. 输入/输出参数**

额定输入参数包括电源输入相数、电压、频率、允许电压频率波动范围、瞬时低电压允许值(相当于标准适配电动机 85% 负载下的试验值)、额定输入电流和需要的电源容量。

额定输出参数包括通用变频器的额定输出电压(不能输出比电源电压大的电压)、额定输出电流(在驱动低阻抗的高频电动机等场合,允许输出电流可能比额定值小)、额定过载电流倍数、额定输出频率等。

变频器的最高输出频率因型号的不同而差别很大,通常有 50 Hz/60 Hz、120 Hz、240 Hz、400 Hz 或更高,通用变频器中大容量的大多属于 50 Hz/60 Hz 这一类,而最高输出频率超过工频的变频器多为小容量。例如应用于车床上的变频器,其容量小,根据工件的直径和材料改变速度(变频器的输出频率)在恒功率范围内使用,在轻载时采用高速可以提高生产率。

输出频率的调节范围同样因通用变频器型号的不同而不同,较常见的有 0.5~400 Hz,400 Hz 以上属于中频。如果是 BJT 逆变器,由于其开关频率均为 1~1.5 kHz,故输出频率 400 Hz 时,每半个周期波中的 PWM 脉冲数最多已降为 2 个,因此在接近 400 Hz 时输出电压波已近似为方波。如果是 IGBT 逆变器,由于其开关频率为 10~15 kHz,几乎为 BJT 开关频率的 10 倍,所以 400 Hz 也可以获得良好的正弦 PWM 波。

输出频率的精度通常给出两种指标:模拟设定(如最高频率的 0.2%)和数字设定(如最高频率的 0.01%)。输出频率的设定分辨率通常给出三种指标:模拟设定(如最高频率的 1/3 000 等)、数字设定(如小于 99.99 Hz 时为 0.01 Hz,大于 100.0 Hz 时为 0.1 Hz 等)和串行通信接口链接设定(如最高频率的 1/20 000,小于 60 Hz 时为 0.003 Hz,120 Hz 时为 0.006 Hz 等)。

**3. 控制参数**

选用变频器时可根据控制参数及其说明选择所需要的参数,并核对与自己的需要是否相符,有些参数可能用不上,可以不予考虑。

**(1)控制方法**

控制方法包括各种形式的 $U/f$ 控制方式(如线性 $U/f$ 控制方式、多点 $U/f$ 控制方式等)、矢量控制方式、无速度反馈矢量控制方式、直接转矩控制方式等,以及它们的控制特性。如给出的 $U/f$ 控制特性是在基本频率和最高频率间可调整对应的输出电压调整范围等。

**(2)转矩提升**

转矩提升功能可根据不同的负载特性选择不同的方式。

**(3)运行方法**

运行方法通常有以下三种:面板操作、外部触点输入信号操作、串行通信接口链接运行。

**(4)频率设定**

变频器的频率设定方法一般有以下四种:

①面板设定　利用操作面板上的数值增大键和数值减小键进行频率的数字量给定或调整。早期的变频器就是用操作面板上的电位器进行模拟量给定或调整的。

②预置给定　通过程序预置的方法预置给定频率。

③外接给定　从控制接线端上引入外部的模拟信号,如电压或电流信号,进行频率给定。这种方法常用于远程控制的情况。

④通信给定　从变频器的通信接口端上引入外部的通信信号,进行频率给定。这种方法常用于微机控制或远程控制的情况。

**(5)频率上、下限**

通常预设的频率上限值和下限值。

**(6)运行状态信号**

通常说明该型号变频器具有的晶体管输出回路数、继电器输出回路数、报警输出回路数及模拟或脉冲输出回路数等。

**(7)加/减速时间**

通常说明该参数(加/减速时间)的范围,如 0.01～3 600 s,加速和减速时间可分别调整,可选择几种不同时间。

**(8)自动再启动功能**

对于具有再启动功能的变频器,可设定自动再启动的次数。设定后,当变频器跳闸时,能自动复位、试投入运行,若故障消失则再运行。

**(9)转矩限制**

对于具有转矩限制功能的变频器,当电动机转矩达到预设值时,此功能自动调整输出频率,防止变频器由于过电流而跳闸。可以分别设定转矩限制值,并可用触点输入信号选择。这一功能是由内部电流调节器完成的。

**(10)PID 控制**

PID 控制功能通常需要设定控制信号及反馈信号的类型及设定值,如面板设定、串行通信接口链接设定(RS-485)、设定频率(最高频率为 100%)、反馈信号(DC 0～10 V、DC 4～20 mA)等。

**(11)第二电动机设定**

第二电动机设定通常说明第二电动机设定功能的特性,如一台变频器能切换驱动两台电动机,能设定第二台电动机的最高频率、基本频率、额定电流、转矩提升等数据。第二台电动机亦有自整定功能,能单独改变其常数。

### (12)自动节能运行

当变频器选择自动节能运行时,如电动机轻载运行时,能按损耗最小的运行方式运行,实现最大限度的节能。

### (13)冷却风扇控制

具有冷却风扇控制功能的变频器可检测变频器内部温度,温度低时,冷却风扇停止运行,以延长风扇寿命和减小噪声。

### (14)输出电压

根据所配电动机的额定电压选择变频器的输出电压。

### (15)瞬时过载能力

根据主电路半导体器件的过载能力,通用变频器的电流瞬时过载能力常常设计成 150% 额定电流、1 min,或 120% 额定电流、1 min。与标准异步电动机(过载能力通常为 200% 左右)相比较,变频器的过载能力较小。

## 4. 显示功能及类型

在变频器产品说明书中,通常提供操作面板的类型及是否有可供选择的操作面板,如远程操作面板、高级操作员操作面板等,另外还说明如下性能:

### (1)运行显示模式

运行过程中可以显示参数,如输出频率(Hz)、输出电流(A)、输出电压(V)、设定频率、线速度、PID 设定值、PID 反馈值、电动机同步转速、通信参数等。当主电路直流电压大于 50 V 时,充电指示灯点亮。

### (2)停止显示模式

停止显示模式说明通用变频器在停止输出时可以显示的内容,如显示设定值或输出值等。

### (3)跳闸显示模式

跳闸显示模式说明通用变频器在故障跳闸时显示的内容,常常以代码方式显示跳闸原因,如 F0020(表示电源断相)、F0023(表示电动机的一相断开)等。

## 5. 环境参数

环境参数说明该变频器的使用场所(如 EMC 环境、室内,没有腐蚀性气体、可燃气体、灰尘和不受阳光直晒)、周围温度(如 −10~50 ℃)、周围湿度、海拔、振动、保存条件等。

## 知识拓展

### 1. 变频器常见品牌介绍

素质课堂3

近年来,随着计算机技术、电力电子技术和控制技术的飞速发展,通用变频器在种类、性能和应用等方面都取得了很大发展,这些变频器已基本上能满足现代工业控制的需要,且用户的选择范围也非常大。

目前,国内市场上流行的通用变频器有几十种:欧美国家的品牌有 Siemens(西门子)、ABB、Vacon(伟肯)、Lenze(伦茨)、Rockwell(罗克韦尔)、KEB(科比)、Sxhneider(施耐德)、Danfoss(丹佛斯)、Moeller(穆勒)、SIEI(西威)等;日本的品牌有富士、三菱、三星、安川、日立、松下、东芝、春日、明电舍、东洋等;韩国的品牌有 LG、三星、现代等;我国的品牌有普传、台达、台安、正频、东元、富凌、阿尔法、时代、格利特、海利、英威腾等。大体上,欧美国家的产品有性能先进、适应环境性强的特点;日本的产品外形小巧,功能多;我国的产品大众化、专业化同步发展,具有服务和价格方面的优势。

### 2. 西门子新型变频器

德国西门子公司的通用变频器产品包括标准通用变频器和大型通用变频器。标准通用变频器主要包括 MM4 系列标准变频器、MM3 系列标准变频器和电动机变频器一体化装置三大类。

MM4 系列标准变频器包括 MM440 矢量型通用变频器、MM430 节能型通用变频器、MM420 基本型通用变频器和 MM410 紧凑型通用变频器四个系列。

MM3 系列标准变频器包括 MMV 矢量型通用变频器、Eco 节能型通用变频器和 MM 基本型通用变频器三个系列。而 MMV 矢量型通用变频器又分为 MM Vector(MM V)和 MD Vector(MD V)两种机型。Eco 节能型通用变频器包括 MM Eco 和 MD Eco 两个系列,是适用于风机和水泵变频调速的经济型通用变频器。

电动机变频器一体化装置包括 MM411、CM411 和 CM3 三个系列产品。MM411、CM411 是在 MM420 系列通用变频器的基础上开发的新产品,适用于防护等级要求较高的分布式传动领域。CM411 是由可集成的通用变频器 MM411 和电动机组合成的一体化变频调速装置,功率为 0.37～3 kW。CM3 也是由通用变频器和电动机所组成的一体化变频调速装置,功率为 0.12～7.5 kW。

选择西门子变频器时,应根据负载特性来选择。如负载为恒转矩负载,应选择 MMV/MDV 和 MM420/MM440 系列变频器;如负载为风机、泵类负载,则应选择 MM430/MM Eco 系列变频器。西门子标准大型通用变频器主要包括 SIMOVERTMV、SIMOVERTS、MASTERDRIVES 6SE7、MASTERDRIVES 等系列。

西门子变频调速器 G110 和 G150 作为西门子 SINAMICS 家族的成员,其特点是单相输入且能广泛应用于如水泵、风机等负载,安静且轻巧。G110 单相变频器的功率覆盖了 0.12～3 kW 的范围,设计简单、低成本,目前作为西门子MICROMASTER 4 系列变频器的补充部分,而不是完全替代它。G110 有两个版本,一个带有模拟量输入,另一个采用 RS-485 通信接口形式,并专门和西门子的 S7-200 系列 PLC 配合使用。G110 带插拔的键盘具有从一个变频器到另外一个变频器的参数复制功能。G150 比现有的 MASTERDRIVES 工程型变频器使用更简单,容量范围为 75~800 kW,提供了西门子传动固有的 PROFIBUS 接口。

## 3. 罗克韦尔 PowerFlex 700 交流变频器

罗克韦尔 PowerFlex 700 交流变频器使用新一代的中压功率元器件 SGCT,在提高可靠性的同时减小了导通和开关损耗,并由此推出先进的无变压器变频方案。该产品提供一种对电源、控制和操作界面的灵活封装,用于满足空间、灵活性和可靠性要求,并提供丰富的功能,允许用户在大多数应用中很容易地对变频器进行组态。其特点:人机界面及调试灵活,零间隙安装,多种通信连接,控制方式多样。

## 4. 普传 PI-168G 通用型系列变频器

普传变频器包括 PI-97、PI-168、HPI-2000 等系列,汇集通用型 G、风机水泵节能型 F、中频主轴型 H 和纺织专用型 S 等。单机最大容量为 500 kW。普传的 IP54~IP68 高防护等级及防爆变频器填补了市场空白,在煤炭、细粉加工、食品加工等潮湿、粉尘大的环境中得到了良好的应用。PI-168G 系列的输入电压包括交流 220 V、380 V、460 V、575 V、660 V、1 140 V、1 450 V、1 700 V,以及直流电压;允许 30% 的电源电压变动范围;具有完善的保护功能及故障诊断系统;转矩自动提升功能保证低频大转矩输出;具有 RS-485 接口,通信方便。

### 思考与练习

(1)通用变频器的容量用什么参数表示?
(2)通用变频器的输出频率的精度和分辨率各有哪几种指标?
(3)变频器的频率设定方法一般有哪几种?
(4)西门子 MM4 系列变频器有哪几种?

# 任务2  了解变频器的选择方法

## 任务引入

根据变频器的控制方式,对于 $U/f$ 控制方式有普通功能型和恒定电磁转矩控制功能型;对于矢量控制方式,有带速度传感器和不带速度传感器之分,还有变频器容量大小的选择。那么,在选择变频器时,应根据什么原则选择?

## 任务目标

(1)恒转矩负载、恒功率负载、二次方律负载及其他类型负载变频器选择。

(2)变频器容量选择。

## 相关知识

### 1. 根据负载类型选择变频器类型

变频器类型选择的基本原则是根据负载的要求进行选择。不同类型的负载,应选用不同类型的变频器。

#### (1)二次方律负载的变频器类型选择

风机和泵类负载属于二次方律负载,这类负载在过载能力方面要求较低,由于负载转矩与速度的平方成正比($T_L \propto n^2$),所以低速运行时负载较轻,又因为这类负载对转速精度没有什么要求,故选型时通常以价廉为主要原则,选择普通功能型通用变频器。

#### (2)恒转矩负载的变频器类型选择

多数负载具有恒转矩特性,但在转速精度及动态性能等方面要求一般不高,如挤压机、搅拌机、传送带、厂内运输电车、吊车的平移机构、吊车的提升机构和提升机等。选型时可选$U/f$控制方式的变频器,但是最后采用具有恒转矩控制功能的变频器。如果用变频器实现恒转矩调速,必须加大电动机和变频器的容量,以增大低速转矩。

#### (3)恒功率负载的变频器类型选择

机床主轴和轧机、造纸机、塑料薄膜生产线中的卷取机、开卷机等要求转矩与转速成反比,这就是所谓的恒功率负载。由于没有恒功率特性的变频器,所以一般依靠$U/f$控制方式来实现恒功率。

#### (4)被控对象具有较高的动态、静态指标要求的负载变频器类型选择

对于调速精度和动态性能指标都有较高要求以及要求高精度同步运行等场合,可采用带速度反馈的矢量控制方式的变频器。如果控制系统采用闭环控制,可选用能够四象限运行、采用$U/f$控制方式、具有恒转矩功能的变频器。例如,轧钢、造纸、塑料薄膜加工生产线这一类对动态性能要求较高的生产机械,采用矢量控制的高性能通用变频器,不但能很好地满足生产工艺要求,还能降低调节器控制算法的难度。

### 2. 选择变频器容量的基本原则

(1)选择通用变频器时,应以电动机的额定电流和负载特性为依据选择通用变频器的额定容量。通用变频器的额定容量各个生产厂家的定义有些差异,通常以不同的过载能力,如125%、持续1 min为标准确定额定允许输出电流或以150%、持续1 min为标准确定额定允许

输出电流。通用变频器的容量多数是以千瓦数及相应的额定电流标注的,对于三相通用变频器而言,该千瓦数是指该通用变频器可以适配的四极三相异步电动机满载连续运行的电动机功率。一般情况下,可以据此确定需要的通用变频器的容量。

一般风机、泵类负载不宜在 15 Hz 以下运行,如果确实需要在 15 Hz 以下长期运行,需考虑电动机的容许温升,必要时应采用外置强迫风冷措施,即在电动机附近外加一个适当功率的风扇对电动机进行强制冷却,或拆除电动机本身的冷却扇叶,利用原扇罩固定安装一台小功率(如 25 W、三相)轴流风机对电动机进行冷却。要特别注意 50 Hz 以上高速运行的情况,若超速过多,负载电流会迅速增大,导致设备烧毁,故使用时应设定上限频率,限制最高运行频率。

对于恒转矩负载,转矩基本上与转速无关,当负载调速运行到 15 Hz 以下时,电动机的输出转矩会减小,电动机温升会增高。

在恒功率负载的设备上采用通用变频器时,则在异步电动机的额定转速、机械强度和输出转矩选择上应慎重考虑。一般尽量采用变频专业电动机或 6 极、8 极电动机。这样,在低速时,电动机的输出转矩较大。

(2)通用变频器输出端允许连接的电缆长度是有限制的,若要长电缆运行或控制几台电动机,应采取措施抑制对地耦合电容的影响,并应放大一两挡选择变频器容量或在变频器的输出端选择安装输出电抗器。另外,在此种情况下变频器的控制方式只能为 $U/f$ 控制方式,并且变频器无法实现对电动机的保护,需要在每台电动机上加装热继电器实现保护。

(3)对于一些特殊的应用场合,如环境温度高、海拔高于 1 000 m 等,会引起通用变频器过电流,选择的变频器容量需放大一挡。

(4)通用变频器用于变极电动机时,应充分注意选择变频器的容量,使电动机的最大运行电流小于变频器的额定输出电流。另外,在运行中进行极数转换时,应先停止电动机工作,否则会造成电动机空载加速,严重时会造成变频器损坏。

(5)通用变频器用于驱动防爆电动机时,由于变频器没有防爆性能,所以应考虑是否能将变频器设置在危险场所之外。

(6)通用变频器用于驱动绕线转子异步电动机时,应注意到绕线转子异步电动机与普通异步电动机相比绕组的阻抗小,因此容易发生由谐波电流引起的过电流跳闸现象,应选择比通常容量稍大的变频器。一般绕线转子异步电动机多用于飞轮力矩较大的场合,在设定加/减速时间时应特别核对,必要时应经过计算。

(7)通用变频器用于压缩机、振动机等转矩波动大的负载及油压泵等有功率峰值的负载,有时按照电动机的额定电流选择变频器,可能发生因峰值电流使过电流保护动作的情况,因此,应选择比其工频运行下的最大电流更大的运行电流作为选择变频器容量的依据。

(8)通用变频器用于驱动潜水泵电动机时,因为潜水泵电动机的额定电流比通常电动机的额定电流大,所以选择变频器时,其额定电流要大于潜水泵电动机的额定电流。

(9)通用变频器不适用于驱动单相异步电动机,当通用变频器作为变频电源用途时,应在变频器输出侧加装特殊制作的隔离变压器。因为当普通变压器工作在高于 50 Hz 及波形失真的情况下时,其铁芯损耗和涡流损耗会大大增大,温度会大幅提高,使其发热严重。

(10)选择的通用变频器的防护等级要符合现场环境情况,否则现场环境会影响变频器的运行。

## 3. 变频器容量的计算

### (1)按标称功率选择变频器容量

变频器产品说明书都提供了标称功率数据,但实际上限制变频器使用功率的是定子电流参数。因此,直接按照变频器标称功率选择变频器在实践中可能行不通。根据具体工程的情况,可以有几种不同的选择方式。

一般情况下,按照标称功率选择变频器只适合作为初步估算依据,在不清楚电动机额定电流时使用,如电动机型号还没有最后确定的情况。作为估算依据,在一般恒转矩负载应用时可以放大一级估算。例如,90 kW 电动机可以选择 110 kW 变频器。在需要按照过载能力选择时可以放大一倍来估算。例如,90 kW 电动机可以选择 185 kW 变频器。

对于二次方律负载,一般可以直接将标称功率作为最终选择依据,并且不必放大。例如,75 kW 风机电动机就选择 75 kW 的变频器。这是因为二次方律负载的定子电流对于频率较敏感,当发现实际电动机电流超过变频器额定电流时,只要将频率上限调低一点即可。例如,将输出频率上限由 50 Hz 降低到 49 Hz,最大风量会减小约 2%,最大电流则减小约 4%。这样就不会造成保护动作,而最大风量的减小却很有限,对应用影响不大。

### (2)按电动机额定电流选择变频器容量

对于多数恒转矩负载,选择变频器规格的依据公式为

$$I_{CN} \geqslant K_1 I_M \tag{3-1}$$

式中　$I_{CN}$——变频器额定电流。

　　　$I_M$——电动机额定电流。

　　　$K_1$——电流裕量系数,根据应用情况,可取为 1.05~1.15。对于 $K_1$,一般情况可取小值,在电动机持续负载率超过 80% 时则应该取大值,因为多数变频器的额定电流都是以持续负载率不超过 80% 来确定的。另外,启动、停止频繁的时候也应该考虑取大值,这是因为启动过程以及有制动电路的停止过程电流会超过额定电流,频繁启动、停止相当于增大了负载率。

### (3)按电动机实际运行电流选择变频器容量

这个方式特别适用于技术改造工程,其计算公式为

$$I_{CN} \geqslant K_2 I_d \tag{3-2}$$

式中　$K_2$——裕量系数,考虑到测量误差,$K_2$ 可取 1.1~1.2,在频繁启动、停止时应该取大值;

　　　$I_d$——电动机实测运行电流,指的是稳态运行电流,不包括启动、停止和负载突变时的动态电流,实测时应该针对不同工况作多次测量,取其中的最大值。

按照式(3-2)计算时,变频器的标称功率可能小于电动机额定功率。由于减小变频器容量不仅会降低稳定运行时的功率,也会减小最大过载转矩,减小太多时可能导致启动困难,所以按照式(3-2)计算后,实际选择时恒转矩负载的变频器标称功率不应小于电动机额定功率的80%,二次方律负载的变频器标称功率不应小于电动机额定功率的 65%。如果应用时对启动

时间有要求,则通常不应该降低变频器功率。

**（4）多台电动机并联启动且部分直接启动时变频器容量选择**

在这种情况下,所有电动机由变频器供电且同时启动,但一部分功率较小的电动机(一般小于 7.5 kW)直接启动,功率较大的则使用变频器实行软启动。此时,变频器的额定输出电流计算公式为

$$I_{CN} \geq [N_2 I_K + (N_1 - N_2) I_n] / K_g \tag{3-3}$$

式中　$N_1$——电动机总台数；

　　　$N_2$——直接启动的电动机台数；

　　　$I_K$——电动机直接启动时的堵转电流,A；

　　　$I_n$——最大额定电流,A；

　　　$K_g$——变频器容许过载倍数,取 $1.3 \sim 1.5$。

**（5）并联运行中追加投入启动时变频器容量选择**

用一台变频器拖动多台电动机并联运转时,一小部分电动机开始启动后,再追加投入其他电动机启动的场合如图 3-1 所示。

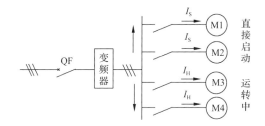

图 3-1　并联时追加投入电动机

此时,变频器的电压增大,频率提高,追加投入的电动机将产生较大的启动电流。因此,变频器容量与同时启动时相比需要增大一些。变频器额定输出电流 $I_{CN}$ 的计算公式为

$$I_{CN} = \sum_{i=1}^{n_1} K I_{Hi} + \sum_{j=1}^{n_2} K I_{Sj} \tag{3-4}$$

式中　$n_1$——先启动的电动机台数；

　　　$n_2$——追加投入启动的电动机台数；

　　　$I_{Hi}$——先启动的电动机的额定电流,A；

　　　$I_{Sj}$——追加投入启动的电动机的额定电流,A；

　　　$K$——修正系数,取 $1.05 \sim 1.10$。

**任务实施**

（1）某 110 kW 电动机的额定电流为 212 A,取电流裕量系数为 1.05,按电动机额定电流选择变频器容量。

按式(3-1)计算可得变频器额定电流要大于或等于 222.6 A,可选择某型号 110 kW 变频器,其额定电流为 224 A。

本例中,在变频器上设定的电动机额定电流应该是 212 A,而不是 222.6 A。

多数情况下,按照式(3-1)计算的结果,变频器的功率与电动机功率是匹配的,不需要放大,因此在选择变频器时盲目把功率放大一级是不可取的,这样会造成不必要的浪费。

(2)某风机电动机为 160 kW,额定电流为 289 A,实测稳定运行电流为 112～148 A,启动时间没有特殊要求。取 $I_d$＝148 A,$K_2$＝1.1,按电动机实际运行电流选择变频器容量。

按式(3-2)计算,变频器额定电流应不小于 162.8 A,可选择某型号的 90 kW 变频器,额定电流为 180 A。但 90÷160＝56.25%,与二次方律负载的变频器标称功率不应小于电动机额定功率的 65% 不符。因此,实际选择该型号的 110 kW 变频器,110÷160＝68.75%,符合要求。

当变频器功率选择小于电动机额定功率时,不能按照电动机额定电流进行保护,这时可不更改变频器内的电动机额定电流,直接使用默认值,变频器将会把电动机当作标称功率电动机进行保护。上例中,变频器会把那台电动机当作 110 kW 电动机来保护。

## 知识拓展

### 1. 控制离心泵时变频器容量的选择

对于控制离心泵的变频器,其变频器容量计算公式为

$$P_{CN} = K_1(P_1 - K_2 Q \Delta H) \tag{3-5}$$

式中　$P_{CN}$——变频器测算容量,kW;

　　　$K_1$——考虑电动机和泵调速后,效率变化系数,通常取 1.1～1.2;

　　　$P_1$——节流运行时电动机实测功率,kW;

　　　$K_2$——换算系数,取 0.278;

　　　$Q$——泵的实测流量,m³/h;

　　　$\Delta H$——泵出口压力与干线压力之差,MPa。

或者

$$P_{CN} = K_1 P_1 (1 - \Delta H/H) \tag{3-6}$$

式中　$H$——泵出口压力,MPa。

对于往复泵,由于它的多余能量消耗在打回流上,输出压力不变,所以变频器容量计算公式为

$$P_{CN} = K_1(P_1 - K_2 \Delta Q H) \tag{3-7}$$

或者

$$P_{CN} = K_1 P_1 (1 - \Delta Q/Q) \tag{3-8}$$

式中　$\Delta Q$——泵打回流时的回流量,m³/h。

按上述公式计算出变频器容量后,若计算值在变频器两容量之间,应向大一级容量选择,以确保变频器的安全运行。

### 2. 选择实例

已知 6SH-6 型泵的测试结果:配套电动机额定功率为 55 kW,额定电流为 103 A,泵扬程为 89 m,额定流量为 168 m³/h,$P_1$ 为 51.1 kW,$Q$ 为 164.0 m³/h,$\Delta H$ 为 0.57 MPa。求适用

变频器的容量。

将上述参数代入式(3-5),得

$$P_{CN}=K_1(P_1-K_2Q\Delta H)=1.1\times(51.1-0.278\times164.0\times0.57)=27.62\text{ kW}$$

则变频器应选容量为 27.62 kW。考虑到变频器的可选容量,选用 30 kW 的变频器。

液体经过离心泵所获得的有效功率为

$$P=KQ\gamma H' \tag{3-9}$$

式中　$P$——功率;

　　　$K$——单位换算系数;

　　　$Q$——流量;

　　　$\gamma$——液体重度;

　　　$H'$——扬程。

根据水力学静压力方程 $\qquad H=H'\gamma$

故　　　　　　　　　　$P=KQ\gamma H'=KQH \tag{3-10}$

当功率采用 kW 为单位,流量采用 m³/h 为单位,泵压采用 MPa 为单位,系数 $K=0.278$ 时,有

$$P=0.278QH \tag{3-11}$$

如加入泵的效率因数,则离心泵的轴功率为

$$P_e=0.278QH/\eta \tag{3-12}$$

## 思考与练习

(1)通用变频器容量选择的原则有哪些?

(2)某加热炉鼓风机数据:额定功率为 55 kW,转速为 1 480 r/min,额定电流为 102.5 A,工频运行时的实际工作电流为 96 A,$K_2=1.1$。试选择合适的变频器容量。

# 项目 4
# 变频器的安装、使用与维护

## 任务 1  变频器的安装

### 任务引入

正确安装变频器是合理使用变频器的基础。因此,要了解变频器的安装环境、安装方式及安装规范。各种系列的变频器都有其标准的接线方式,这些接线规定与变频器功能的充分发挥有紧密的关系,用户应该熟悉变频器的接线方式,并严格按照规定接线。

### 任务目标

(1)了解变频器安装使用环境要求。
(2)了解变频器的发热与散热。
(3)掌握变频器的安装与接线。
(4)了解变频器的接地。

### 相关知识

**1. 变频器安装使用环境要求**

变频器是全晶体管设备,属于精密仪器。为了确保变频器能长期、安全、稳定地工作,发挥其应有的性能,必须确保变频器的运行环境满足其所规定的要求。

变频器最好安装在室内,避免阳光直接照射。如果必须安装在室外,则要加装防雨水、防冰雹、防雾和防高温、防低温的装置。例如,要在我国东北地区的室外安装变频器时,一定要考虑冬天的加热。若变频器是断续运行,则应用恒温装置保持环境为恒温;若变频器是长期运行,则恒温装置应待机运行。如果在南方比较潮湿的地区使用变频器,必要时需要加装除湿器。在野外运行的变频器还要加设避雷器,以免遭雷击。要求所安装的墙壁不受振动,在不加装控制柜时,要求变频器安装在牢固的墙壁上,墙面材料应为钢板或其他非易燃的坚固材料。

变频器长期、可靠运行的周围条件如下:

**(1)安装设置场所的要求条件**

①结构房或电气室应湿气少,无水浸。

②无爆炸性、燃烧性或腐蚀性气体和液体,粉尘少。

③变频装置易于移动和安装,并有足够的空间便于维修检查。

④应备有通风口或换气装置,以排出变频器产生的热量。

⑤应与易受变频器产生的高次谐波和无线电干扰的装置分离。

⑥若安装在室外,则必须单独按照户外配电装置设置。

**(2)周围温度条件**

变频器周围温度是指变频器端面附近的温度,运行中周围温度的容许值多为 0~40 ℃ 或 -10~50 ℃,避免阳光直射。

①安装环境上限温度　单元型变频器安装柜使用时,要注意安装柜柜体的通风性。根据经验,变频器运行时,安装柜内的温度将比周围环境温度高出 10 ℃ 左右,所以上限温度多定为 50 ℃。全封闭结构、上限温度为 40 ℃ 的壁挂型变频器装入安装柜使用时,为了降低温升,可以装设厂家选用件,如装设通风板或者取掉单元外罩等。

②安装环境下限温度　在不发生冻结的前提条件下,变频器安装环境下限温度多为 0 ℃ 或 -10 ℃。

**(3)周围湿度条件**

要注意防止水或水蒸气直接进入变频器内,以免引起漏电、打火、击穿。周围湿度过高,会使电气绝缘能力降低,金属部分腐蚀,因此,周围湿度的推荐值为 40%~80%。另外,变频器柜安装平面应高出水平地面 800 mm 以上。如果受安装场所的限制,变频器不得已安装在湿度高的场所,变频器的柜体应尽量采用密封结构。为防止变频器停止时结露,有时装置需加装对流加热器。

**(4)周围气体条件**

变频器在室内安装时,其周围不应有腐蚀性、易燃、易爆的气体以及粉尘和油雾。当有腐蚀性气体时,很容易使金属部分产生锈蚀,影响变频器的长期运行。有易燃、易爆的气体时,开关、继电器等在电流通断过程中产生电火花,容易引燃、引爆气体,发生事故。另外,还要选择粉尘和油雾少的设置场所,以保证变频器安全运行。如果变频器周围存在粉尘和油雾,它们在变频器内附着、堆积将导致绝缘能力降低;对于强迫风冷的变频器,过滤器堵塞将引起变频器内温度异常上升,致使变频器不能稳定运行。

**(5)海拔条件**

变频器的安装场所一般在海拔 1 000 m 以下,超高则气压降低,容易使绝缘破坏。对于进口变频器,一般绝缘耐压以海拔 1 000 m 为基准,在 1 500 m 处降低 5%,在 3 000 m 处降低 20%。另外,海拔越高,冷却效果下降越多,因此必须注意温升。

### (6)振动条件

变频器的耐振性因机种的不同而不同,振动超过变频器的容许值时,将产生部件紧固部分松动以及继电器和接触器等的可动部分的器件误动作等问题,往往导致变频器不能稳定运行。因此,设置场所的振动加速度多被限制在$(0.3\sim0.6)g$以下(振动强度$\leqslant 5.9$ m/s²)。对于机床、船舶等事先能预测振动的场合,必须选择有耐振装置的机种。也可以采取一些防振措施,如加装隔振器或采用防振橡胶等。另外,在有振动的场所安装变频器,必须定期进行检查和加固。

## 2. 变频器的发热与散热

变频器的效率一般为97%~98%,这就是说有2%~3%的电能转变为热能。变频器在工作时,其散热片的温度可达90 ℃,故安装底板与背面必须为耐热材料,还要保证不会有杂物进入变频器,以免造成短路或更大的故障。变频器常用的安装方式如图4-1所示。

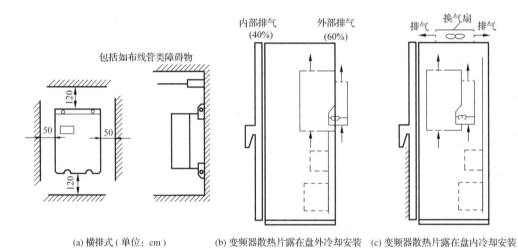

(a) 横排式 (单位: cm)    (b) 变频器散热片露在盘外冷却安装    (c) 变频器散热片露在盘内冷却安装

图 4-1    变频器常用的安装方式

对于非水冷却的变频器,在安装空间上,要保证变频器与周围墙壁间至少留有100 cm的距离,有通畅的气流通道,如图4-2所示。

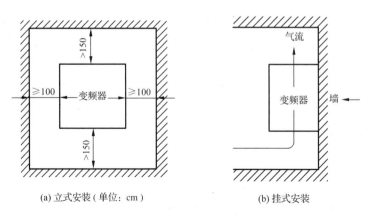

(a) 立式安装 (单位: cm)    (b) 挂式安装

图 4-2    非水冷却变频器的安装

很多生产现场将变频器安装于安装柜内,这时应注意散热问题。变频器的最高允许温度为 $T_i = 50\ ℃$,如果安装柜的周围温度 $T_a = 40\ ℃(\text{max})$,则必须使柜内温升在 $T_i - T_a = 10\ ℃$ 以下。关于散热问题有以下两种情况:

(1)安装柜如果不采用强制换气,变频器发出的热量经过安装柜内部的空气,由安装柜表面自然散热,这时散热所需的安装柜有效散热面积 $A$ 的计算公式为

$$A = \frac{Q}{h(T_s - T_a)} \tag{4-1}$$

式中　　$Q$——安装柜总发热量,W;

　　　　$h$——传热系数(散热系数);

　　　　$T_s$——安装柜的表面温度,℃;

　　　　$T_a$——安装柜的周围温度,即给气口的空气温度,℃,一般最高时为 40 ℃。

(2)设置风扇,采用强制换气时,散热效果更好,是盘面自然对流散热无法达到的。换气流量 $P$ 的计算公式(也可用于计算风扇容量)为

$$P = \frac{Q \times 10^{-3}}{\rho C(T_0 - T_a)} \tag{4-2}$$

式中　　$Q$——安装柜总发热量,W;

　　　　$\rho$——空气密度,kg/m³,50 ℃时,$\rho = 1.057\ \text{kg/m}^3$;

　　　　$C$——空气的比热容,$C = 1.0\ \text{kJ/(kg·K)}$;

　　　　$T_0$——排气口的空气温度,℃,一般取 50 ℃;

　　　　$T_a$——安装柜的周围温度,即给气口的空气温度,℃,一般最高时为 40 ℃。

使用强制换气时,应注意以下问题:

①在从外部吸入空气的同时也会吸入尘埃,因此在吸入口应设置空气过滤器。在门扉部位设置屏蔽垫,在电缆引入口设置精梳板,当电缆被引入后,就会自动密封起来。

②当有空气过滤时,如果吸入口的面积太小,则风速增大,过滤器会在短时间里堵塞;而且压力损失增大,会降低风扇的换气能力。电源电压的波动,有可能使风扇的能力降低,所以应选定约有 20% 余量的风扇。

③因为热空气会从下往上流动,所以最好选择从安装柜下部供给空气、向上部排气的结构,如图 4-3(a)所示。

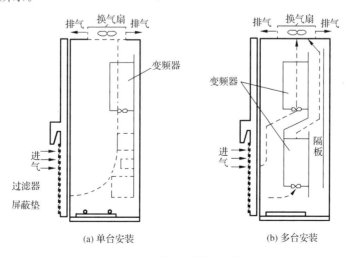

(a) 单台安装　　　　　　　(b) 多台安装

图 4-3　安装柜强制换气安装图

④当需要在邻近并排安装多台变频器时,台与台之间必须留有足够的距离。当竖排安装时,变频器间距至少为 50 cm,变频器之间应加装隔板,以增强上部变频器的散热效果,如图 4-3(b)所示。

## 3. 变频器的安装与接线

### (1)安装柜的设计及选择

变频器安装柜的设计是正确使用变频器的重要环节,考虑到柜内温度的升高,不得将变频器存放于密封的小盒之中或在其周围堆置零件、热源等。柜内的温度应保持不超过50 ℃。在柜内安装冷却(通风)扇时,应确保冷却空气能通过热源部分。如变频器和风扇安装位置不正确,会导致变频器周围的温度超过规定数值。总之,要计算柜内所有电气装置的运行功率和散热功率、最高承受温度,综合考虑后确定安装柜的体积、柜体材料、散热方式、换流形式等。

变频器安装柜的设计形式可分为开式和闭式两种,其优、缺点对比见表 4-1,安装柜的周围条件(温度,湿度,粉尘,腐蚀性气体,易燃、易爆气体等)决定了安装柜所应达到的保护等级(IP××)。

表 4-1    安装柜设计形式的对比

| 安装柜形式 | 开式安装柜 | | 闭式安装柜 | | |
|---|---|---|---|---|---|
| 通风方式 | 自然通风 | 增强型自然通风 | 自然通风 | 使用风扇增强内循环,外部自然通风 | 使用热交换器强制循环,内、外流动空气 |
| 效 果 | 主要通过自然对流进行散热,安装柜壁也有散热作用 | 通过加装风扇促进空气的流动,增强散热效果 | 只能通过安装柜柜壁散热,柜内只允许有较低的功率消耗。在安装柜内常发生热集聚现象 | 只能通过安装柜柜壁散热,内部空气的强制流动改善了散热条件,并防止了热集聚现象 | 通过内部的热空气和外部的冷空气的交换来散热,这就增大了热交换的有效面积。此外,强制性的内、外循环可带出更多的热量 |
| 保护级别 | IP20 | IP20 | IP54 | IP54 | IP54 |
| 柜内允许消耗的典型功率(条件:安装柜尺寸为 600 mm×600 mm×2 000 mm;安装柜的内、外温差为 20 ℃,如果温差不超过 20 ℃,可参考安装柜制造厂家提供的安装柜温度特性) | 最大 700 W | 最大 2 700 W(在带一个小型过滤器时为 1 400 W) | 最大 260 W | 最大 360 W | 最大 1 700 W |

安装柜内允许消耗的功率取决于安装柜的类型、安装柜周围环境的温度和安装柜内各设备的布局。如图 4-4 所示为安装柜内设备的功率与周围最高温度的关系曲线,其中的曲线①、②、③对应的安装柜类型分别如下:

曲线①,对应具有热交换器的闭式安装柜,热交换器的尺寸为 920 mm×460 mm×111 mm。

曲线②,对应通过自然对流通风的安装柜。

曲线③,对应通过风扇做强制循环和自然通风的闭式安装柜。

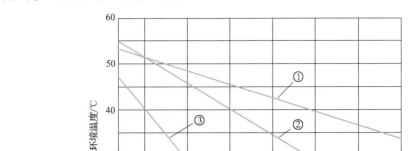

图 4-4    安装柜内设备的功率与周围最高温度的关系曲线

表 4-2 列出了变频器安装柜的参考尺寸,安装条件为安装柜的温升为 10 ℃,周围温度为 40 ℃。

表 4-2  变频器安装柜的参考尺寸

| 变频器装置 | | 损耗(额定时)/W | 密封型概略尺寸/mm | | | 风冷型概略尺寸/mm | | |
|---|---|---|---|---|---|---|---|---|
| 电压/V | 容量/kW | | 宽 | 深 | 高 | 宽 | 深 | 高 |
| 200/220 | 0.4 | 62 | 400 | 250 | 700 | — | — | — |
| | 0.75 | 118 | 400 | 400 | 1 100 | — | — | — |
| | 1.5 | 169 | 500 | 400 | 1 600 | — | — | — |
| | 2.2 | 190 | 600 | 400 | 1 600 | — | — | — |
| | 3.7 | 273 | 1 000 | 400 | 1 600 | — | — | — |
| | 5.5 | 420 | 1 300 | 400 | 2 100 | 600 | 400 | 1 200 |
| | 7.5 | 525 | 1 500 | 400 | 2 300 | | | |
| 400/440 | 0.75 | 102 | 400 | 400 | — | | | |
| | 1.5 | 130 | 400 | 400 | 1 400 | | | |
| | 2.2 | 150 | 600 | 400 | 1 600 | | | |
| | 3.5 | 195 | 600 | 400 | 1 600 | | | |
| | 5.5 | 290 | 700 | 600 | 1 900 | — | | |
| | 7.5 | 385 | 1 000 | 600 | 1 900 | 600 | 400 | 1 200 |
| | 11 | 580 | 1 600 | 600 | 2 100 | 600 | 600 | 1 600 |
| | 15 | 790 | 2 200 | 600 | 2 300 | 600 | 600 | 1 600 |
| | 22 | 1 160 | 2 500 | 1 000 | 2 300 | 600 | 600 | 1 900 |
| | 30 | 1 470 | 3 500 | 1 000 | 2 300 | 700 | 600 | 2 100 |
| | 37 | 1 700 | 4 000 | 1 000 | 2 300 | 700 | 600 | 2 100 |
| | 45 | 1 940 | 4 000 | 1 000 | 2 300 | 700 | 600 | 2 100 |
| | 55 | 2 200 | 4 000 | 1 000 | 2 300 | 700 | 600 | 2 100 |
| | 75 | 3 000 | — | — | — | 800 | 550 | 1 900 |
| | 110 | 4 300 | — | — | — | 800 | 550 | 1 900 |
| | 150 | 5 800 | — | — | — | 900 | 550 | 2 100 |
| | 220 | 8 700 | — | — | — | 1 000 | 550 | 2 300 |

### (2)变频器与电动机的距离

在使用现场,变频器与电动机安装的距离可以分为三种情况:100 m 以上为远距离;20～100 m 为中距离;20 m 以内为近距离。

变频器在运行中,其输出端电压波形中含有大量谐波成分,这些谐波将产生极大的副作用,影响变频器系统的功能。变频器的安装位置及变频器与电动机的连接距离适当,可减轻谐波的影响。远距离的连接会在电动机的绕组两端产生浪涌电压,叠加的浪涌电压会使电动机绕组的电流增大,电动机的温度升高,绕组绝缘损坏。因此,希望变频器尽量安装在被控电动机的附近,但在实际生产现场,变频器和电动机之间总会有一定的距离,如果变频器和电动机之间的距离为 20～100 m,则需要调整变频器的载波频率来减少谐波和干扰;当变频器和电动机之间的距离在 100 m 以上时,不但要适度降低载波频率,还要加装浪涌电压抑制器或输出用交流电抗器。不同型号的变频器在这方面的性能有所不同。

在集散控制系统中,由于变频器的高频开关信号的电磁辐射会对电子控制信号产生干扰,所以常常把大型变频器放到中心控制室内。而大多数中、小容量的变频器则安装在生产现场,这时可采用 RS-485 串行通信方式连接。若还要加长距离,则可以利用通信中继器,可达 1 km。如果采用光纤连接器,可以达到 23 km。采用通信电缆连接,可以很方便地构成多级驱动控制系统,实现主/从和同步控制等要求。当前,较为流行的是现场总线控制技术,比较典型的现场总线有 PROFIBUS、LONWORKS、FF 等,其最大特点是用数字信号取代模拟信号,模拟现场信号电缆被高容量的现场总线网络取代,从而使数据传输速度大大增大,实现控制彻底分散化,这种分散有利于缩短变频器与电动机之间的距离,使系统布局更加合理。

### (3)变频器主电路接线

①一般型号的变频器主电路接线

● 在电源和变频器的输入侧应安装一个接地漏电保护的断路器,它对变频电流比较敏感。还要加装一个断路器和交流电磁接触器,断路器本身带有过电流保护功能,并且能自动复位,在故障条件下可以用手动来操作。交流电磁接触器由触点输入控制,可以连接变频器的故障输出和电动机过热保护继电器的输出,从而在故障时使整个系统从输入侧切断电源,实现及时保护。如果交流电磁接触器和漏电保护开关同时出现故障,断路器能提供可靠的保护。

● 应在变频器和电动机之间加装热继电器,用变频器拖动大功率电动机时尤为需要。虽然变频器内部带有热保护功能,但可能还不足以保护外部电动机。用户选择变频器的容量往往大于电动机的额定容量,当用户设定的保护值不佳时,变频器在电动机烧毁之前可能还没来得及动作;或者变频器保护失灵时,电动机就需要外部热继电器提供保护。尤其是在驱动一些旧电动机时,还要考虑到生锈、老化带来的负载能力降低等问题。综合这些因素,外部热继电器可以很直观、便捷地设定保护值,特别是在有多台电动机运行或有工频/变频切换的系统中,热继电器的保护更加必要。

● 当变频器与电动机之间的连接线太长时,高次谐波的作用会使热继电器误动作。因此,需要在变频器和电动机之间安装交流电抗器或用电流传感器配合继电器进行热保护而代替热继电器。

● 为了增强传动系统的可靠性,保护措施的设计原则一般是多重冗余,单一的保护设计虽然可以节省资金,但会降低系统的整体安全性。

②主电路各端子的具体连接

● 主电路电源输入端(L1/R、L2/S、L3/T)　主电路电源端子通过线路保护用断路器和交流电磁接触器连接到三相电源上,无须考虑连接相序。变频器保护功能动作时,使接触器的主触点断开,从而及时切除电源,防止故障扩大。不能采用主电路电源的开/关方式来控制变频器的运行与停止,而应使用变频器本身的控制键来控制。还要注意变频器的电源三相与单相的区别,不能接错。

● 变频器输出端子　变频器输出端子应按正确相序连接到三相异步电动机。如果电动机旋转方向不对,则应交换 U、V、W 中任意两相接线。变频器的输出侧一般不能安装电磁接触器,若必须安装,则一定要注意满足以下条件:变频器若正在运行中,则严禁切换输出侧的电磁接触器,必须等到变频器停止输出后才可以切换接触器;变频器的输出侧不能连接电力电容器、浪涌抑制器和无线电噪声滤波器,否则,将会导致变频器故障或电容器和浪涌抑制器的损坏;驱动较大功率电动机时,在变频器输出端与电动机之间要加装热继电器。其主电路基本接线如图 4-5 所示。

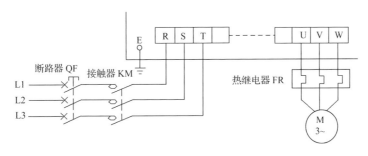

图 4-5　主电路基本接线

当变频器和电动机之间的连接线很长时,随着变频器输出电缆的长度增大,其分布电容明显增大,电线间的分布电容会产生较大的高频电流,可能会导致变频器过电流跳闸、漏电流增大、电流显示精度变差等。因此,4 kW 以下的电动机连线不要超过 50 m,5.5 kW 以上的不要超过 100 m。如果连线必须很长,可使用外选件输出电路滤波器(OFL 滤波器)。

变频器与电动机之间的电压降会随导线距离长度的增大而增大,特别是变频器输出频率降低时,电压也减小,在电流相等的情况下,线路的电压降 $\Delta U$ 在输出电压中所占比例将增大,而电动机得到的电压的比例则减小,从而可能导致电动机转矩不足。因此,在选择变频器与电动机之间导线的线径时,最关键的因素是线路电压降 $\Delta U$ 的影响。一般要求

$$\Delta U \leqslant (2\% \sim 3\%)U_N \qquad (4\text{-}3)$$

式中　$U_N$——电动机的额定电压。

$\Delta U$ 的计算公式为

$$\Delta U = \frac{\sqrt{3}\,I_{MN}R_0L}{1\,000} \qquad (4\text{-}4)$$

式中　$I_{MN}$——电动机的额定电流,A;

　　　$R_0$——单位长度导线的电阻,mΩ/m;

　　　$L$——导线的长度,m。

实际进行变频器与电动机之间连接时,必须根据要求的距离计算出所需导线的 $R_0$ 值,从

而选定合适线径的导线。常用电动机引出线的单位长度电阻值见表4-3。

表 4-3　　　　　　　　　　　　常用电动机引出线的单位长度电阻值

| 标称截面积/mm² | 1.0 | 1.5 | 2.5 | 4.0 | 6.0 | 10.0 | 16 | 25.0 | 35.0 |
|---|---|---|---|---|---|---|---|---|---|
| $R_0/(\text{m}\Omega \cdot \text{m}^{-1})$ | 17.8 | 11.9 | 6.92 | 4.40 | 2.92 | 1.73 | 1.10 | 0.69 | 0.49 |

设某电动机的主要额定数据如下：$P_{MN} = 30$ kW，$U_{MN} = 380$ V，$I_{MN} = 57.6$ A，$n_{MN} = 1\ 460$ r/min，变频器与电动机之间的距离为 40 m。要求在工作频率为 40 Hz 时，线路电压降不超过 2%。选择线径的方法如下：

$$\Delta U = 2\% \times 380 \times \frac{40}{50} = 6.08 \text{ V}$$

代入式(4-4)得

$$\frac{\sqrt{3} \times 57.6 \times R_0 \times 40}{1\ 000} = 6.08$$

则

$$R_0 = 1.52 \text{ m}\Omega/\text{m}$$

由表 4-3 可知，应选择截面积为 16 mm² 的导线(材质为铜)。

● 直流电抗器连接端子[P1、P(+)]　这是为增大功率因数而设的直流电抗器(选件)的连接端子，出厂时端子上连接有短路导体。使用直流电抗器时，先取掉该短路导体；不使用时，让短路导体接在电抗器上(西门子 MM440 变频器中是 DC/R+、B+/DC+ 两个端子)。

● 外部制动电阻连接端子[P(+)、DB]　不同品牌的变频器，外部制动电阻的连接端子有所不同。对富士变频器，G11S 型 7.5 kW 以下和 P11S 型 11 kW 以下的变频器有这两个端子。对前一种规格的变频器，机器内部装有制动电阻，且连接于 P(+)、DB 端子上。如果内装的制动电阻热容量不足(当高频运行或重力负载运行等时)或为了增大制动力矩等，则必须外接制动电阻(选件)。连接时，先从 P(+)、DB 端子上卸下内装制动电阻的连接线，并对其线端绝缘，然后将外部制动电阻连接到变频器的 P(+)、DB 端子上。注意配线长度应小于 5 m，用双绞线或双线密绕并行配线。

西门子 MM440 变频器的外部制动电阻的连接端子为 B+/DC+ 和 B−，要求制动电阻必须垂直安装并紧固在隔热的面板上。

● 变频器接地端子(G)　为了安全和减小噪声，变频器的接地端子 G(或 PE)必须可靠接地。为了防止电击和火灾事故，电气设备的金属外壳和框架均应按照国家标准要求设置。接地线要短而粗，变频器系统应连接专用接地极。

**(4)变频器控制电路的接线**

控制信号分为模拟量信号、频率脉冲信号和开关信号三大类。对应的模拟量控制主要包括输入侧的给定信号线和反馈信号线，输出侧的频率信号线和电流信号线。开关信号控制线有启动、点动、多挡转速控制等控制线。与主电路接线不同，控制线的选择和配置要增加抗干扰措施。

①输入端的接线

● 触点或集电极开路输入端(与变频器内部线路隔离)的接线　如图 4-6 所示，图中 SD 为公共端。

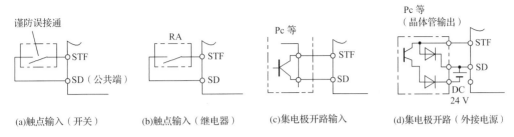

图 4-6　输入端的接线

- 模拟信号输入　主要包括输入侧的给定信号线和反馈信号线。模拟信号的抗干扰能力较低,因此必须使用屏蔽线。
- 频率设定电位器的接线　频率设定电位器必须根据其端子号进行正确连接,如图 4-7所示,否则变频器将不能正确工作。

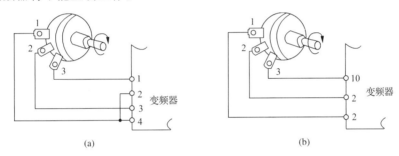

图 4-7　频率设定电位器的接线

②输出端的接线　I/O 电缆长度因 I/O 端子的不同而受到限制,由于模拟量输入没有隔离,所以频率设定信号应小心配线,且应提供对应测量,从而使配线最大限度地缩短,以使它们不受外部噪声的影响。

关于变频器的接线,还应注意以下问题:

- 电线的种类　一般情况下,控制信号的传送采用聚氯乙烯电线、聚氯乙烯护套屏蔽电线。
- 电缆的截面　控制电缆导体的截面必须考虑机械强度、线路压降及铺设费用等因素。推荐使用导体截面积为 $1.25\ mm^2$ 或 $2\ mm^2$ 的电缆。当铺设距离短、线路压降在容许值以下时,使用 $0.75\ mm^2$ 的电缆较为经济。
- 电缆的分离　变频器的控制电缆与主电路电缆或其他电力电缆分开铺设,且尽量远离主电路 100 mm 以上;尽量不和主电路电缆交叉,必须交叉时,应采取垂直交叉的方式。
- 电缆的屏蔽　当电缆不能分离或者即使分离也不会有抗干扰效果时,必须进行有效的屏蔽。电缆的屏蔽可利用已接地的金属管或金属通道和带屏蔽的电缆。屏蔽层靠近变频器的一端,应接控制电路的公共端(COM),而不要接到变频器的地端(E)或大地,屏蔽层的另一端悬空,如图 4-8 所示。
- 绞合电缆　信号电压、电流回路(4～20 mA、0～5 V 或 1～5 V)应使用电缆。长距离的控制回

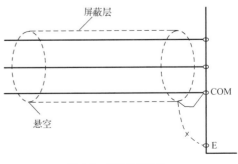

图 4-8　屏蔽线的接法

路电缆应采用绞合线,且应是屏蔽的铠装线,绞合线的绞合间距应尽可能小。

● 铺设路线　由于电磁感应干扰的大小与电缆的长度成比例,所以应尽可能以最短的路线铺设。特别是与频率表端子连接的电缆长度应在 200 m 以下(电缆的容许长度因机种不同而不同,可根据说明书等确定)。铺设距离越长,频率表的指示误差越大。另外,大容量变压器和电动机的漏磁通会对控制电缆直接感应,产生干扰,电缆线路要尽量远离这些设备。同时,信号电压、电流回路使用的电缆,不要接近装有很多断路器和继电器的控制柜。

● 大电感线圈的浪涌电压吸收电路　接触器、电磁继电器的线圈及其他各类电磁铁的线圈,都具有很大的电感。在与变频器的控制端子连接时,在接通和断开的瞬间,由于电流的突变会产生很大的感应电动势,所以电路中会形成峰值很大的浪涌电压,导致系统内部保护电路误动作。因此,在电感线圈的两端,必须接入浪涌电压吸收电路。在大多数情况下,可采用阻容吸收电路,如图 4-9(a)所示;在直流电路的电感线圈中,也可以只用一个二极管,如图 4-9(b)所示。

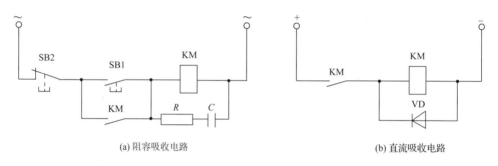

(a) 阻容吸收电路　　　　　　　　　(b) 直流吸收电路

图 4-9　浪涌电压吸收电路

## 4. 变频器的接地

变频器接地的主要目的是防止漏电及干扰的侵入或对外辐射。回路必须按电气设备技术标准和规定接地,采用实用牢固的接地桩。变频器的接地方式如图 4-10 所示。如图 4-10(a)所示方式最好;如图 4-10(b)所示方式中,其他机器的接地线未连到变频器上,可以采用;如图 4-10(c)所示方式则不可采用。

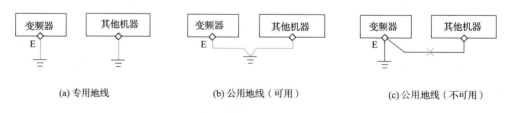

(a) 专用地线　　　　　(b) 公用地线（可用）　　　　　(c) 公用地线（不可用）

图 4-10　变频器的接地方式

对于单元型变频器,接地线可直接与变频器的接地端子连接。当变频器安装在配电柜内时,则与配电柜的接地端子或接地母线连接。不管哪一种情况,都不能经过其他装置的接地端子或接地母线,而必须直接与接地电极或接地母线连接。根据电气设备技术标准,接地线必须用直径 1.6 mm 以上的软铜线。

变频器控制电路的接地应注意以下几点:

(1)信号电压、电流回路(4~20 mA,0~5 V 或 1~5 V)的电线取一点接地,接地线不作为传送信号的电路使用。

(2)使用屏蔽电线时要使用绝缘屏蔽电线,以免屏蔽金属与被接地的通道金属管接触。

(3)电路的接地在变频器侧进行,应使用专设的接地端子,不与其他的接地端公用。

(4)屏蔽电线的屏蔽层应与电线导体长度相同。电线在端子箱里进行中继时,应装设屏蔽端子,并互相连接。

**知识拓展**

### 变频器的防尘

变频器在工作时产生的热量靠自身的风扇强制制冷。空气通过散热通道时,空气中的尘埃容易附着或堆积在变频器内的电子元件上,从而影响散热。当温度超过允许工作温度时,会造成跳闸,严重时会缩短变频器的寿命。在变频器内电子元件与风道无隔离的情况下,由尘埃引起的故障更为普遍。因此,变频器的防尘问题应引起重视,下面介绍几种常用的防尘措施。

**1. 设计专门的变频器室**

当使用的变频器功率较大或数量较多时,可以设计专门的变频器室。房间的门窗和电缆穿墙孔要求密封,防止粉尘侵入;要设计空气过滤装置和循环通道,以保持室内空气正常流通;保证室内温度在 40 ℃以下。这样用于统一管理,有利于检查维护。

**2. 将变频器安装在设有风机和过滤装置的柜子里**

当用户没有条件设立专门的变频器室时,可以考虑制作变频器防尘柜。设计的风机和过滤网要保证柜内有足够的空气流量。用户要定期检查风机,清除过滤网上的灰尘,防止因通风量不足而使温度增高以致超过规定值。

**3. 选用防尘能力较强的变频器**

市场上变频器的规格型号很多,选择时,除了考虑价格和性能外,还应考虑变频器对环境的适应性。有些变频器没有冷却风机,靠其壳体在空气中自然散热,与风冷型变频器相比,尽管体积较大,但器件的密封性能好,不受粉尘影响,维护简单,故障率低,工作寿命长,特别适于在有腐蚀性工业气体和粉尘的场合使用。

**4. 减少变频器的空载运行时间**

通用变频器在工业生产过程中,一般都是经常接通电源,通过变频器的"正转/反转/公共端"控制端子或操作面板上的按键来控制电动机的启动/停止和旋转方向。一些设备可能时开时停,变频器空载时风扇仍在运行,会吸附粉尘,这是不必要的。生产操作过程中,应尽量减少变频器的空载运行时间,以减轻粉尘对变频器的影响。

## 5. 建立定期除尘制度

用户应根据粉尘对变频器的影响情况,确定定期除尘的时间间隔。除尘可采用电动吸尘器或压缩空气吹扫。除尘之后,还要注意检查变频器风机的转动情况,检查电气连接点是否松动发热。

## 思考与练习

(1)简述变频器安装使用的环境要求。

(2)柜内安装变频器使用强制换气时,应注意哪些问题?

(3)变频器主电路接线应注意哪些问题?

(4)在变频器的接线中电缆线应如何选择?

(5)变频器控制电路的接地应注意哪些问题?

# 任务2 变频器的调试与维护

## 任务引入

变频器从生产工厂经运输、销售,最后到达用户,要经过多个环节,在此过程中很难保证不出现任何问题。因此,用户在收到变频器时,必须进行必要的验收和测试。掌握和熟悉变频器的正确现场调试方法与技术要领,对变频器正常运行、减少故障、延长使用寿命至关重要。如果使用不当,仍可能发生故障或出现运行状况不佳的情况。因此,变频器的日常维护与检查是不可缺少的。

## 任务目标

(1)变频器系统的调试。

(2)变频器的日常维护与检查。

素质课堂4

## 相关知识

## 1. 变频器系统的调试

### (1)通电前检查

首先检查变频器的型号、规格是否有误,随机附件及说明书是否齐全,还要检查外观是否

有破损、缺陷,零部件是否有松动;端子之间、外露导电部分是否有断路、接地现象。特别需要检查是否有下述接线错误:

①输出端子(U、V、W)误接电源线。

②制动单元用端子误接制动单元放电电阻以外的导线。

③屏蔽线的屏蔽部分未按照使用说明书的规定正确连接。

**(2)通电与预置**

一台新的变频器在通电时,输出端可先不接电动机,而先进行各种功能参数的设置。

①把变频器的接地端子接地并将其电源输入端子经过漏电保护开关接到电源上。

②熟悉操作面板,了解操作面板上各按键的功能,进行试操作,并观察显示屏的变化情况。

③熟悉变频器的启动、停止等操作,观察变频器的工作情况是否正常,进一步熟悉操作面板的操作要领。

④进行功能预置。按变频器说明书上介绍的"功能预置方法和步骤"进行所需功能码的设置。预置完毕,先通过几个较容易观察的项目,如升速和降速时间、点动频率、多挡速度等检查变频器执行情况,判断其是否与预置的相吻合。

⑤将外接输入控制线接好,逐项检查外接控制功能的执行情况。

⑥检查三相输出电压是否平衡。如果出现不平衡的情况,除了逆变器各相大功率开关器件的管压降不一致以外,主要可能是三相电压 PWM 波半个周期中的脉冲数、占空比及分布不同而引起的。由 GTR(BJT)所构成的逆变器由于载波(开关频率)低,在低频阶段半个周期的脉冲数少。这些因素的存在会造成各相输出电压不对称。而由 IGBT 或 MOSFET 构成的逆变器载波(开关频率)高,对其输出电压影响不大。从这个角度讲,IGBT 逆变器比 GTR(BJT)逆变器性能优越。

**(3)带电动机空载试验**

变频器输出端子接电动机,但电动机与负载脱开,然后进行通电试验。这样做的目的是观察变频器配上电动机后的工作情况,同时校准电动机的旋转方向,试验内容主要为:

①综合考虑电动机的功率、极数以及变频器的工作电流、容量和功率,根据系统的工作状况要求来选择设定功率和过载保护值。

②设定变频器的最大输出频率、基频,设置转矩特征,如果是风机和泵类负载,要将变频器的转矩代码设置成变转矩和降转矩运行特征。

③设置变频器的操作模式,按运行键、停止键观察电动机是否能正常启动、停止。

④掌握变频器的故障代码,观察热保护继电器的出厂值,并观察过载保护的设定值,需要时可以修改。

**(4)变频器的空载试验步骤**

①先将频率设置为 0,合上电源后,缓慢提高频率,观察电动机在运行过程中是否运转灵活,有无杂音、振动等现象,并确认其旋转方向是否正确。

②将频率提高至额定频率,让电动机运行一段时间。如果一切正常,再选若干个常用的频率,使电动机在该频率下运行一段时间。

③将给定频率信号突降至 0 或按停止按钮,观察电动机的制动情况。

**(5)带负载调试**

将电动机输出轴与机械的传动装置连接,进行试验。

①手动操作变频器操作面板上的运行、停止键,观察电动机运行、停止过程及变频器的显示屏,看是否有异常现象。如果在启动/停止电动机过程中,变频器过电流保护动作,则须重新设定加/减速时间。启动/停止电动机试验的具体做法:使频率从 0 开始慢慢升高,观察拖动系统能否启动,并观察电动机在多个频率下启动的情况,如果启动比较困难,应设法加大启动转矩或采取其他措施。变频器拖动电动机在启动过程中达不到预设速度,可能有以下两种情况:

● 系统发生机电共振,可以通过电动机运转的声音进行判断。采用设置频率跳跃值的方法,可以避开共振点,一般变频器能设定三级跳跃点。

● 电动机的转矩输出能力不够。电动机带负载能力不同,可能有以下原因:不同品牌的变频器出厂参数设置不同;变频器控制方法不同;系统的输出效率不同。这种情况下,可以增大转矩提升量。如果达不到要求,可用手动转矩提升功能,但设定值不能过大,此时温升会增高。如果仍然达不到要求,可改用新的控制方法。例如富士变频器,采用 $U/f$ 恒定的方法启动达不到要求时,可改用矢量控制方法,能获得更大的转矩输出能力。

若 $U/f$ 在整个拖动系统的升速过程中,因启动电流过大而跳闸,则应适当延长升速时间。如在某一速度段启动电流偏大,则可通过改变启动方式(S 形、半 S 形等)来解决。如果变频器仍存在运行故障,可增大最大电流的保护值,但不能取消保护,应留有至少 $10\%\sim20\%$ 的保护裕量。

停机试验时,将运行频率调至最高频率,按停止键,观察拖动系统的停机过程。观察是否出现因过电压或过电流而跳闸的情况,如有,则应适当延长降速时间。观察输出频率为 0 时拖动系统是否有爬行现象,如有,则应适当加入直流制动。

②负载试验的主要内容:

● 如 $f_{max} > f_N$,则应进行最高频率时的带负载能力试验,即在正常负载下,最高频率能否驱动。

● 应考虑电动机在负载最低频率下的发热情况,使拖动系统工作在负载所要求的最小转速下。在该转速下施加最大负载,按负载所要求的连续运行时间进行低速连续运行,观察电动机的发热情况。

● 过载试验可按负载可能出现的过载情况及持续时间进行试验,观察拖动系统能否继续工作。

**2.** **变频器的日常维护与检查**

在实际应用中,变频器受周围的温度、湿度、振动、粉尘、腐蚀性气体等环境条件的影响,其性能会有一些变化。如使用合理、维护得当,则能延长使用寿命,并减少因突然故障造成的生产损失。如果使用不当,维护检修不及时,仍可能发生故障或出现运行状况不佳的情况,甚至造成变频器过早的损坏,进而影响生产设备的正常运行。因此,变频器的日常维护与检查是必不可少的。

**(1)日常检查**

日常检查时,必须切断电源,使主电路电容器充分放电,确认电容器放电结束后再进行操

作。可不取下变频器外盖,而在外部目测变频器的运行状况,观察有无异常情况。通常要检查以下内容:

①运行性能是否符合标准、规范的要求。

②周围环境是否符合标准、规范的要求。

③操作面板显示是否正常。

④有无异常噪声、振动和异味。

⑤有无过热或变色等异常情况。

**(2)定期检查**

变频器需要进行定期检查时,必须先停止运行,切断电源,打开机壳,然后再进行检查。

**注意:**即使变频器切断了电源,主电路直流部分滤波电容器放电也需要一定时间,应在充电指示灯熄灭后,用万用表或其他仪表确认直流电压已降到安全电压(DC 25 V)以下,然后再进行检查。可按表4-4所列内容进行检查。

表 4-4　　　　　　　　　　　　定期检查

| 检查部分 | | 检查项目 | 检查方法 | 判定标准 |
|---|---|---|---|---|
| 周围环境 | | (1)确认环境温度、振动情况,无灰尘、油雾、水滴等<br>(2)周围没有放置工具等异物和危险品 | (1)目视和仪器测量<br>(2)目视 | (1)符合技术规范要求<br>(2)未放置 |
| 操作面板 | | (1)显示清楚<br>(2)不缺少字符 | (1)、(2)目视 | (1)、(2)能显示,没有异常 |
| 框架盖板等结构 | | (1)没有异常声音、异常振动<br>(2)螺栓等紧固件没有松动和脱落<br>(3)没有变形损坏<br>(4)没有由于过热而变色<br>(5)没有附着灰尘、污损 | (1)依据听觉,目视<br>(2)拧紧<br>(3)~(5)目视 | (1)~(5)没有异常 |
| 主电路 | 公共 | (1)螺栓等没有松动和脱落<br>(2)机器、绝缘体没有变形、裂纹、破损或由于过热和老化而变色<br>(3)没有附着污损、灰尘 | (1)拧紧<br>(2)、(3)目视 | (1)~(3)没有异常(铜排变色不表示特性有问题) |
| | 导体、导线 | (1)导体没有由于过热而变色和变形<br>(2)电线护层没有破裂和变色 | (1)、(2)目视 | (1)、(2)没有异常 |
| | 端子台 | 没有损伤 | 目视 | 没有异常 |
| | 滤波电容器 | (1)没有漏液、变色、裂纹和外壳膨胀<br>(2)安全阀没有出来,阀体没有显著膨胀<br>(3)按照需要测量静电容量 | (1)、(2)目视<br>(3)根据维护信息判断寿命 | (1)、(2)没有异常<br>(3)静电容量不小于初始值的85% |
| | 电阻 | (1)没有由于过热而产生异味和绝缘体开裂<br>(2)没有断线 | (1)依据嗅觉,目视<br>(2)目视或卸开一端的连接,用万用表测量 | (1)没有异常<br>(2)电阻值在±10%标称值以内 |
| | 变电器、电抗器 | 没有异常的振动声和异味 | 依据听觉、嗅觉、目视 | 没有异常 |
| | 电磁接触器继电器 | (1)工作时没有振动声音<br>(2)触点接触良好 | (1)依据听觉<br>(2)目视 | (1)、(2)没有异常 |

续表

| 检查部分 | | 检查项目 | 检查方法 | 判定标准 |
|---|---|---|---|---|
| 控制<br>电路 | 控制印刷电<br>路板、连接器 | (1)螺钉和连接器没有松动<br>(2)没有异味和变色<br>(3)没有裂缝、破损、变形、显著锈蚀<br>(4)电容器没有漏液和变形 | (1)拧紧<br>(2)依据嗅觉,目视<br>(3)目视<br>(4)目视并根据维护<br>信息判断寿命 | (1)~(4)没有异常 |
| 冷却<br>系统 | 冷却风扇 | (1)没有异常声音、振动<br>(2)螺栓等没有松动<br>(3)没有由于过热而变色 | (1)依据听觉,目视,用<br>手转动(必须切断电源)<br>(2)拧紧<br>(3)目视 | (1)旋转平衡<br>(2)、(3)没有异常 |
| | 通风道 | 散热片和进气、排气口没有堵塞和附<br>着异物 | 目视 | 没有异常 |

一般变频器的定期检查应每年进行一次,绝缘电阻检查可以每三年进行一次。由于变频器是由多种部件组装而成的,所以在正常使用六年后,就会进入故障高发期,某些部件性能降低、劣化,这是故障发生的主要原因。为了长期安全生产,某些部件必须及时更换。变频器定期检查的目的主要是根据操作面板上显示的维护信息,估算零部件的使用寿命,及时更换元器件。

①更换滤波电容器。变频器中间直流电路中使用的大容量电解电容器,由于脉冲电流等因素的影响,其性能会劣化。劣化受周围温度及使用条件影响很大,在一般情况下,使用寿命约为五年。电容器的劣化经过一定时间后发展迅速,因此检查周期最长为一年,接近使用寿命期时,最好半年检查一次。

②更换冷却风扇。变频器主电路半导体器件冷却风扇用于加速散热。而冷却风扇的使用寿命受到轴承的限制,为$(1.0\sim3.5)\times10^3$ h。当变频器连续运行时,每两三年需更换一次风扇或轴承。

③定时器在使用数年后,动作时间会有很大变化,此时应检查动作时间并进行更换。继电器和接触器经过长久使用会发生接触不良的现象,需根据开关寿命进行更换。

④熔断器的额定电流大于负载电流,在正常使用条件下,寿命约为十年,可按此周期更换。

**(3)变频器的故障检修**

新一代高性能的变频器具有较完善的自诊断、保护及报警功能。熟悉这些功能对正确使用和维修变频器是极其重要的。当变频调速系统出现故障时,变频器大多能自动停机保护,并给出提示信息,检修时应以这些显示信息为线索,依据变频器使用说明书中有关指示故障原因的内容,分析故障范围,同时采用合理的测试手段确认故障点并进行维修。

通常,变频器的控制核心(微处理器系统)与其他电路部分之间都设有可靠的隔离措施,因此,出现故障的概率很低。即使发生故障,用常规手段也难以检测发现。当系统出现故障时,应将检修的重点放在主电路及微处理器以外的接口电路部分。变频器常见故障原因及处理方法见表4-5。

表 4-5　　　　　　　　　　　　　变频器常见故障原因及处理方法

| 保护功能 | | 异常原因 | 相应对策 |
|---|---|---|---|
| 欠电压保护 | 主电路电压不足,瞬时停电保护,控制电路电压不足 | 电源容量不足;线路压降过大造成电源电压过小;变频器电源电压选择不当(11 kW 以上);处于同一电源系统的大容量电动机启动;用发电机供电的电源进行急速加速,切断电源的情况下,执行运转操作,电源端电磁接触器发生故障或接触不良 | 检测电源电压;检测电源容量及电源系统 |
| 过电流保护 | | 加/减速时间太短;变频器输出端直接接通电动机电源;变频器输出端发生短路或接地现象;额定值大于变频器容量的电动机启动;驱动的电动机是高速电动机、脉冲电动机或其他特殊电动机 | 可能引起晶体管故障,须认真检查,排除故障后再启动 |
| 对地短路保护 | | 电动机的绝缘劣化;负载侧接线不良 | 检查电动机或负载侧接线是否与地线之间有短路 |
| 过电压保护 | | 减速时间太短;出现负负载(由负载带动旋转);电源电压过大 | 制动力矩不足时,延长减速时间,或选用附加的制动单元、制动电阻单元等;如适当延长减速时间仍不能解决问题,选用制动电阻或制动电阻单元 |
| 熔丝熔断 | | 过电流保护重复动作;过载保护的电源复位重复动作;过励磁状态下急速加/减速(U/f 特性不适);外来干扰 | 排除故障,确定主电路晶体管无损坏后,更换熔丝后再运行 |
| 散热片过热 | | 冷却风扇故障,周围温度太高,过滤网堵塞 | 更换冷却风扇或清理过滤网;将周围温度控制在 40 ℃ 以下(封闭悬挂式)或 50 ℃ 以下(柜内安装式) |
| 过载保护 | 电动机变频器过转矩 | 过负载;低速长时间运转;U/f 特性不当;电动机额定电流设定错误;生产机械异常或过载使电动机电源超过设定值;因机械设备异常或过载等原因,电动机中电流超过设定值 | 查找过载的原因,核对运转状况、U/f 特性、电动机及变频器的容量(变频器过载保护动作后须找出原因并排除后方可重新通电,否则则有可能损坏变频器);将额定电流设定在指定范围内;检查生产机械的使用状况,并排除不良因素,或者将设定值上调到最大允许值 |
| 制动晶体管异常 | | 调动电阻器的阻值太小;制动电阻被短路或接地 | 检查制动电阻的阻值或抱闸的使用率,更换制动电阻或考虑加大变频器容量 |
| 制动电阻过热 | | 频繁启动、停止;连续长时间再生回馈运转;减速时间过短 | 延长减速时间,或使用附加的制动电阻及制动单元 |
| 冷却风扇异常 | | 冷却风扇故障 | 更换冷却风扇 |
| 外部异常信号输入 | | 外部异常条件成立 | 排除外部异常 |
| 控制电路故障,选件接触不良,选件故障,参数写入出错 | | 外来干扰;过强的振动、冲击 | 重新确认系统参数,记录全部数据后进行初始化,切断电源后,再接通电源,如仍出现异常,则需与厂家联系 |
| 通信错误 | | 外来干扰;过强的振动、冲击;通信电缆接触不良 | 重新确认系统参数,记录全部数据后进行初始化,切断电源后,再接通电源,如仍出现异常,则需与厂家联系;检查通信电缆 |

**知识拓展**

故障排除案例

【案例 1】　MM440 变频器的 AOP 仅能存储一组参数。

处理方法：变频器选型手册中介绍 AOP 中能存储 10 组参数,但在用 AOP 进行第二台变频器参数的备份时,显示"存储容量不足"。其解决办法如下：

(1)在菜单中选择"语言"项。

(2)在"语言"项中选择一种不使用的语言。

(3)按"Fn"+"A"键选择删除,经提示后,按"P"键确认。

这样,AOP 就可以存储 10 组参数。造成这种现象的原因可能是设计时 AOP 中的内存不够。

【案例 2】　MM440 变频器调试过程中发现只有参数 P003 和 P004 能被修改,其余参数都是只读,不能修改。

处理方法：这是用户在调试过程中修改了参数 P927(该参数用于定义修改参数的接口)造成的。其定义如下：

Bit00:PROFIBUS/CB

Bit01:BOP

Bit02:BOP 链路的 USS

Bit03:COM 链路的 USS

某位为 1 表示该位有效。Bit01 为 1 表示用户可通过 BOP 修改参数。

在通常情况下,该参数被设定为全部有效,即 P927 显示"——nn"。

【案例 3】　使用 MM440 变频器时转矩提升无效。

处理方法：转矩提升功能主要用于启动具有大惯量负荷或摩擦性负荷,要求启动有足够大的力矩,如拉丝机、回转窑等。许多用户在使用 MM440 的转矩提升时发现根本没用,这主要是用户没有正确设定参数,在不同的控制模式时,转矩提升功能的参数不一样。使用 MM440 变频器的转矩提升功能要考虑以下两种情况：

(1)U/f 模式:在这种模式下有三种提升,即连续转矩提升 P1310、加速度转矩提升 P1311 及启动转矩提升 P1312。

(2)矢量控制模式:在这种模式下,如要加转矩提升功能,则必须设定参数 P1610、连续转矩提升或加速度转矩提升 P1611。

【案例 4】　怎样实现用编码器作为速度给定?

处理方法：编码器装在与纱锭相连的测速轴上,作为变频器 MM440 的速度给定。

用编码器作为速度给定,需要设置以下参数：

(1)P1300 不能设为 21 或 23,即不能为闭环速度或闭环转矩控制。

(2)P0400 设为 1 或 2,激活编码器对速度进行检测。

(3)P1070 设为 63。

【案例 5】　在 MM440 变频器调试过程中,当设定某个开关量输入点功能为"选择固定频率"+"ON"时,闭合该点频率设定值有效,但变频器不能运行。

处理方法：当任意一个开关量设定为该功能时（如使用端子 5，对应参数 P0701＝17），ON/OFF 命令是否有效取决于全部 4 个固定频率 FF 方式位（P1016～P1019）的设定值。只有当 4 个全部设定为 3 时，ON/OFF 命令选择开关才能为 1，即此时运行命令来自于"或"的输出。这时，闭合相应的端子，变频器才可能运行。

注意：设定好参数后不要随意更改相应端子的定义，如设定 P0701＝P0702＝P0703＝P0704＝17，则相应的 P1016～P1019 为 3。闭合相应开关，变频器即按照所选频率运行。

若改变其中任意一个开关功能，如更改 P0701＝9，则端子 5 不用于该功能，相应的参数 P1016 将恢复缺省值 1。此时无论怎样操作，该功能均无效。必须重新用手动设置，以保证 P1016～P1019 为 3。

## 思考与练习

(1)在变频器系统的调试中，通电前应检查哪些项目？
(2)如何进行变频器的空载试验？
(3)为什么要对变频器进行日常维护与检查？

# 任务3　变频器外围设备的选择

## 任务引入

通用变频器要实现正确、合理运行，还需要正确选择其外围设备，这些外围设备通常都是选购件。选用外围设备的目的：提高变频器的某种性能；增强对变频器和电动机的保护；减轻变频器对其他设备的影响。

## 任务目标

(1)学习电源变压器及其选择。
(2)了解断路器和接触器。
(3)了解滤波器和电抗器。
(4)学习制动电阻及其选择。

## 相关知识

不同类型及不同品牌的变频器，其外围设备也不尽相同，以中等容量通用变频器为例，其外围设备连接如图 4-11(a)所示，接口如图 4-11(b)所示。

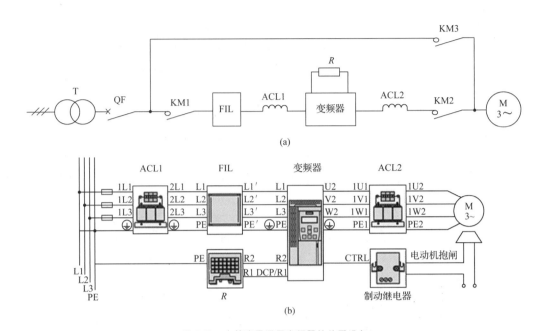

图 4-11　中等容量通用变频器的外围设备

T—电源变压器；QF—电源侧断路器；KM1—电源侧电磁接触器；FIL—无线电噪声滤波器；

ACL1—电源侧交流电抗器；R—制动电阻；ACL2—电动机侧交流电抗器；

KM2—电动机侧电磁接触器；KM3—工频电网切换用接触器

## 1. 电源变压器

电源变压器用于将高压电源变换到通用变频器所需的电压等级，如 200 V 量级或 400 V 量级等。变频器的输入电流含有一定量的高次谐波，使电源侧的功率因数减小，若再考虑变频器的运行效率，则变压器的容量（kV·A）为

$$变压器的容量 = \frac{变频器的输出功率}{变频器的输入功率因数 \times 变频器效率} \tag{4-5}$$

式中，变频器的输入功率因数在有电源侧交流电抗器 ACL1 时取 0.8～0.85，无电源侧交流输入电抗器 ACL1 时则取 0.6～0.8。变频器效率可取 0.95，变频器输出功率应为所接电动机的总功率。

## 2. 断路器和接触器

### (1) 电源侧断路器

电源侧断路器用于变频器、电动机与电源电路的正常通断，并且在出现过电流或短路事故时能自动切断变频器与电源的联系，以防止事故扩大。如果需要进行接地保护，也可以采用漏电保护式断路器。

**注意**：使用变频器都应采用断路器。

如果没有工频电源切换电路，由于在变频调速系统中电动机的启动电流可控制在较小范围内，因此，电源侧断路器的额定电流可按变频器的额定电流来选用。如果有工频电源切换电路，当变频器停止工作时，电源直接接电动机，所以电源侧断路器应按电动机的启动电流进行

选择。最好选用无熔断丝断路器。

**（2）电源侧电磁接触器**

电源侧电磁接触器用于电源的开闭，电源一旦断电，自动将变频器与电源脱开，防止重新供电时变频器自行工作，以保护设备的安全及人身安全。在变频器内部保护功能起作用时，通过电源侧电磁接触器使变频器与电源脱开。

**注意**：不要用电磁接触器进行频繁的启动或停止（变频器输入电路的开闭寿命约为 10 万次），不能用电源侧电磁接触器停止变频器。当然，变频器即使无电源侧电磁接触器，也可使用。

**（3）电动机侧电磁接触器和工频电网切换用接触器**

变频器和工频电网之间切换运行方式下，电动机侧电磁接触器是必不可少的，它和工频电网切换用接触器之间的互锁可以防止变频器的输出端接到工频电网上。一旦出现变频器输出端误接到工频电网的情况，将损坏变频器。如果不需要变频器和工频电网之间的切换功能，可以不要使用工频电网切换用接触器。

**注意**：有些机种要求电动机侧电磁接触器只能在电动机和变频器停机状态下进行通断。

对于具有内置工频电源切换功能的通用变频器，要选择变频器生产厂商提供或推荐的接触器型号；对于变频器用户自己设计的工频电源切换电路，按照接触器常规选择原则选择。

## 3.　滤波器和电抗器

**（1）无线电噪声滤波器**

无线电噪声滤波器用于限制变频器因高次谐波对外界的干扰，可酌情选用。

在电力电路中使用的交流滤波器通常有调谐滤波器和二次型高次滤波器。调谐滤波器适用于单一高次谐波的吸收，高次滤波器适用于多个高次谐波的吸收，一般将两者组合起来作为一个设备使用。

对于滤波器，要注意以下几个问题：

①电源滤波器只允许特定频率的电流通过，如 50 Hz 或 60 Hz 的电流，其他频率电流受到很大的衰减。

②在设计滤波器的输入损耗时，要知道滤波器接入时电源的阻抗及负载阻抗（产品说明书上已注明）。如果电源的阻抗及负载阻抗与滤波器设计时的阻抗不一样，可以在输入端并联一个固定电阻。

③滤波器的额定电压必须满足接入电路的额定电压的要求。滤波器接入后，电路和电压损耗一般要求不大于线路额定电压的 2%。

④滤波器接入电路后，电路的工作电流通过滤波器。因此，滤波器内的电子元器件必须满足要求，否则有可能被击穿或损坏。滤波器允许通过的电流值为额定电流。另外，由于滤波器中有电容器，所以在外加电压的情况下有漏电电流产生。漏电电流在各电压下不能超过某一定值。

⑤滤波器在使用期限内，绝缘性能会有一定的下降。为安全起见，设计时应对绝缘电阻最大允许范围加以限定。另外，由于滤波器接入线路后有工作电流通过，会消耗电能发出热量，所以滤波器还要求满足一定的温度要求。

**（2）电源侧交流电抗器和电动机侧交流电抗器**

选择合适的电抗器与变频器配套使用，既可以抑制谐波电流，减小变频器系统所产生的谐波总量,增大变频器的功率因数,又可以抑制来自电网的浪涌电流对变频器的冲击,保护变频器,减小电动机噪声,保证变频器和电动机的可靠运行。

电源侧交流电抗器能限制电网电压突变和操作过电压所引起的冲击电流,有效保护变频器,增大变频器的功率因数,抑制变频器输入电网的谐波电流。是否选用视电源变压器与变频器容量的匹配情况及电网电压允许的畸变程度而定,一般情况以采用为好。

应安装电源侧交流电抗器的场合有以下几种:

①电源变频器容量为 500 kV·A 以上,且变频器安装位置与大容量变压器距离在 10 m 以内。

②三相电源电压不平衡率 $K$ 大于 3%,$K$ 的计算公式为

$$K = \frac{最大一相电压 - 最小一相电压}{三相平均电压} \times 100\% \tag{4-6}$$

③在同一电源上有晶闸管变流器共同使用,或者进线电源端接有通过开关切换来调整功率因数的电容器装置。

④需要增大变频器输入侧的功率因数(用电抗器可增大到 75%~85%)。

一般变频器生产厂商有标准的电源侧交流电抗器供用户选用。表 4-6 为 ACL 系列电抗器的选型,表中尺寸如图 4-12 所示。

表 4-6                                                ACL 系列电抗器的选型

| 适用电动机/kW | 变频器容量/kW | 电抗器型号 | 图 4-12 中图号 | 尺寸/mm | | | | | | | | 质量/kg |
|---|---|---|---|---|---|---|---|---|---|---|---|---|
| | | | | A | B | C | D | E | G | H | 端子孔径 | |
| 0.75 | 0.75 | ACL-0.75 | (b) | 120 | 40 | 65 | 90 | 90 | 6×10 | 95 | M4 | 1.1 |
| 1.5 | 1.5 | ACL-1.5 | (b) | 125 | 40 | 75 | 100 | 90 | 6×10 | 95 | M4 | 1.9 |
| 2.2 | 2.2 | ACL-2.2 | (b) | 125 | 40 | 75 | 100 | 90 | 6×10 | 95 | M4 | 2.2 |
| 3.7 | 3.7 | ACL-3.7 | (b) | 125 | 40 | 75 | 100 | 90 | 6×10 | 95 | M4 | 2.4 |
| 5.5 | 5.5 | ACL-5.5 | (b) | 125 | 40 | 75 | 115 | 90 | 6×10 | 95 | M5 | 3.1 |
| 7.5 | 7.5 | ACL-7.5 | (b) | 125 | 40 | 75 | 115 | 90 | 6×10 | 95 | M5 | 3.7 |
| 11 | 11 | ACL-11 | (b) | 180 | 60 | 85 | 110 | 90 | 7×11 | 137 | M6 | 3.4 |
| 15 | 15 | ACL-15 | | | | | | | | | | 4.5 |
| 18.5 | 18.5 | ACL-18.5 | (b) | 180 | 60 | 85 | 110 | 90 | 7×11 | 137 | M6 | 5.7 |
| 22 | 22 | ACL-22 | | | | | | | | | | 5.9 |
| 30 | 30 | ACL-30 | (b) | 190 | 60 | 90 | 120 | 170 | 7×10 | 190 | 8.4 | 11 |
| 37 | 37 | ACL-37 | | | | | | | | | | |
| 45 | 45 | ACL-45 | (c) | 190 | 60 | 90 | 120 | 200 | 7×10 | 190 | 10.5 | 12 |
| 55 | 55 | ACL-55 | | | | | | | | | | |
| 75 | 75 | ACL-75 | (c) | 190 | 60 | 90 | 126 | 197 | 7×10 | 190 | 11 | 12 |
| 90 | 90 | ACL-90 | (c) | 250 | 100 | 105 | 136 | 202 | 9.5×18 | 245 | 13 | 24 |
| 110 | 110 | ACL-110 | | | | | | | | | | |
| 132 | 132 | ACL-132 | (c) | 250 | 100 | 115 | 146 | 210 | 9.5×18 | 250 | 13 | 32 |
| 160 | 160 | ACL-160 | | | | | | | | | | |
| 200 | 200 | ACL-200 | (c) | 380 | 120 | 110 | 150 | 240 | 12×20 | 300 | 13 | 40 |
| 220 | 220 | ACL-220 | | | | | | | | | | |
| 280 | 280 | ACL-280 | (c) | 380 | 130 | 110 | 150 | 260 | 12×20 | 300 | 13 | 52 |

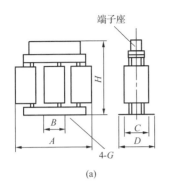

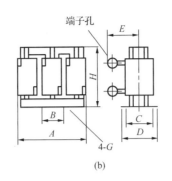

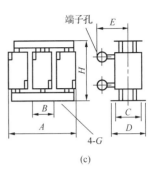

图 4-12　ACL 系列电抗器外形及安装孔

采用电动机侧交流电抗器的主要目的和作用是补偿长线路分布电容的影响,并抑制通用变频器输出的谐波分量,减小电动机的噪声。

一般情况下,通用变频器厂商都对允许连接的电动机电缆的最大长度做了规定,使用时应参照产品说明书的规定接线。如果所要连接的电缆长度超出变频器厂商允许连接电缆的最大长度不多,工程上比较常用的经济而简便的方法是选用较大额定功率的变频器,即通常所说的降额使用,而不是安装电抗器。另外,在许多场合通常并不需要过负载倍数大,如 150% 过负载,这样就可通过设定功能码来减小过负载倍数,从而可适当延长连接的电缆长度。

表 4-7 为西门子变频器有无电动机侧交流电抗器时导线的允许长度。

表 4-7　　　　　　　　西门子变频器有无电动机侧交流电抗器时导线的允许长度

| 变频器功率/kW | 额定电压/V | 非屏蔽导线允许长度/m | | 屏蔽导线允许长度/m | |
|---|---|---|---|---|---|
| | | 无交流电抗器 | 有交流电抗器 | 无交流电抗器 | 有交流电抗器 |
| 4 | 200～600 | 50 | 150 | 35 | 100 |
| 5.5 | 200～600 | 70 | 200 | 50 | 135 |
| 7.5 | 200～600 | 100 | 225 | 67 | 150 |
| 11 | 200～600 | 110 | 240 | 75 | 160 |
| 15 | 200～600 | 125 | 260 | 85 | 175 |
| 18.5 | 200～600 | 135 | 280 | 90 | 190 |
| 22 | 200～600 | 150 | 300 | 100 | 200 |
| 30～220 | 380～690 | 150 | 300 | 100 | 200 |
| 250～630 | 380～480 | 200 | 400 | 135 | 270 |

## 4.　制动电阻

制动电阻用于吸收电动机再生制动的再生电能,可以缩短大惯量负载的自由停止时间;还可以在位能负载下放时,实现再生运行。

异步电动机因设定频率突降而减速时,如果轴转速大于由频率所决定的同步转速,则异步电动机处于再生发电运行状态。运动系统中所存储的动能经逆变器回馈到直流侧,中间直流电路的滤波电容器的电压会因吸收这部分回馈能量而增大。如果回馈能量较大,则有可能使变频器的过电压保护功能动作。利用制动电阻可以耗散这部分能量,使电动机的制动能力提高。制动电阻的选择包括制动电阻的转矩、阻值及功率的计算,具体步骤如下:

**(1)制动转矩的计算**

制动转矩 $T_B(N \cdot m)$ 的计算公式为

$$T_B = \frac{(GD_M^2 + GD_L^2)(n_1 - n_2)}{375t_s} - T_L \tag{4-7}$$

式中    $GD_M^2$ ——电动机的飞轮矩,$N \cdot m^2$;

$GD_L^2$ ——负载折算到电动机轴上的飞轮矩,$N \cdot m^2$;

$T_L$ ——负载转矩,$N \cdot m$;

$n_1$ ——开始减速时的速度,r/min;

$n_2$ ——减速完成时的速度,r/min;

$t_s$ ——减速时间,s。

**(2)制动电阻阻值的计算**

在附加制动电阻进行制动的情况下,电动机内部的有功损耗部分折合成制动转矩,约为电动机额定转矩的 20%。考虑到这一点,制动电阻为

$$R_{BO} = \frac{U_D^2}{0.104\ 7(T_B - 0.2T_M)n_1} \tag{4-8}$$

式中    $U_D$ ——中间直流电路电压,V;

$T_B$ ——制动转矩,$N \cdot m$;

$T_M$ ——电动机额定转矩,$N \cdot m$;

$n_1$ ——开始减速时的速度,r/min。

如果系统所需制动转矩 $T_B < 0.2T_M$,即制动转矩在额定转矩的 20% 以下,则不需要另外的制动电阻,仅电动机内部的有功损耗就可使中间直流电路电压限制在过电压保护的动作水平以下。

由制动晶体管和制动电阻构成的放电电路中,其最大电流受制动晶体管的最大允许电流 $I_C$ 的限制。制动电阻的最小允许值为

$$R_{min} = \frac{U_D}{I_C} \tag{4-9}$$

因此,选用的制动电阻 $R$ 应为

$$R_{min} < R < R_{BO} \tag{4-10}$$

以 MM440 变频器为例,制动电阻的选型条件见表 4-8。

表 4-8　　　　　　　　　　　MM440 变频器制动电阻的选型条件

| 制动电阻 MLFB 6SE6400 | 变频器的额定电压/V | 变频器的最大功率/kW | 连续功率/W | 5%运行/停止周期(12 s)的峰值功率/W | 电阻阻值×(1±10%)/Ω | 直流电压额定值/V |
|---|---|---|---|---|---|---|
| 4BC05-0AA0 | 230 | 0.75 | 50 | 1 000 | 180 | 450 |
| 4BC11-2BA0 | 230 | 2.2 | 120 | 2 400 | 68 | 450 |
| 4BC12-5CA0 | 230 | 3.0 | 250 | 4 500 | 39 | 450 |
| 4BC13-0CA0 | 230 | 5.5 | 300 | 6 000 | 27 | 450 |
| 4BC18-0DA0 | 230 | 15 | 800 | 1 6000 | 10 | 450 |
| 4BC21-2EA0 | 230 | 22 | 1 200 | 24 000 | 6.8 | 450 |
| 4BC22-5FA0 | 230 | 45 | 2 500 | 50 000 | 3.3 | 450 |
| 4BD11-0AA0 | 400 | 1.5 | 100 | 2 000 | 390 | 900 |
| 4BD12-0BA0 | 400 | 4.0 | 200 | 4 000 | 160 | 900 |
| 4BD16-5CA0 | 400 | 11.0 | 650 | 13 000 | 56 | 900 |
| 4BD21-2DA0 | 400 | 22.0 | 1 200 | 24 000 | 27 | 900 |
| 4BD22-2EA0 | 400 | 37.0 | 2 200 | 44 000 | 15 | 900 |
| 4BD24-0FA0 | 400 | 75.0 | 4 000 | 80 000 | 8.2 | 900 |
| 4BE14-5CA0 | 575 | 5.5 | 450 | 9 000 | 120 | 1 100 |
| 4BE16-5CA0 | 575 | 11 | 650 | 13 000 | 82 | 1 100 |
| 4BE21-3DA0 | 575 | 22 | 1 300 | 26 000 | 39 | 1 100 |
| 4BE21-8EA0 | 575 | 37 | 1 900 | 38 000 | 27 | 1 100 |
| 4BE24-2FA0 | 575 | 75 | 4 200 | 84 000 | 12 | 1 100 |

**(3)制动时平均消耗功率的计算**

如前所述,制动中电动机自身损耗的功率相当于 20% 额定值的制动转矩,因此,制动电阻上消耗的平均功率 $P_{RO}$(kW)为

$$P_{RO}=0.104\ 7(T_B-0.2T_M)\frac{n_1+n_2}{2}\times10^{-3} \tag{4-11}$$

**(4)制动电阻额定功率的计算**

制动电阻额定功率的选择与电动机工作方式相关。根据电动机运行的模式,可以确定制动时的平均消耗功率和制动电阻的允许功率提高系数 $m$,据此可以求出制动电阻的额定功率 $P_R$(kW),即

$$P_R=\frac{P_{RO}}{m} \tag{4-12}$$

根据如上计算得到 $R_{BO}$ 和 $P_R$,可在市场上选择合乎要求的标准电阻。

不同品牌的变频器,其外围设备及其选择条件也有许多差别,应根据其说明书尽量选用厂家推荐的外围设备。

## 知识拓展

### 1. 变频器对电动机的过载保护

通用变频器都具有内部电子热敏保护功能,不需要热继电器保护电动机,但遇到下列情况时,应考虑使用热继电器:在 10 Hz 以下或 60 Hz 以上连续运行时;一台变频器驱动多台电动机时。

**注意:**如果导线过长(10 m 或更长),继电器会过早跳开,此情况下应在输出侧串入滤波器或者利用电流传感器。50 Hz 时,热继电器的设定值为电动机额定电流的 1.0 倍;60 Hz 时,热继电器的设定值为电动机额定电流的 1.1 倍。

### 2. 电动机星形接线时变频器的运行

如图 4-13 所示,电动机在星形接线时在 $0\sim f_N$ 频率通过额定扭矩 $M_N$ 负载运行。额定频率 $f_N=50$ Hz 时,变频器输出额定电压 $U_N=400$ V。

超过额定频率时,电动机进入弱磁状态。这时,电动机输出的有效扭矩与电动机频率成反比,可用功率保持恒定。

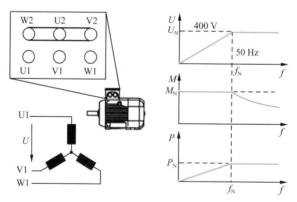

图 4-13  电动机星形接线时变频器的运行

### 3. 电动机三角形接线时变频器的运行

如图 4-14 所示,电动机在三角形接线时以超出额定值的电压和频率运行。为此,电动机的功率增益系数增大了 $\sqrt{3}\approx1.73$ 倍。

当频率为 $0\sim87$ Hz 时,电动机可通过额定扭矩 $M_N$ 负载运行;当频率为 $\sqrt{3}\times50\approx87$ Hz 时,变频器输出最大电压 $U=400$ V;当频率超过 87 Hz 时,电动机进入弱磁状态。

以 87 Hz 特性曲线运行时,电动机的功率增益增大具有以下缺点:

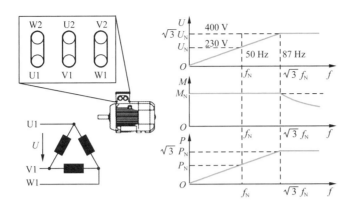

图 4-14 电动机三角形接线时变频器的运行

(1) 变频器必须提供 1.73 倍的电流。根据其额定电流选择变频器,而非额定功率。

(2) 电动机运行时的噪声和温度比其以 50 Hz 及以下频率运行时大。

(3) 电动机必须能够承受大于电动机绕组的额定电压 $U_N$ 的电压。

## 思考与练习

(1) 为了便于变频器和工频电网之间的切换运行,需配置哪些设备?

(2) 变频器在使用时为何要配置交流电抗器?

(3) 如何选择制动电阻?

# 项目 5
# MM440变频器的基本操作

# 任务 1　了解 MM440 变频器的端子

## 任务引入

要正确使用 MM440 变频器,就必须了解 MM440 变频器上各端子的功能,进而正确对变频器的主电路、控制电路进行接线;也只有了解了变频器参数的意义、设置方法,才能对变频器参数进行正确设置,从而使变频器按要求控制电动机运行。

## 任务目标

(1)了解 MM440 变频器上各端子的功能。
(2)掌握 MM440 变频器各参数的意义、设置方法。

## 相关知识

### 1. MM440 变频器的端子

#### (1)主电路接线端子

MM440 变频器主电路接线端子如图 5-1 所示。

#### (2)控制端子

MM440 变频器控制端子实际接线如图 5-2 所示。

MM440 变频器控制端子接线电路如图 5-3 所示。

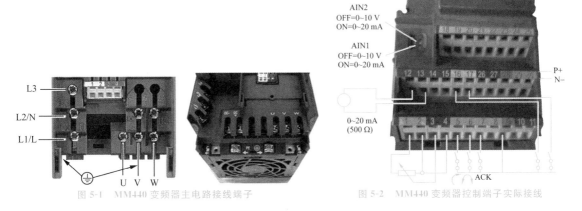

图 5-1　MM440 变频器主电路接线端子　　　图 5-2　MM440 变频器控制端子实际接线

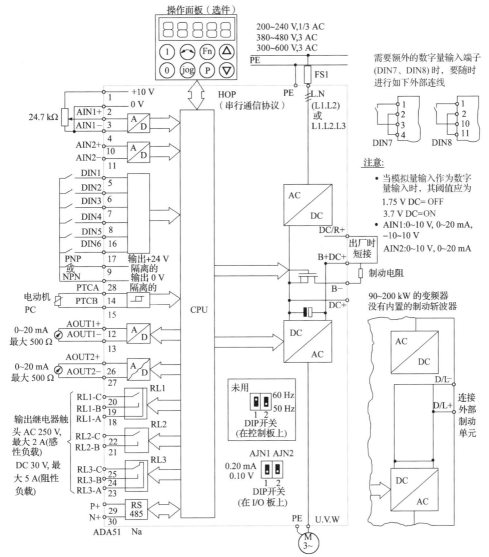

图 5-3　MM440 变频器控制端子接线电路

### (3)各端子功能

MM440 变频器各端子功能见表 5-1。

表 5-1　　　　　　　　　　　　各端子功能

| 端子号 | 标志符 | 功　能 |
|---|---|---|
| 1 | 输出 | 直流输出 10 V |
| 2 | 输出 | 直流输出 0 |
| 3 | AIN1+ | 模拟量输入 1(+) |
| 4 | AIN2- | 模拟量输入 1(-) |
| 5 | DIN1 | 数字量输入 1 |
| 6 | DIN2 | 数字量输入 2 |
| 7 | DIN3 | 数字量输入 3 |
| 8 | DIN4 | 数字量输入 4 |
| 9 | 带电位隔离的输出 | +24 V,最大电流 100 mA |
| 10 | AIN2+ | 模拟量输入 2(+) |
| 11 | AIN2- | 模拟量输入 2(-) |
| 12 | AOUT1+ | 模拟量输出 1(+),0~20 mA |
| 13 | AOUT1- | 模拟量输出 1(-) |
| 14 | PTC A | 连接温度传感器 PTC/KTY84 |
| 15 | PTC B | 连接温度传感器 PTC/KTY84 |
| 16 | DIN5 | 数字量输入 5 |
| 17 | DIN6 | 数字量输入 6 |
| 18 | RL1-A | 数字量输出 1,NC 常闭触点 |
| 19 | RL1-B | 数字量输出 1,NO 常开触点 |
| 20 | RL1-C | 数字量输出 COM1,公共触点 |
| 21 | RL2-B | 数字量输出 2,NO 常开触点 |
| 22 | RL2-C | 数字量输出 COM2,公共触点 |
| 23 | RL3-A | 数字量输出 3,NC 常闭触点 |
| 24 | RL3-B | 数字量输出 3,NO 常开触点 |
| 25 | RL3-C | 数字量输出 COM3,公共触点 |
| 26 | AOUT2+ | 模拟量输出 2(+),0~20 mA |
| 27 | AOUT2- | 模拟量输出 2(-) |
| 28 | 带电位隔离的输出 | 0,最大电流 100 mA |
| 29 | P+ | RS-485 串口 |
| 30 | N+ | RS-485 串口 |

## 2. 变频器调试

### (1)MM440 变频器的参数说明

MM440 变频器有两种参数类型:以字母"P"开头的参数为用户可改动的参数;以字母"r"开头的参数表示该参数为只读参数。所有参数分成命令参数组(CDS),与电动机、负载相关的驱动参数组(DDS)和其他参数组三大类,如图 5-4 所示。

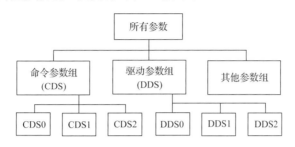

图 5-4　MM440 变频器参数的结构

默认状态下使用的当前参数组是第 0 组参数,即 CDS0 和 DDS0。

### (2)MM440 变频器的参数调试

通常,一台新的 MM440 变频器一般需要经过如图 5-5 所示的三个调试步骤。

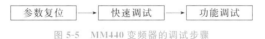

图 5-5　MM440 变频器的调试步骤

①参数复位　将变频器参数恢复到出厂值的操作。一般在变频器出厂和参数出现混乱的时候进行此操作。

②快速调试　用户输入电动机相关参数和一些基本驱动控制参数,使变频器可以良好地驱动电动机运转。一般在复位操作或更换电动机后需要进行此操作。

③功能调试　用户按具体生产工艺的需要进行的设置操作。这一部分的调试工作比较复杂,常常需要在现场多次调试。

## 3. 参数意义

### (1)参数号

参数号是指参数的编号。参数号用 0000~9999 的 4 位数字表示。在参数号的前面冠以一个小写字母"r",表示该参数是只读参数,它显示的是特定的参数数值,而且不能用与该参数不同的值来更改它的数位(在有些情况下,"参数说明"的标题栏中在"单位""最小值""默认值""最大值"等处插入符号"—")。其他所有参数号的前面都冠以大写字母"P",表示这些参数的设定值可以直接在标题栏的"最小值"和"最大值"范围内进行修改。

### (2)参数名称

参数名称是指参数的名称。有些参数名称冠以缩写字母"BI""BO""CI"或"CO",并且后跟一个冒号":",这些缩写字母的意义如下：

BI:二进制互联输入,即参数可以选择和定义输入的二进制信号,通常与"P 参数"相对应。

BO:二进制互联输出,即参数可以选择输出的二进制功能,或作为用户定义的二进制信号输出,通常与"r 参数"相对应。

BI 参数可以与 BO 参数相连接,只要将 BO 参数值添写到 BI 参数中即可。例如,BO 参数 r0751,BI 参数 P0731,r0731→P0731=751。这就将模拟的输入状态通过继电器的输出显现出来,为监控模拟的输入状态提供很大的方便。

CI:内部互联输入,即参数可以选择和定义输入量的信号源,通常与"P 参数"相对应。

CO:内部互联输出,即参数可以选择输出量的功能,或作为用户定义的信号输出,通常与"r 参数"相对应。

CI 参数可以与 CO 参数相连接,只要将 CO 参数值添写到 CI 参数中即可。例如,CO 参数 21,CI 参数 P0771,P0771→P0771=21。这就将变频器的实际频率状态通过模拟量输出显示出来,为监控变频器的实际频率提供很大的方便。

CO/BO:模拟二进制互联输出,即参数可以作为模拟量信号或二进制信号输出,或由用户定义。

为了利用 BICO 功能,必须了解各个参数表,在该访问级,可能有许多新的 BICO 参数设定值。BICO 功能是与指定的设定值不相同的功能,可以对输入与输出的功能进行组合,因此它是一种更为灵活的方式。在大多数情况下,这一功能可以与简单的第二访问级设定值一起使用。

BICO 系统允许对复杂的功能进行编程。按照用户的需要,布尔代数式和数学表达式可以在各种输入(数字量、模拟量、串行通信等)和输出(西门子变频器电流、频率、模拟量、继电器等)之间配合和组合。

### (3)CStat

CStat 是指参数的调试状态,它可能有三种状态:调试 C、运行 U、准备运行 T。它用来表示该参数在什么时候允许进行修改。一个参数可以指定一种、两种或全部三种状态。若三种状态都指定了,则表示这一参数的设定值在变频器的上述三种状态下都可以进行修改。

### (4)参数组

根据参数的功能把变频器的参数分成若干类,从而增强了参数的透明度,并可以迅速地找到某个参数。参数 P0004(参数过滤器)的作用是根据所选定的一组功能,对参数进行过滤或筛选,并集中对过滤出的一组参数进行访问。

参数 P0004 的取值不同,可以在 BOP/AOP 上看到的参数不同。具体取值对应的参数见表 5-2。

表 5-2　　　　　　　　　　　　　　　　参数 P0004 不同取值对应的参数

| 参数组 | 取　值 | 对应的参数 |
|---|---|---|
| 所有参数 | P0004＝0 | 所有参数 |
| 变频器 | P0004＝2 | 变频器内部参数:0200～0299 |
| 电动机 | P0004＝3 | 电动机参数:0300～0399 和 0600～0699 |
| 编码器 | P0004＝4 | 速度编码器参数:0400～0499 |
| 技术应用 | P0004＝5 | 技术应用/装置:0500～0599 |
| 命令 | P0004＝7 | 控制命令数字 I/O:0700～0749 和 0800～0899 |
| 模拟 I/O | P0004＝8 | 模拟量输入/输出:0750～0799 |
| 设定值 | P0004＝10 | 设定值通道和斜坡函数发生器:1000～1199 |
| 功能 | P0004＝12 | 变频器的功能:1200～1299 |
| 控制 | P0004＝13 | 电动机开环/闭环控制:1300～1799 |
| 通信 | P0004＝20 | 通信:2000～2099 |
| 报警 | P0004＝21 | 故障报警监控功能:2100～2199 |
| 工艺控制 | P0004＝22 | 生产过程工艺参数控制器(PID 控制器):2200～2399 |

**(5)数据类型**

参数的数据类型用来定义该参数最大可能的数值范围。MM440 变频器具有三种类型的数据,即用无符号整数(U16、U32)或用浮点数(Float)表示数据参数的数值,往往用最小值(min)或最大值(max)来限定其范围或者指明是属于变频器的还是电动机的物理参量。

①U16　16 位无符号数,数值的最大范围为 0～65 535。

②U32　32 位无符号数,数值的最大范围为 0～4 294 967 295。

③Float　浮点数,符合 IEEE 标准格式的单精度浮点数,数值最大范围为 $-3.39\mathrm{e}^{+38}$ ～ $3.39\mathrm{e}^{+38}$ 。

**(6)使能有效**

使能有效是指可以对该参数的数值进行修改(在输入新的参数数值以后),即操作面板(BOP 或 AOP)上的 Ⓟ 键被按下以后,才能使新输入的数值有效地修改该参数原来的数值。

**(7)单位**

单位是指测量该参数数值所采用的单位。

**(8)快速调试**

快速调试是指该参数是否只能在快速调试时进行修改,即该参数是否只能在 P0010 设定为 1(快速调试)时进行修改。

**(9)最小值**

最小值是指该参数可能设置的最小数值。

### (10)默认值(缺省值)

默认值是指该参数的出厂值,也就是说,若用户不对参数指定数值,则变频器就采用制造厂设定的这一数值作为该参数的值。

### (11)最大值

最大值是指该参数可能设置的最大数值。

### (12)用户参数访问级

用户参数访问级是指允许用户访问参数的等级。变频器共有四个访问等级:标准级、扩展级、专家级和维修级。

### (13)参数说明

参数说明由若干段落所组成,有些段落和内容是有选择的,如果没有用,就将它们省略,具体包括:

①简介    对参数功能的简要解释。

②插图    必要时用插图和特性曲线来说明参数的作用。

③设定值    可以指定和采用的设定值列表。这些值包括可能的设定值、最常用的设定值、下标和二进制位的位地址等。

④示例    选择适当的实例说明某个特定参数设定值的作用。

⑤关联    本参数必须满足的条件。就是说,这一参数对另一(些)参数有某种特定的作用,或者其他参数对这一参数有某种特定的作用。

⑥警告/注意/提示/说明    为了避免造成对人员的伤害,或造成设备特定信息的损坏,必须提醒用户注意的重要信息,这些资料对用户解决问题和了解信息可能是有帮助的。

MM440 变频器功能参数可参见附录 A。

## 任务实施

### 1. 任务目标

(1)认识 MM440 变频器的外形、铭牌和结构。

(2)反复练习拆装变频器前盖板、BOP 操作面板,并掌握 MM440 变频器所有接线端子的意义。

(3)掌握 MM440 变频器参数复位设置。

### 2. 所需设备、工具

MM440 变频器一台、通用电工工具一套、万用表一块。

## 3. 操作方法和步骤

MM440 变频器参数复位设置中,变频器为空载,其操作流程见表 5-3。

表 5-3　　　　　　　　　　　变频器复位操作流程

| 参数号 | 设置值 | 说　明 |
|---|---|---|
| P0003 | 1 | 设用户参数访问级为标准级 |
| P0010 | 30 | 进入复位准备状态 |
| P0970 | 1 | 将参数复位到出厂值 |

当设置完上述三个参数后,BOP 显示屏显示"busy",表示变频器正处于复位中,复位时间为 3～5 min。当复位结束后,BOP 显示屏显示 P0970 参数,表示复位完成。此时,参数 P0010＝0,P0970＝0。

## 思考与练习

(1)如何进行变频器的参数调试?

(2)MM440 变频器的模拟量输入端子有几个? 电压量和电流量的量程标准是什么? 如何通过 DIP 开关设置电压量和电流量?

(3)MM440 数字量输入端子有几个? 数字量输入能否外加电源?

(4)MM440 变频器的输出继电器有几个? 分别占用哪几个端子? 其中常开触点、常闭触点分别是哪几个端子?

# 任务 2　MM440 变频器的面板操作与运行

## 任务引入

MM440 变频器是德国西门子公司生产的多功能标准变频器。它采用高性能的矢量控制技术,能提供低速、高转矩输出,同时具备超强的过载能力,以适应广泛的应用场合。对于变频器的应用,首先要掌握变频器的结构、参数设置、操作流程,熟悉变频器的面板操作,以及根据实际应用对变频器的各种功能参数进行设置。

## 任务目标

(1)了解 MM440 变频器操作面板上按键的功能。

(2)掌握 MM440 变频器操作面板运行的基本步骤。

(3)学会 MM440 变频器功能参数设置方法。

## 1. 操作面板介绍

MM440 变频器安装的标准配置操作面板是状态显示面板(SDP)(标准件),对一般用户来说,利用状态显示面板(SDP)和出厂值,就可使变频器成功运行。如果出厂值不适应用户的设备状况,就可利用基本操作面板(BOP)或高级操作面板(AOP)进行参数修改,使变频器与设备匹配,如图 5-6 所示。

MM440 变频器
操作面板 BOP 的
使用方法

(a) SDP

(b) BOP

(c) AOP

图 5-6　操作面板

## 2. 操作面板(BOP/AOP)的按键功能

一般常用基本操作面板(BOP)显示变频器的参数序号和参数的设定值与实际值、故障和报警信息以及设置变频器的各个参数,设置值由五位数字和单位显示。为了用基本操作面板设置参数,用户首先须将状态显示面板(SDP)从变频器上拆卸下来,然后将基本操作面板(BOP)直接安装在变频器上,或者利用安装组合件安装在电气控制柜的门上。操作面板(BOP/AOP)的按键功能见表 5-4。

表 5-4　　　　　　　　　　　　　　操作面板(BOP/AOP)的按键功能

| 显示/按键 | 功　能 | 说　明 |
|---|---|---|
| r0000 | 状态显示 | LCD 显示变频器当前的设定值 |
| I | 启动电动机 | 按此键启动电动机。缺省值运行时被封锁,为了使此键操作有效,应设定 P0700＝1 |
| 0 | 停止电动机 | OFF1:按此键变频器将按设定的斜坡下降速度减速停止,缺省值运行时被封锁,为了使此键操作有效,应设定 P0700＝1<br>OFF2:按此键两次(或一次时间较长)电动机将在惯性作用下自由停止 |
| ⌒ | 改变电动机的转向 | 按此键可改变电动机的旋转方向。反向用负号(—)表示,或用闪烁的小数点表示。缺省值运行时,此键被封锁;为了使此键的操作有效,应设定 P0700＝1 |
| jog | 电动机点动 | 变频器无输出的情况下按下此键,将使电动机启动,并按预先设定的点动频率运行。释放此键变频器停止。如果变频器/电动机正在运行,按此键将不起作用 |

续表

| 显示/按键 | 功　能 | 说　明 |
|---|---|---|
| (Fn) | 功能 | (1)浏览辅助信息<br>(2)变频器运行过程中,在显示任何一个参数时按下此键并保持 2 s,将显示以下参数值:中间直流电路电压、输出电流、输出频率、输出电压<br>(3)跳转功能:在显示任何一个参数时短时间按下此键,将立即跳转到 r0000,若需要可继续修改其他参数,或者再按 (P) 键,显示变频器运行频率<br>(4)退出:在出现故障或报警时,按下此键可以将 BOP 上显示的故障或报警信息复位 |
| (P) | 访问参数 | 按下此键即可访问参数 |
| (▲) | 增大数值 | 按此键即可增大操作面板上显示的参数数值 |
| (▼) | 减小数值 | 按此键即可减小操作面板上显示的参数数值 |

## 3. 状态显示面板(SDP)的状态说明

　　如果变频器安装的是状态显示面板(SDP),其上的两个 LED 指示灯可以显示变频器的运行状态,变频器的故障状态与报警信息可以由这两个 LED 指示灯显示出来,其状态说明见表 5-5。

表 5-5　　　　　　　　　　　　状态显示面板(SDP)的状态说明

| LED 指示灯 | | 显示优先级 | 变频器状态说明 |
|---|---|---|---|
| 绿　色 | 黄　色 | | |
| OFF | OFF | 1 | 供电电源未接通 |
| OFF | ON | 8 | 变频器故障(下面故障除外) |
| ON | OFF | 13 | 变频器正在运行 |
| ON | ON | 14 | 运行准备就绪 |
| OFF | R1 | 4 | 故障,过电流 |
| R1 | OFF | 5 | 故障,过电压 |
| R1 | ON | 7 | 故障,电动机过温 |
| ON | R1 | 8 | 故障,变频器过温 |
| R1 | R1 | 9 | 电流极限报警(两个 LED 以相同的时间闪光) |
| R1 | R1 | 11 | 其他报警(两个 LED 交替闪光) |
| R1 | R2 | 6/10 | 欠电压跳闸/欠电压报警 |
| R2 | R1 | 12 | 变频器不在准备状态,显示>0 |
| R2 | R2 | 2 | ROM 故障(两个 LED 同时闪光) |
| R2 | R2 | 3 | RAM 故障(两个 LED 交替闪光) |

注:R1 表示闪光亮灯时间约为 1 s;R2 表示闪光亮灯时间约为 0.3 s。

# 4. 基本操作面板(BOP)

## (1)利用基本操作面板(BOP)诊断故障

如果变频器安装的是基本操作面板(BOP),当发生故障时,变频器停止运行,基本操作面板(BOP)显示以"F"开头的相应故障码,需要使故障码复位才能重新运行。为了使故障码复位,可以采用以下三种方法中的一种:

①重新给变频器加上电源电压。

②按下基本操作面板(BOP)上的 **Fn** 键。

③输入 3(缺省设置)。

## (2)报警显示

当发生报警时,变频器继续运行,基本操作面板(BOP)显示以"A"开头的相应报警码,报警消除后故障码自然消除。

故障信息以故障码序号的形式存储在参数 r094 中,相关的故障值可以在参数 r0949 中查到。如果该故障没有故障值,r0949 中将输入 0,而且可以读出故障发生的时间 r0948 和存放在参数 r0947 中的故障信息序号 P0952。故障信息及排除参见附录 B。

报警信息以报警码序号的形式存放在参数 r2110 中,相关的报警信息可以在参数 r2110 中查到。报警信息及排除参见附录 C。

## (3)基本操作面板(BOP)参数设置方法

在缺省设置时,用基本操作面板(BOP)控制电动机的功能是被禁止的。如果要用基本操作面板(BOP)进行控制,参数 P0700 应设置为 1,参数 P1000 也应设置为 1。用基本操作面板(BOP)可以修改任何一个参数。修改参数的数值时,设置基本操作面板(BOP)有时会显示"busy",表明变频器正忙于处理优先级更高的任务。下面就以设置 P1000=1 的过程为例,介绍通过基本操作面板(BOP)修改参数数值的操作步骤,见表5-6。

表 5-6      修改参数的数值

| | 操作步骤 | 显示的结果 |
|---|---|---|
| 1 | 按 **P** 键,访问参数 | r0000 |
| 2 | 按 **▲** 键,直到显示"P0004" | P0004 |
| 3 | 按 **P** 键,进入用户参数访问级设置状态 | 0 |
| 4 | 按 **▲** 或 **▼** 键,达到所需要的数值 | 3 |

续表

| 操作步骤 | 显示的结果 |
|---|---|
| 5 | 按 **P** 键,确认并存储参数的数值 | P0004 |
| 6 | 按 **Fn** 键,显示"r0000" | r0000 |
| 7 | 按 **P** 键,显示频率 | 50.00 |

修改下标参数 P0719 的数值,操作步骤见表 5-7。

表 5-7　　　　　　　　　　　　　修改下标参数的数值

| 操作步骤 | 显示的结果 |
|---|---|
| 1 | 按 **P** 键,访问参数 | r0000 |
| 2 | 按 **▲** 键,直到显示"P0719" | P0719 |
| 3 | 按 **P** 键,进入用户参数访问级设置状态 | in000 |
| 4 | 按 **P** 键,显示当前的设定值 | 0 |
| 5 | 按 **▲** 或 **▼** 键,选择运行所需要的最高频率 | 3 |
| 6 | 按 **P** 键,确认并存储 P0719 的设定值 | P0719 |
| 7 | 按 **▼** 键,直到显示"r0000" | r0000 |

**(4)改变参数的设置值**

为了快速修改参数的数值,可以一个个地单独修改显示的每个数字,操作步骤如下:

①按 **Fn** 键,最右边的一个数字闪烁。

②按 **▲** 或 **▼** 键,修改这位数字的数值。

③按 **Fn** 键,相邻的下一个数字闪烁。

④执行步骤②、③,直到显示所要求的数值。

⑤按 **P** 键,退出用户参数访问级设置状态。

## 5. 变频器快速调试

　　P0010 的参数过滤功能和 P0003 选择用户参数访问级的功能在调试时是十分重要的,由此可以选定一组允许进行快速调试的参数。电动机的设定参数和斜坡函数的设定参数都包括在内。在快速调试的各个步骤都完成以后,应选定 P3900,如果它被置为 1,则将执行必要的电动机计算,并使其他所有的参数(P0010=1 不包括在内)恢复为出厂值。只有在快速调试方式下才进行这一操作。

　　快速调试的流程见表 5-8。在完成快速调试后,变频器就可以正常地驱动电动机了。

表 5-8　　　　　　　　　　　　　　　　MM440 变频器快速调试的流程

| 参数号 | 参数描述 | 推荐值 |
|---|---|---|
| P0003 | 设置用户参数访问级:<br>=1,标准值(只需设置最基本的参数)<br>=2,扩展级<br>=3,专家级 | 3 |
| P0010 | 快速调试<br>注意:只有在 P0010=1 的情况下,电动机的主要参数才能被修改,如 P0304、P0305 等;只有在 P0010=0 的情况下,变频器才能运行 | 1 |
| P0100 | 选择电动机的功率单位和电网频率:<br>=0,单位为 kW,电网频率为 50 Hz<br>=1,单位为 hp*,电网频率为 60 Hz<br>=2,单位为 kW,电网频率为 60 Hz | 0 |
| P0205 | 变频器应用领域:<br>=0,恒转矩(压缩机、传送带等)<br>=1,变转矩(风机、泵类等) | 0 |
| P0300[0] | 选择电动机类型:<br>=1,异步电动机<br>=2,同步电动机 | 1 |
| P0304[0] | 电动机额定电压<br>注意:电动机实际接线(Y/△) | 根据电动机铭牌 |
| P0305[0] | 电动机额定电流<br>注意:电动机实际接线(Y/△),如果驱动多台电动机,P0305 的值要大于电流总和 | 根据电动机铭牌 |
| P0307[0] | 电动机额定功率:<br>=0 或 2,单位为 kW<br>=1,单位为 hp* | 根据电动机铭牌 |
| P0308[0] | 电动机功率因数 | 根据电动机铭牌 |
| P0309[0] | 电动机额定效率:<br>=0,变频器自动计算电动机效率<br>注意:P0100=0 看不到此参数 | 根据电动机铭牌 |

续表

| 参数号 | 参数描述 | 推荐值 |
|---|---|---|
| P0310[0] | 电动机额定频率<br>通常为 50/60 Hz,若为非标准电动机,可以根据电动机铭牌修改 | 根据电动机铭牌 |
| P0311[0] | 电动机额定速度<br>矢量控制方式下必须准确设置此参数 | 根据电动机铭牌 |
| P0320[0] | 电动机的磁化电流<br>通常取缺省值 | 0 |
| P0335[0] | 电动机冷却方式:<br>=0,利用电动机轴上风扇自冷却<br>=1,利用独立的风扇进行强制冷却 | 0 |
| P0640[0] | 电动机过载因子<br>以电动机额定电流的百分比来限制电动机的过载电流 | 150 |
| P0700[0] | 选择命令源(启动/停止):<br>=1,BOP 设置<br>=2,由端子排输入<br>=4,BOP 链路(RS-232)的 USS 设置<br>=5,COM 链路的 USS(端子 29、30)设置<br>=6,PROFIBUS(CB 通信板)设置<br>注意:改变 P0700 设置,将恢复所有的数字量输入/输出至出厂值 | 2 |
| P1000[0] | 选择频率设定值:<br>=1,BOP 电动电位计输入<br>=2,模拟量输入 1 通道(端子 3、4)<br>=3,固定频率<br>=4,BOP 链路的 USS 设置<br>=5,COM 链路的 USS(端子 29、30)设置<br>=6,PROFIBUS(CB 通信板)设置<br>=7,模拟量输入 2 通道(端子 10、11) | 2 |
| P1080[0] | 电动机运行的最低频率 | 0 |
| P1082[0] | 电动机运行的最高频率 | 50 |
| P1120[0] | 电动机从静止状态加速到最高频率所需时间(斜坡上升时间) | 10 |
| P1121[0] | 电动机从最高频率降速到静止状态所需时间(斜坡下降时间) | 10 |
| P1300[0] | 控制方式选择:<br>=0,线性 $U/f$,要求电动机的压频比准确<br>=2,平方曲线的 $U/f$ 控制<br>=20,无传感器矢量控制<br>=21,带传感器的矢量控制 | 0 |
| P3900 | 结束快速调试:<br>=1,电动机数据计算,并将除快速调试以外的参数恢复为出厂值<br>=2,电动机数据计算,并将 I/O 设定恢复为出厂值<br>=3,电动机数据计算,其他参数不进行复位 | 3 |
| P1910 | =1,使能电动机识别,出现 A0541 报警,马上启动变频器 | 1 |

注:hp 为马力,1 hp=745.699 9 W。

## 任务实施

### 1. 控制要求

通过变频器操作面板对电动机的启动、正/反转、点动、调速进行控制。

MM440 变频器的
面板操作

### 2. 所需设备、工具

MM440 变频器一台、小型三相异步电动机一台、电气控制柜、通用电工工具一套、万用表一块、导线若干等。

### 3. 控制电路

变频器主电路进线电源端子是 L1、L2、L3，电源电压为 380 V，输出端子是 U、V、W，接电动机绕组，严禁接错，否则将烧毁变频器。MM440 变频器面板操作控制电路如图 5-7 所示。

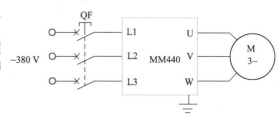

图 5-7　MM440 变频器面板操作控制电路

### 4. 参数设置

(1)设定 P0010＝30 和 P0970＝1，按下操作面板上的 Ⓟ 键，开始复位，复位过程约需 3 min，这样就可保证变频器的参数恢复为出厂值。

(2)设置电动机参数，见表 5-9。电动机参数设置完成后，设 P0010＝0，变频器即处于准备状态，可正常运行。

表 5-9　　　　　　　　　　　变频器面板操作控制电动机参数设置

| 参数号 | 出厂值 | 设置值 | 说　明 |
| --- | --- | --- | --- |
| P0003 | 1 | 1 | 设用户参数访问级为标准级 |
| P0010 | 0 | 1 | 快速调试 |
| P0100 | 0 | 0 | 功率以 kW 表示，频率为 50 Hz |
| P0304 | 230 | 380 | 电动机额定电压(V) |
| P0305 | 3.25 | 1.05 | 电动机额定电流(A) |
| P0307 | 0.75 | 0.37 | 电动机额定功率(kW) |
| P0310 | 50 | 50 | 电动机额定频率(Hz) |
| P0311 | 0 | 1400 | 电动机额定转速(r/min) |
| P0010 | 1 | 0 | 快速调试结束 |

（3）设置面板操作控制参数，见表 5-10。

表 5-10　　　　　　　　　　　　　　面板操作控制参数

| 参数号 | 出厂值 | 设置值 | 说　明 |
|---|---|---|---|
| P0003 | 1 | 3 | 设用户参数访问级为专家级 |
| P0010 | 0 | 0 | 快速调试结束 |
| P0004 | 0 | 7 | 命令和数字 I/O |
| P0700 | 2 | 1 | 命令源选择 BOP 设置 |
| P0004 | 0 | 10 | 设定值通道和斜坡函数发生器 |
| P1000 | 2 | 1 | 由 BOP 电动电位计输入 |
| P1080 | 0 | 0 | 电动机运行的最低频率（Hz） |
| P1082 | 50 | 50 | 电动机运行的最高频率（Hz） |
| P1040 | 5 | 20 | 设定键盘控制的频率值（Hz） |
| P1058 | 5 | 10 | 正转点动频率（Hz） |
| P1059 | 5 | 10 | 反转点动频率（Hz） |
| P1060 | 10 | 5 | 点动斜坡上升时间（s） |
| P1061 | 10 | 5 | 点动斜坡下降时间（s） |

## 5. 变频器运行操作

接线并检查电路正确无误后，接通断路器 QF，变频器开始工作，风机启动，LCD 有显示。

**（1）变频器启动**

在操作面板上按 ⓘ 键，变频器将驱动电动机升速，并运行在由 P1040 所设定的 20 Hz 频率对应的 560 r/min 的转速上。

**（2）正/反转及加/减速运行**

电动机的转速（运行频率）及旋转方向可直接通过按操作面板上的 ▲ 或 ▼ 及 ↷ 键来改变。

**（3）点动运行**

按下操作面板上的 ⓙⓞⓖ 键，则变频器驱动电动机升速，并运行在由 P1058 所设置的正转点动 10 Hz 频率值上。若松开操作面板上的 ⓙⓞⓖ 键，则变频器将驱动电动机降速至零。这时，如果按一下操作面板上的 ↷ 键，再重复上述的点动运行操作，电动机可在变频器的驱动下反转点动运行。

**（4）电动机停止**

在操作面板上按 ⓞ 键，则变频器将驱动电动机降速至零。

## 知识拓展

### 1. 用基本操作面板(BOP)控制电动机的变频运行

#### (1)参数设置

P0010＝0,准备调试。

P0700＝1,由基本操作面板(BOP)控制变频器的运行。

P1000＝1,变频器的输出频率设定基本操作面板(BOP)上的 、键设置。

#### (2)变频器运行

①按下基本操作面板(BOP)上的 ▮ 键,启动电动机。

②在电动机转动时,按下基本操作面板(BOP)上的 ▲ 键,使电动机升频到 50 Hz。

③在电动机达到 50 Hz 时,按下基本操作面板(BOP)上的 ▼ 键,使变频器输出频率下降,达到所需要的频率值。

④按下基本操作面板(BOP)上的 ⊙ 键,停止电动机。

### 2. 常用系统参数说明

| | |
|---|---|
| **P0003** | 设置用户参数访问级 |
| 1 | 标准级:可以访问经常使用的一些参数 |
| 2 | 扩展级:允许扩展访问参数的范围 |
| 3 | 专家级:只供专家使用 |
| 4 | 维修级:只供授权的维修人员使用 |
| **P0004** | 参数过滤器 |
| 0 | 全部参数 |
| 2 | 变频器参数 |
| 3 | 电动机参数 |
| 4 | 速度参数 |
| 7 | 命令,二进制 I/O |
| 8 | ADC 和 DAC |
| 10 | 设定值通道/RFG |
| 12 | 驱动装置的特征 |
| 13 | 电动机的控制 |
| 21 | 报警/警告/监控 |
| 22 | 工艺参量控制器 |
| **P0005** | 显示选择 |

素质课堂5

| 21 | 实际频率 |
| 25 | 输出电压 |
| 26 | 中间直流电路电压 |
| 27 | 输出电流 |
| **P0010** | 调试参数过滤器 |
| 0 | 准备 |
| 1 | 快速调试 |
| 2 | 变频器 |
| 29 | 下载 |
| 30 | 工厂的设定值 |
| **P0013** | 用户定义的参数 |
|  | 定义一个有限的最终用户将要访问的参数 |
| **P0100** | 使用地区 |
| 0 | 欧洲,50 Hz |
| 2 | 北美洲,60 Hz |
| **P0300** | 选择电动机类型 |
| 1 | 异步电动机 |
| 2 | 同步电动机 |
| **P0304** | 电动机额定电压 |
| **P0305** | 电动机额定电流 |
| **P0307** | 电动机额定功率 |
| **P0308** | 电动机额定功率因数 |
| **P0309** | 电动机额定效率 |
| **P0310** | 电动机额定频率 |
| **P0311** | 电动机额定转速 |
| **P0700** | 选择命令源 |
| 0 | 缺省 |
| 1 | BOP 设置 |
| 2 | 由端子排输入 |
| 4 | BOP 链路的 USS 设置 |
| 5 | COM 链路的 USS 设置 |
| **P0701** | 数字量输入 1 的功能 |
| 0 | 禁止数字量输入 |
| 1 | ON/OFF1 接通正转/停止命令 1 |
| 2 | ON/OFF1 接通反转/停止命令 1 |
| 3 | OFF2 停止命令 2,惯性自由停止 |
| 4 | OFF3 停止命令 3,斜坡函数曲线减速停止 |
| 9 | 故障确认 |
| 10 | 正转点动 |

| 11 | 反转点动 |
| 13 | MOP 升速 |
| 14 | MOP 减速 |
| 15 | 固定频率设定值（直接选择） |
| 16 | 固定频率设定值（直接选择＋ON 命令） |
| 17 | 固定频率设定值（二进制编码选择＋ON 命令） |
| 25 | 直流注入制动 |
| 99 | 使能 BICO 参数化 |

**P0702**　数字量输入 2 的功能
同 P0701

**P0703**　数字量输入 3 的功能
同 P0701

**P0704**　数字量输入 4 的功能
同 P0701

**P0705**　数字量输入 5 的功能
同 P0701

**P0706**　数字量输入 6 的功能
同 P0701

**P0707**　数字量输入 7 的功能
同 P0701

**P0708**　数字量输入 8 的功能
同 P0701

**P0719**　命令和频率设定值选择

| 0 | 命令＝BICO 参数 | 设定值＝BICO 参数 |
| 1 | 命令＝BICO 参数 | 设定值＝MOP 参数 |
| 2 | 命令＝BICO 参数 | 设定值＝模拟设定值 |
| 3 | 命令＝BICO 参数 | 设定值＝固定频率 |
| 4 | 命令＝BICO 参数 | 设定值＝BOP 链路的 USS |
| 5 | 命令＝BICO 参数 | 设定值＝COM 链路的 USS |
| 6 | 命令＝BICO 参数 | 设定值＝COM 链路的 CB |
| 10 | 命令＝BOP | 设定值＝BICO 参数 |
| 11 | 命令＝BOP | 设定值＝MOP 参数 |
| 12 | 命令＝BOP | 设定值＝模拟设定值 |
| 13 | 命令＝BOP | 设定值＝固定频率 |
| 14 | 命令＝BOP | 设定值＝BOP 链路的 USS |
| 15 | 命令＝BOP | 设定值＝COM 链路的 USS |
| 16 | 命令＝BOP | 设定值＝COM 链路的 CB |

**P0730**　数字量输出的数目
**P0731**　BI:数字量输出 1 的功能

| | |
|---|---|
| 52.0 | 变频器准备 |
| 52.1 | 变频器运行准备就绪 |
| 52.2 | 变频器正在运行 |
| 52.3 | 变频器故障 |
| 52.4 | OFF2 停止命令有效 |
| 52.5 | OFF3 停止命令有效 |
| 52.6 | 禁止合闸 |
| 52.7 | 变频器报警 |
| 52.8 | 实际值/设定值偏差过大 |
| **P0732** | BI:数字量输出 2 的功能 |
| **P0733** | BI:数字量输出 3 的功能 |
| **P0756** | ADC 的类型 |
| 0 | 单极性电压输入(0~10 V) |
| 1 | 带监控的单极性电压输入(0~10 V) |
| 2 | 单极性电流输入(0~20 mA) |
| 3 | 带监控的单极性电流输入(0~20 mA) |
| 4 | 双极性电压输入(−10~10 V) |
| **P0771** | CI:DAC 的功能 |
| 21 | CO:实际频率 |
| 24 | CO:实际输出频率 |
| 25 | CO:实际输出电压 |
| 26 | CO:实际中间直流电路电压 |
| 27 | CO:实际输出电流 |
| **P0776** | DAC 的类型 |
| 0 | 电流输出 |
| 1 | 电压输出 |
| **P0970** | 工厂复位 |
| 0 | 禁止复位 |
| 1 | 参数复位 |
| **P1000** | 频率设定值的选择 |
| 0 | 无主设定值 |
| 1 | MOP 设定值 |
| 2 | 模拟给定值 |
| 3 | 固定频率 |
| 4 | BOP 链路的 USS 设置 |
| 5 | COM 链路的 USS 设置 |
| 6 | PROFIBUS(CB 通信板)设置 |
| 7 | 模拟给定值 2 |
| **P1001** | 固定频率 1 |
| **P1002** | 固定频率 2 |
| **P1003** | 固定频率 3 |

| | |
|---|---|
| **P1004** | 固定频率 4 |
| **P1005** | 固定频率 5 |
| **P1006** | 固定频率 6 |
| **P1007** | 固定频率 7 |
| **P1008** | 固定频率 8 |
| **P1009** | 固定频率 9 |
| **P1010** | 固定频率 10 |
| **P1011** | 固定频率 11 |
| **P1012** | 固定频率 12 |
| **P1013** | 固定频率 13 |
| **P1014** | 固定频率 14 |
| **P1015** | 固定频率 15 |
| **P1040** | MOP 设定值 |
| **P1058** | 正转点动频率 |
| **P1059** | 反转点动频率 |
| **P1060** | 点动斜坡上升时间 |
| **P1061** | 点动斜坡下降时间 |
| **P1070** | CI：主设定值 |
| 755 | 模拟量输入 1 设定值 |
| 1024 | 固定频率设定值 |
| 1050 | MOP 设定值 |
| **P1080** | 最低频率 |
| **P1082** | 最高频率 |
| **P1084** | 最终的频率最高值 |
| **P1091** | 跳转频率 1 |
| **P1094** | 跳转频率 4 |
| **P1101** | 跳转频率的频带宽度 |
| **P1110** | BI：禁止负的频率设定值 |
| 0 | 禁止 |
| 1 | 允许 |
| **P1120** | 斜坡上升时间 |
| **P1121** | 斜坡下降时间 |
| **P1300** | 变频器的控制方式 |
| 0 | 线性特征的 $U/f$ 控制 |
| 1 | 带磁通电流控制的 $U/f$ 控制 |
| 2 | 带抛物线特征的 $U/f$ 控制 |
| 3 | 特性曲线可编程的 $U/f$ 控制 |
| **P2000** | 基准频率 |
| **P2200** | BI：允许 PID 控制器投入 |
| **P2201** | PID：PID 控制器固定频率设定值 1 |
| **P3900** | 结束快速调试 |

| | |
|---|---|
| 0 | 不用快速调试 |
| 1 | 结束快速调试,并按工厂设置复位参数 |
| 2 | 结束快速调试 |
| 3 | 结束快速调试,只进行电动机数据计算 |
| **P3981** | 故障复位 |
| 0 | 故障不复位 |
| 1 | 故障复位 |

## 思考与练习

(1)MM440 变频器的基本操作面板(BOP)可以轮流显示哪几个量?

(2)如何通过操作面板连续改变变频器的输出频率?

# 任务3　MM440 变频器的端子控制操作

## 任务引入

在工业现场自动控制系统中,对变频器多采用外部信号进行控制,电动机经常要根据各类机械的某种状态而进行正转、反转、点动等运行,变频器的给定频率信号、电动机的启动信号等都是通过变频器控制端子给出的,即变频器的外部运行操作,大大提高了生产过程的自动化程度。

## 任务目标

(1)了解 MM440 变频器各端子的功能。

(2)掌握 MM440 变频器端子操作与运行的基本步骤。

(3)掌握 MM440 变频器端子控制电动机的正/反转。

(4)掌握 PLC 控制 MM440 变频器数字端子控制电动机的正/反转。

## 相关知识

### 1. MM440 变频器的数字量输入端子

MM440 变频器有 6 个数字量输入端子,如图 5-8 所示。

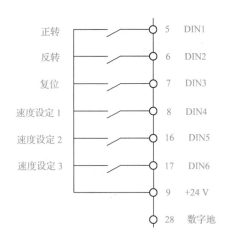

MM440 变频器的
数字量输入端子

图 5-8    MM440 变频器的数字量输入端子

## 2. 数字量输入端子功能

MM440 变频器的 6 个数字量输入端子(DIN1～DIN6),即端子 5、6、7、8、16 和 17,每一个数字量输入端子功能很多,用户可根据需要进行设置。参数号 P0701～P0706 与数字量输入端子 DIN1～DIN6 对应,每一个数字量输入功能设置参数值范围均为 0～99,出厂值均为 1。表 5-11 中列出其中几个常用的参数值。

表 5-11    MM440 数字量输入端子功能设置

| 参数值 | 功能说明 |
|:---:|:---:|
| 0 | 禁止数字量输入 |
| 1 | ON/OFF1(接通正转、停止命令 1) |
| 2 | ON/OFF1(接通反转、停止命令 1) |
| 3 | OFF2(停止命令 2),按惯性自由停止 |
| 4 | OFF3(停止命令 3),按斜坡函数曲线快速降速 |
| 9 | 故障确认 |
| 10 | 正转点动 |
| 11 | 反转点动 |
| 12 | 反转 |
| 13 | MOP 升速(提高频率) |
| 14 | MOP 降速(降低频率) |
| 15 | 固定频率设定值(直接选择) |
| 16 | 固定频率设定值(直接选择＋ON 命令) |
| 17 | 固定频率设定值(二进制编码选择＋ON 命令) |
| 25 | 直流注入制动 |

## 任务实施

### 1. 控制要求

用自锁按钮 SB1 和 SB2、外部线路控制 MM440 变频器的运行,实现电动机正转和反转控制。其中端子 5(DIN1)设为正转控制,端子 6(DIN2)设为反转控制。对应的功能分别由 P0701 和 P0702 的参数值设置。

### 2. 所需设备、工具

MM440 变频器一台、三相异步电动机一台、断路器一个、自锁按钮两个、导线若干、通用电工工具一套、万用表等。

### 3. 控制电路

变频器控制电动机正/反转电路如图 5-9 所示。

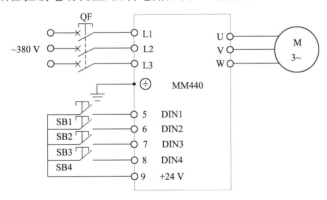

MM440 变频器的
端子控制操作

图 5-9　变频器控制电动机正/反转电路

### 4. 参数设置

接通断路器 QF,在变频器通电的情况下,恢复变频器出厂设置,设定 P0010＝30,P0970＝1。按下操作面板上的 ⓟ 键,变频器开始复位。然后完成相关参数设置,具体设置见表 5-12。

表 5-12　　　　　　　　　　　　变频器控制电动机正/反转参数设置

| 参数号 | 出厂值 | 设置值 | 说　明 |
| --- | --- | --- | --- |
| P0003 | 1 | 3 | 设用户参数访问级为专家级 |
| P0004 | 0 | 7 | 命令和数字 I/O |
| P0700 | 2 | 2 | 命令源选择由端子排输入 |
| P0701 | 1 | 1 | ON 接通正转,OFF 停止 |
| P0702 | 1 | 2 | ON 接通反转,OFF 停止 |

续表

| 参数号 | 出厂值 | 设置值 | 说　明 |
|---|---|---|---|
| P0703 | 9 | 10 | 正转点动 |
| P0704 | 15 | 11 | 反转点动 |
| P1110 | 1 | 0 | 允许负的频率设定 |
| P0004 | 0 | 10 | 设定值通道和斜坡函数发生器 |
| P1000 | 2 | 1 | 由 BOP 电动电位计输入设定值 |
| P1040 | 5 | 20 | 设定键盘控制的频率值（Hz） |
| P1080 | 0 | 0 | 电动机运行的最低频率（Hz） |
| P1082 | 50 | 50 | 电动机运行的最高频率（Hz） |
| P1120 | 10 | 5 | 斜坡上升时间（s） |
| P1121 | 10 | 5 | 斜坡下降时间（s） |
| P1058 | 5 | 10 | 正转点动频率（Hz） |
| P1059 | 5 | 10 | 反转点动频率（Hz） |
| P1060 | 10 | 5 | 点动斜坡上升时间（s） |
| P1061 | 10 | 5 | 点动斜坡下降时间（s） |

## 5. 变频器运行操作

### (1) 正转运行

当按下按钮 SB1 时，变频器数字量输入端子 5 为 ON，电动机按 P1120 所设置的 5 s 斜坡上升时间正转启动运行，经 5 s 后稳定运行在 560 r/min 的转速上，该转速与 P1040 所设置的 20 Hz 对应。放开按钮 SB1，变频器数字量输入端子 5 为 OFF，电动机按 P1121 所设置的 5 s 斜坡下降时间停止运行。

### (2) 反转运行

当按下按钮 SB2 时，变频器数字量输入端子 6 为 ON，电动机按 P1120 所设置的 5 s 斜坡上升时间正向启动运行，经 5 s 后稳定运行在 560 r/min 的转速上，该转速与 P1040 所设置的 20 Hz 对应。放开按钮 SB2，变频器数字量输入端子 6 为 OFF，电动机按 P1121 所设置的 5 s 斜坡下降时间停止运行。

### (3) 点动运行

①正转点动运行　当按下按钮 SB3 时，变频器数字量输入端子 7 为 ON，电动机按 P1060 所设置的 5 s 点动斜坡上升时间正转启动运行，经 5 s 后稳定运行在 280 r/min 的转速上，该转速与 P1058 所设置的 10 Hz 对应。放开按钮 SB3，变频器数字量输入端子 7 为 OFF，电动机按 P1061 所设置的 5 s 点动斜坡下降时间停止运行。

②反转点动运行　当按下按钮 SB4 时,变频器数字量输入端子 8 为 ON,电动机按 P1060 所设置的 5 s 点动斜坡上升时间正转启动运行,经 5 s 后稳定运行在 280 r/min 的转速上,该转速与 P1059 所设置的 10 Hz 对应。放开按钮 SB4,变频器数字量输入端子 8 为 OFF,电动机按 P1061 所设置的 5 s 点动斜坡下降时间停止运行。

**(4)速度调节**

①分别更改 P1040 和 P1058、P1059 的值,按以上步骤操作,就可以改变电动机正常运行速度和正、反向点动运行速度。

②在电动机转动时,按下操作面板上的 ▲ 键,使电动机升频到 50 Hz。

③在电动机达到 50 Hz 时,按下操作面板上的 ▼ 键,使变频器输出频率下降,达到所需要的频率值。

**(5)错误做法**

当同时按下正转按钮和反转按钮时,变频器对外不输出频率,电动机不运行。

**知识拓展**

### 使用 PLC 控制变频器数字端子控制电动机的正/反转

**1. 控制电路**

PLC 控制变频器控制电动机正/反转电路如图 5-10 所示。

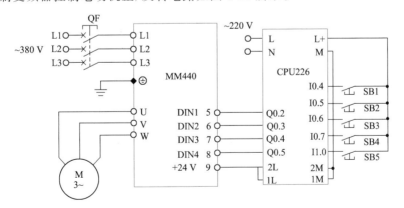

图 5-10　PLC 控制变频器控制电动机正/反转电路

## 2. PLC 设置

（1）I/O 信号分配见表 5-13。

表 5-13　　　　　　　　　　PLC 控制变频器控制电动机正/反转 I/O 信号分配

| 输　入（I） | | | 输　出（O） | | |
|---|---|---|---|---|---|
| 元　件 | 功　能 | 信号地址 | 元　件 | 功　能 | 信号地址 |
| 按钮 SB1 | 电动机停止 | I0.4 | 电动机 | 控制电动机正转 | Q0.2 |
| 按钮 SB2 | 电动机正转 | I0.5 | 电动机 | 控制电动机反转 | Q0.3 |
| 按钮 SB3 | 电动机反转 | I0.6 | 电动机 | 控制电动机点动正转 | Q0.4 |
| 按钮 SB4 | 电动机正转点动 | I0.7 | 电动机 | 控制电动机点动反转 | Q0.5 |
| 按钮 SB5 | 电动机反转点动 | I1.0 | | | |

（2）梯形图如图 5-11 所示。

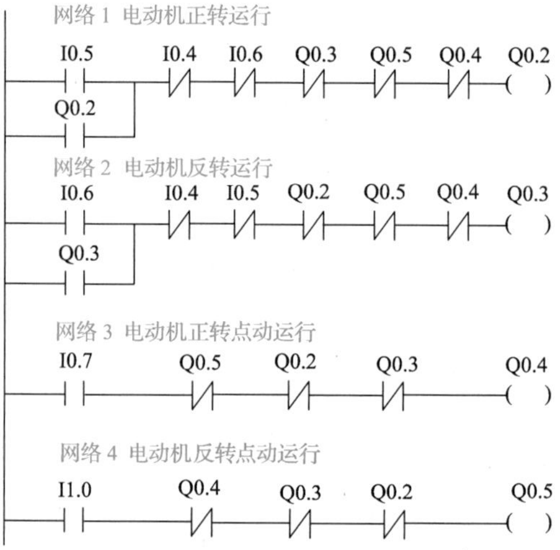

图 5-11　PLC 控制变频器控制电动机正/反转梯形图

## 3. 参数设置

接通断路器 QF，在变频器在通电的情况下，完成相关参数设置，具体设置同表 5-12。

## 4. 变频器运行操作

### （1）正转运行

当按下按钮 SB2 时，PLC 的输出继电器 Q0.2 有输出，变频器数字量输入端子 5 为 ON，电动机按 P1120 所设置的 5 s 斜坡上升时间正转启动运行，经 5 s 后稳定运行在 560 r/min 的转速上，该转速与 P1040 所设置的 20 Hz 对应。按下按钮 SB1，PLC 的输出继电器 Q0.2 断开，变频器数字量输入端子 5 为 OFF，电动机按 P1121 所设置的 5 s 斜坡下降时间停止运行。

**（2）反转运行**

当按下按钮 SB3 时，PLC 的输出继电器 Q0.3 有输出，变频器数字量输入端子 6 为 ON，电动机按 P1120 所设置的 5 s 斜坡上升时间正转启动运行，经 5 s 后稳定运行在 560 r/min 的转速上，该转速与 P1040 所设置的 20 Hz 对应。按下按钮 SB1，PLC 的输出继电器 Q0.3 断开，变频器数字量输入端子 6 为 OFF，电动机按 P1121 所设置的 5 s 斜坡下降时间停止运行。

**（3）点动运行**

①正转点动运行    当按下按钮 SB4 时，PLC 的输出继电器 Q0.4 有输出，变频器数字量输入端子 7 为 ON，电动机按 P1060 所设置的 5 s 点动斜坡上升时间正转启动运行，经 5 s 后稳定运行在 280 r/min 的转速上，此转速与 P1058 所设置的 10 Hz 对应。放开按钮 SB4，PLC 的输出继电器 Q0.4 断开，变频器数字量输入端子 7 为 OFF，电动机按 P1061 所设置的 5 s 点动斜坡下降时间停止运行。

②反转点动运行    当按下按钮 SB5 时，PLC 的输出继电器 Q0.5 有输出，变频器数字量输入端子 8 为 ON，电动机按 P1060 所设置的 5 s 点动斜坡上升时间正转启动运行，经 5 s 后稳定运行在 280 r/min 的转速上，该转速与 P1059 所设置的 10 Hz 对应。放开按钮 SB5，PLC 的输出继电器 Q0.5 断开，变频器数字量输入端子 8 为 OFF，电动机按 P1061 所设置的 5 s 点动斜坡下降时间停止运行。

**（4）电动机运行时的互锁**

PLC 程序在设计时，对电动机的正转、反转、正转点动和反转点动都加了互锁，每次只允许有一个输出继电器被驱动，这样变频器每次运行时就只有一个数字端子有信号，避免了同时给变频器数字端子加几个驱动信号的错误做法。

## 思考与练习

（1）电动机正转运行控制，要求稳定运行频率为 40 Hz，DIN3 端子设为正转控制。试画出变频器外部接线图，并进行参数设置、操作调速。

（2）利用变频器端子实现电动机正转、反转和点动的功能，电动机加/减速时间为 4 s，点动频率为 10 Hz。DIN5 端子设为正转控制，DIN6 端子设为反转控制。试进行参数设置、操作调速。

# 任务 4    MM440 变频器的多段速操作

## 任务引入

由于现场工艺上的要求，很多生产机械要在不同的转速下运行。为方便这种运行方式，大多数变频器均提供了多挡频率控制功能。用户可以通过多个开关的通、断组合来选择不同的运行频率,实现不同转速下运行的目的。

## 任务目标

(1)掌握 MM440 变频器多段速频率控制方式。

(2)掌握由继电器控制的 MM440 变频器多段速运行。

(3)掌握由 PLC 控制的 MM440 变频器多段速运行。

## 相关知识

多段速功能也称为固定频率,就是在设置参数 P1000＝3 的条件下,用开关量端子选择固定频率的组合,实现电动机多段速度运行。可通过如下三种方法实现:

### 1. 直接选择(P0701～P0706＝15)

在这种操作方式下,一个数字量输入端子选择一个固定频率。但是该端子闭合时,不能输出频率,必须与正转端子或反转端子配合才能输出频率。频率输出时可以频率相加,即两个端子闭合,其输出频率是两个端子设置的频率和,三个端子闭合,其输出频率是三个端子设置的频率和,其余类推,共可以输出 15 段频率。

端子与参数设置对应见表 5-14。

表 5-14            端子与参数设置对应

| 端子编号 | 对应参数 | 对应频率设置值参数 | 说　明 |
|---|---|---|---|
| 5 | P0701 | P1001 | |
| 6 | P0702 | P1002 | |
| 7 | P0703 | P1003 | (1)频率给定源 P1000 必须设置为 3 |
| 8 | P0704 | P1004 | (2)当多个选择同时激活时,选定的频率是它们的总和 |
| 16 | P0705 | P1005 | |
| 17 | P0706 | P1006 | |

### 2. 直接选择＋ON 命令(P0701～P0706＝16)

在这种操作方式下,数字量输入端子既选择固定频率(端子与参数设置对应见表 5-14),又具备带频率启动功能,还可以实现频率相加的功能。

要实现正转,端子设置正频率;要实现反转,端子设置负频率,同时,P1110 要设置为 0。

### 3. 二进制编码选择＋ON 命令(P0701～P0704＝17)

MM440 变频器的 6 个数字量输入端子(DIN1～DIN6),一般选择 DIN5 控制变频器正频率输出,DIN6 控制变频器负频率输出。其余 4 个端子 DIN1～DIN4 按二进制组合设置实现

多频段控制,DIN1 作为二进制的最低位,DIN4 作为二进制的最高位,这样二进制组合从 0001
到 1111,共有 15 个。对应的频率参数从 P1001 到 P1015,最多可实现 15 频段控制。二进制组
合与固定频率的对应见表 5-15。

表 5-15　　　　　　　　　　　　　　　　　二进制组合与固定频率的对应

| 频率设定 | DIN4 | DIN3 | DIN2 | DIN1 |
|---|---|---|---|---|
| P1001 | 0 | 0 | 0 | 1 |
| P1002 | 0 | 0 | 1 | 0 |
| P1003 | 0 | 0 | 1 | 1 |
| P1004 | 0 | 1 | 0 | 0 |
| P1005 | 0 | 1 | 0 | 1 |
| P1006 | 0 | 1 | 1 | 0 |
| P1007 | 0 | 1 | 1 | 1 |
| P1008 | 1 | 0 | 0 | 0 |
| P1009 | 1 | 0 | 0 | 1 |
| P1010 | 1 | 0 | 1 | 0 |
| P1011 | 1 | 0 | 1 | 1 |
| P1012 | 1 | 1 | 0 | 0 |
| P1013 | 1 | 1 | 0 | 1 |
| P1014 | 1 | 1 | 1 | 0 |
| P1015 | 1 | 1 | 1 | 1 |

## 任务实施

### 1. 控制要求

实现 5 段固定频率(−20 Hz、10 Hz、20 Hz、30 Hz、
50 Hz)控制,如图 5-12 所示。连接线路,设置功能参数,
操作 5 段固定速度运行。

### 2. 所需设备、工具

MM440 变频器一台、三相异步电动机一台、断路器
一个、自锁按钮六个、导线若干、通用电工工具一套、万用
表等。

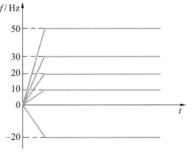

图 5-12　5 段固定频率控制

**3. 控制电路**

按图 5-13 连接电路,检查线路正确后,接通断路器 QF。

**4. 电动机参数设置**

(1)恢复变频器出厂设置,设定 P0010＝30,P0970＝1。按下操作面板上的 ⓟ 键,变频器开始复位。

(2)设置电动机参数,见表 5-16。电动机参数设置完成后,设 P0010＝0,变频器即处于准备状态,可正常运行。

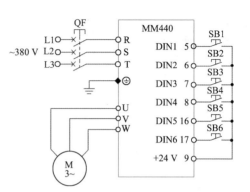

图 5-13  5 段固定频率控制电路

表 5-16                                     5 段固定频率控制电动机参数设置

| 参数号 | 出厂值 | 设置值 | 说　明 |
|---|---|---|---|
| P0003 | 1 | 1 | 设用户参数访问级为标准级 |
| P0010 | 0 | 1 | 快速调试 |
| P0100 | 0 | 0 | 功率以 kW 为单位,频率为 50 Hz |
| P0304 | 230 | 380 | 电动机额定电压(V) |
| P0305 | 3.25 | 参照铭牌 | 电动机额定电流(A) |
| P0307 | 0.75 | 参照铭牌 | 电动机额定功率(kW) |
| P0308 | 0 | 0.8 | 电动机额定功率(cos φ) |
| P0310 | 50 | 50 | 电动机额定频率(Hz) |
| P0311 | 0 | 参照铭牌 | 电动机额定转速(r/min) |
| P0010 | 1 | 0 | 快速调试结束 |

**5. 使用直接选择(P0701 ～ P0706＝15)设置变频器参数**

**(1)直接选择的变频器参数设置**

变频器参数设置见表 5-17。表中,端子 5(DIN1)对应的设置端子功能的参数设为 P0701＝1,控制变频器输出正频率,电动机正转;端子 6(DIN2)对应的设置端子功能的参数 P0702＝2,控制变频器输出负频率,电动机反转。端子 5、端子 6 只控制变频器的输出状态,并不带频率,即使其对应的频率参数 P1001、P1002 设置了频率,变频器也不输出频率,频率要由其他端子给出。将端子 7(DIN3)、端子 8(DIN4)、端子 16(DIN5)对应的设置端子功能的参数设为 P0703＝15,P0704＝15,P0705＝15,当端子 5 或端子 6 启动时,这些端子对应的频率就可以加到端子 5 或端子 6 上。将端子 7(DIN3)、端子 8(DIN4)、端子 16(DIN5)对应的频率参数设为 P1003＝

10 Hz,P1004＝20 Hz,P1005＝30 Hz,就可实现上面 5 段速要求。

表 5-17　　　　　　　　　　直接选择设置变频器参数

| 参数号 | 出厂值 | 设置值 | 说　明 |
|---|---|---|---|
| P0003 | 1 | 3 | 设用户参数访问级为标准级 |
| P0004 | 0 | 7 | 命令和数字 I/O |
| P0700 | 2 | 2 | 命令源选择由端子排输入 |
| P0701 | 1 | 1 | 接通正转,断开停止 |
| P0702 | 1 | 2 | 接通反转,断开停止 |
| P0703 | 1 | 15 | 固定频率设定值(直接选择) |
| P0704 | 9 | 15 | 固定频率设定值(直接选择) |
| P0705 | 12 | 15 | 固定频率设定值(直接选择) |
| P1110 | 1 | 0 | 允许负的频率设定 |
| P0004 | 7 | 10 | 命令和数字 I/O |
| P1000 | 2 | 3 | 选择固定频率设定值 |
| P1003 | 0 | 10 | 固定频率 1 |
| P1004 | 5 | 20 | 固定频率 2 |
| P1005 | 10 | 30 | 固定频率 3 |
| P1080 | 5 | 0 | 下限频率 |
| P1082 | 50 | 50 | 上限频率 |
| P1120 | 30 | 10 | 斜坡上升时间 |
| P1121 | 10 | 10 | 斜坡下降时间 |

### (2)变频器的运行操作

①第 1 频段控制　要变频器输出负频率－20 Hz,应该按下按钮 SB2 (端子 6 闭合),此时变频器启动反转,但是没有频率输出,当再按下按钮 SB4(端子 8 闭合)时,变频器输出 P1004 的频率 20 Hz。因为端子 6(DIN2) 设置的是反转,所以变频器输出的是负频率－20 Hz。如果参数 P1110 设置 为 1(不允许反转),则变频器不会输出负频率,即使 P0702＝2,变频器也输出正频率。

使用直接选择的方 式控制变频器运行

变频器输出频率从 0 上升到－20 Hz 的时间是 10 s。当断开按钮 SB2 时,变频器停止输 出频率,频率从－20 Hz 下降到 0 的时间是 10 s。

②第 2 频段控制　要变频器输出正频率 10 Hz,应该按下按钮 SB1(端子 5 闭合),此时变 频器启动正转,但是没有频率输出,当再按下按钮 SB3(端子 7 闭合)时,变频器输出 P1003 的 频率 10 Hz,变频器输出频率从 0 上升到 10 Hz 的时间是 10 s。当断开按钮 SB1 时,变频器停 止输出频率,频率从 10 Hz 下降到 0 的时间是 10 s。

③第 3 频段控制　要变频器输出正频率 20 Hz,应该按下按钮 SB1(端子 5 闭合),此时变 频器启动正转,但是没有频率输出,当再按下按钮 SB4(端子 8 闭合)时,变频器输出 P1004 的

频率 20 Hz,变频器输出频率从 0 上升到 20 Hz 的时间是 10 s。当断开按钮 SB1 时,变频器停止输出频率,频率从 20 Hz 下降到 0 的时间是 10 s。

④第 4 频段控制　要变频器输出正频率 30 Hz,应该按下按钮 SB1(端子 5 闭合),此时变频器启动正转,但是没有频率输出,当再按下按钮 SB5(端子 16 闭合)时,变频器输出 P1005 的频率 30 Hz,变频器输出频率从 0 上升到 30 Hz 的时间是 10 s。当断开按钮 SB1 时,变频器停止输出频率,频率从 30 Hz 下降到 0 的时间是 10 s。

⑤第 5 频段控制(频率相加)　要变频器输出正频率 50 Hz,应该按下按钮 SB1(端子 5 闭合),此时变频器启动正转,但是没有频率输出。因为端子 7、端子 8、端子 16 设定的频率分别是 10 Hz、20 Hz、30 Hz,任何一个端子的频率都不到 50 Hz,闭合一个端子其频率是达不到 50 Hz 的,故只能采用变频器频率相加的功能,闭合端子 8、端子 16,这两端子的频率相加刚好等于 50 Hz。所以要变频器输出 50 Hz 的频率,要闭合端子 5、端子 8、端子 16。变频器输出频率从 0 上升到 50 Hz 的时间是 10 s。当断开按钮 SB1 时,变频器停止输出频率,频率从 50 Hz 下降到 0 的时间是 10 s。

⑥其他频率输出　还可以利用 P1003、P1004、P1005 设置的频率相加输出其他频率,举例如下:

- 闭合端子 5、端子 7、端子 8,输出频率 30 Hz。
- 闭合端子 5、端子 7、端子 16,输出频率 40 Hz。
- 闭合端子 5、端子 7、端子 8、端子 16,输出频率 50 Hz。
- 闭合端子 6、端子 7,输出频率 -10 Hz。
- 闭合端子 6、端子 7、端子 8,输出频率 -30 Hz。
- 闭合端子 6、端子 7、端子 16,输出频率 -40 Hz。
- 闭合端子 6、端子 8、端子 16,输出频率 -50 Hz。
- 闭合端子 6、端子 7、端子 8、端子 16,输出频率 -50 Hz。

## 6. 使用直接选择 + ON 命令(P0701～P0706＝16)设置变频器参数

### (1)直接选择 + ON 命令的变频器参数设置

使用直接选择 ON 的方式控制变频器运行

变频器参数设置见表 5-18。表中,不再使用端子 5(DIN1)和端子 6(DIN2)作为启动端子,只要将端子 5(DIN1)、端子 6(DIN2)、端子 7(DIN3)和端子 8(DIN4)对应的设置端子功能的参数设置为 16,即 P0701＝16,P0702＝16,P0703＝16,P0704＝16,这 4 个端子启动就具备带频率的功能。然后将其对应的频率参数 P1001＝10 Hz,P1002＝-20 Hz,P1003＝20 Hz,P1004＝30 Hz 配合使用,变频器就能输出 5 段频率。

设置负频率,只要按住操作面板上的 ▼ 键,使频率从正频率变到 0,再从 0 变到所要设置的负频率即可。

表 5-18　　　　　　　　　　　　　　　直接选择＋ON 命令设置变频器参数

| 参数号 | 出厂值 | 设置值 | 说　明 |
|--------|--------|--------|--------|
| P0003 | 1 | 3 | 设用户参数访问级为标准级 |
| P0004 | 0 | 7 | 命令和数字 I/O |
| P0700 | 2 | 2 | 命令源选择由端子排输入 |
| P0701 | 1 | 16 | 固定频率设定值(直接选择＋ON 命令) |
| P0702 | 1 | 16 | 固定频率设定值(直接选择＋ON 命令) |
| P0703 | 1 | 16 | 固定频率设定值(直接选择＋ON 命令) |
| P0704 | 1 | 16 | 固定频率设定值(直接选择＋ON 命令) |
| P1110 | 1 | 0 | 允许负的频率设定 |
| P0004 | 7 | 10 | 设定值通道和斜坡函数发生器 |
| P1000 | 2 | 3 | 固定频率设定值 |
| P1001 | 0 | 10 | 固定频率 1 |
| P1002 | 5 | −20 | 固定频率 2 |
| P1003 | 10 | 20 | 固定频率 3 |
| P1004 | 15 | 30 | 选择固定频率 3 |
| P1080 | 5 | 0 | 下限频率 |
| P1082 | 50 | 50 | 上限频率 |
| P1120 | 30 | 10 | 斜坡上升时间 |
| P1121 | 10 | 10 | 斜坡下降时间 |

**(2)变频器的运行操作**

①第 1 频段控制　要变频器输出负频率−20 Hz,应该按下按钮 SB2(端子 6 闭合),此时变频器启动,同时输出 P1002 的频率−20 Hz。因为参数 P1110 设置为 0(允许反转),所以变频器能输出负频率。如果参数 P1110 设置为 1(不允许反转),则变频器只会输出正频率。

变频器输出频率从 0 上升到−20 Hz 的时间是 10 s。当断开按钮 SB2 时,变频器停止输出频率,频率从−20 Hz 下降到 0 的时间是 10 s。

②第 2 频段控制　要变频器输出正频率 10 Hz,应该按下按钮 SB1(端子 5 闭合),此时变频器启动,同时输出 P1001 的频率 10 Hz。变频器输出频率从 0 上升到 10 Hz 的时间是 10 s。当断开按钮 SB1 时,变频器停止输出频率,频率从 10 Hz 下降到 0 的时间是 10 s。

③第 3 频段控制　要变频器输出正频率 20 Hz,应该按下按钮 SB3(端子 7 闭合),此时变频器启动,同时输出 P1003 的频率 20 Hz,变频器输出频率从 0 上升到 20 Hz 的时间是 10 s。当断开按钮 SB1 时,变频器停止输出频率,频率从 20 Hz 下降到 0 的时间是 10 s。

④第 4 频段控制　要变频器输出正频率 30 Hz,应该按下按钮 SB4(端子 8 闭合),此时变频器启动,同时输出 P1004 的频率 30 Hz,变频器输出频率从 0 上升到 30 Hz 的时间是 10 s。当断开按钮 SB1 时,变频器停止输出频率,频率从 30 Hz 下降到 0 的时间是 10 s。

⑤第 5 频段控制(频率相加)　要变频器输出正频率 50 Hz,应该按下按钮 SB3、SB4,此时变

频器启动,同时这两端子的频率相加,输出 50 Hz。变频器输出频率从 0 上升到 50 Hz 的时间是 10 s。当断开按钮 SB1 时,变频器停止输出频率,频率从 50 Hz 下降到 0 的时间是 10 s。

⑥其他频率输出　还可以利用 P1001、P1002、P1003、P1004 设置的频率相加输出其他频率,举例如下:

- 闭合 5 端子、6 端子,输出频率－10 Hz。
- 闭合 6 端子、7 端子,输出频率 0。
- 闭合 5 端子、7 端子、8 端子,输出频率 50 Hz。

## 7. 二进制编码选择＋ON 命令(P0701～P0704＝17)设置变频器参数

### (1)建立二进制端子与频率的对应关系

设端子 16(DIN5)对应的设置端子功能的参数 P0705＝1,控制变频器输出正频率,电动机正转;端子 17(DIN6)对应的设置端子功能的参数 P0706＝2,控制变频器输出负频率,电动机反转。其他端子 5、端子 6、端子 7、端子 8 对应的设置端子功能的参数 P0701＝17,P0702＝17,P0703＝17,P0704＝17,这时,端子 16、端子 17 控制变频器的频率启动,端子 5、端子 6、端子 7、端子 8 控制变频器的输出频率。采用这种方法控制变频器的输出频率,各个端子的频率不能相加,而是按照二进制的排列顺序由相应的频率参数设定,二进制从 0001 排列到 1111,对应的频率参数从 P1001 到 P1015,共有 15 个,故采用二进制编码选择 ＋ ON 命令一共可以设置 15 段频率。5 段固定频率与二进制对应关系见表 5-19。

表 5-19　　　　5 段固定频率与二进制对应关系

| 频率设定 | 8(DIN4) | 7(DIN3) | 6(DIN2) | 5(DIN1) |
|---|---|---|---|---|
| P1001＝10 Hz | 0 | 0 | 0 | 1 |
| P1002＝－20 Hz | 0 | 0 | 1 | 0 |
| P1003＝20 Hz | 0 | 0 | 1 | 1 |
| P1004＝30 Hz | 0 | 1 | 0 | 0 |
| P1005＝50 Hz | 0 | 1 | 0 | 1 |

### (2)二进制编码选择＋ON 命令的变频器参数设置

变频器参数设置见表 5-20。

表 5-20　　　　二进制编码选择＋ON 命令设置变频器参数

| 参数号 | 出厂值 | 设置值 | 说　明 |
|---|---|---|---|
| P0003 | 1 | 3 | 设用户参数访问级为专家级 |
| P0004 | 0 | 7 | 命令和数字 I/O |
| P0700 | 2 | 2 | 命令源选择由端子排输入 |
| P0701 | 1 | 17 | 固定频率设定值(二进制编码选择＋ON 命令) |
| P0702 | 1 | 17 | 固定频率设定值(二进制编码选择＋ON 命令) |

续表

| 参数号 | 出厂值 | 设置值 | 说　明 |
|---|---|---|---|
| P0703 | 1 | 17 | 固定频率设定值(二进制编码选择+ON 命令) |
| P0704 | 1 | 17 | 固定频率设定值(二进制编码选择+ON 命令) |
| P0705 | 1 | 1 | 接通正转,断开停止 |
| P0706 | 1 | 2 | 接通反转,断开停止 |
| P1110 | 1 | 0 | 允许负的频率设定 |
| P0004 | 7 | 10 | 设定值通道和斜坡函数发生器 |
| P1000 | 2 | 3 | 固定频率设定值 |
| P1001 | 0 | 10 | 固定频率 1 |
| P1002 | 5 | −20 | 固定频率 2 |
| P1003 | 10 | 20 | 固定频率 3 |
| P1004 | 15 | 30 | 选择固定频率 3 |
| P1080 | 5 | 0 | 下限频率 |
| P1082 | 50 | 50 | 上限频率 |
| P1120 | 30 | 10 | 斜坡上升时间 |
| P1121 | 10 | 10 | 斜坡下降时间 |

### (3)变频器的运行操作

①第 1 频段控制　要变频器输出正频率 10 Hz,应该按下按钮 SB5(端子 16 闭合),此时变频器启动正转,但是没有频率输出,当再按下按钮 SB1(端子 5 闭合)时,变频器输出 P1001 的频率 10 Hz。此时端子 5、端子 6、端子 7、端子 8 这 4 个端子组成的二进制数是 0001。

变频器输出频率从 0 上升到 10 Hz 的时间是 10 s。当断开按钮 SB1 时,变频器停止输出频率,频率从 10 Hz 下降到 0 的时间是 10 s。

②第 2 频段控制　要变频器输出负频率 −20 Hz,应该按下按钮 SB6(端子 17 闭合),此时变频器启动反转,但是没有频率输出,当再按下按钮 SB2(端子 6 闭合)时,变频器输出 P1002 的频率 −20 Hz。此时端子 5、端子 6、端子 7、端子 8 这 4 个端子组成的二进制数是 0010。

变频器输出频率从 0 上升到 −20 Hz 的时间是 10 s。当断开按钮 SB6 时,变频器停止输出频率,频率从 −20 Hz 下降到 0 的时间是 10 s。

③第 3 频段控制　要变频器输出正频率 20 Hz,应该按下按钮 SB5(端子 16 闭合),此时变频器启动正转,但是没有频率输出,当再按下按钮 SB1(端子 5 闭合)、SB2(端子 6 闭合)时,变频器输出 P1003 的频率 20 Hz。此时端子 5、端子 6、端子 7、端子 8 这 4 个端子组成的二进制数是 0011。

使用二进制编码
选择 ON 的方式
控制变频器运行

变频器输出频率从 0 上升到 20 Hz 的时间是 10 s。当断开按钮 SB5 时,变频器停止输出频率,频率从 20 Hz 下降到 0 的时间是 10 s。

④第 4 频段控制　要变频器输出正频率 30 Hz,应该按下按钮 SB5(端子 16 闭合),此时变

频器启动正转，但是没有频率输出，当再按下按钮 SB3（端子 7 闭合）时，变频器输出 P1004 的频率 30 Hz。此时端子 5、端子 6、端子 7、端子 8 这 4 个端子组成的二进制数是 0100。

变频器输出频率从 0 上升到 30 Hz 的时间是 10 s。当断开按钮 SB5 时，变频器停止输出频率，频率从 30 Hz 下降到 0 的时间是 10 s。

⑤第 5 频段控制（频率相加） 要变频器输出正频率 50 Hz，应该按下按钮 SB5（端子 16 闭合），此时变频器启动正转，但是没有频率输出，当再按下按钮 SB1（端子 5 闭合）、SB3（端子 7 闭合）时，变频器输出 P1005 的频率 50 Hz。此时端子 5、端子 6、端子 7、端子 8 这 4 个端子组成的二进制数是 0101。

变频器输出频率从 0 上升到 50 Hz 的时间是 10 s。当断开按钮 SB5 时，变频器停止输出频率，频率从 50 Hz 下降到 0 的时间是 10 s。

## 知识拓展

### PLC 控制电动机变频器的多段速运行

**1. 控制要求**

用 PLC 时间控制为原则，通过变频器端子控制电动机多段速运行，变频器端子 5、6、7 按不同的方式组合，可选择 7 种不同的输出频率，实现 7 段固定频率（5 Hz、10 Hz、20 Hz、25 Hz、30 Hz、40 Hz、50 Hz）控制。控制要求如图 5-14 所示，发出启动信号后，电动机先运行到 5 Hz，5 s 后运行到 10 Hz，再 5 s 后运行到 20 Hz，直至运行到 50 Hz，电动机 50 Hz 运行 10 s 后，停止转动。正确设置变频器输出的额定频率、额定电压、额定电流、额定功率、额定转速，电动机的加/减速时间设置为 2 s。

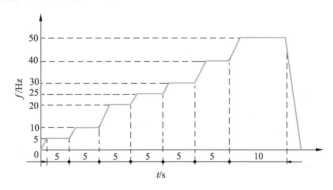

图 5-14　7 段固定频率控制

**2. 控制电路**

多段速运行控制电路如图 5-15 所示。

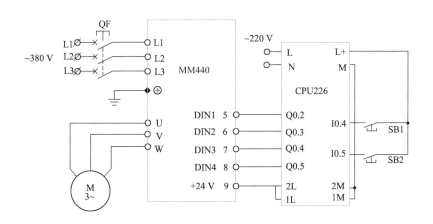

图 5-15　多段速运行控制电路

## 3. PLC 设置

（1）I/O 信号分配见表 5-21。

表 5-21　　　　　　　　　　多段速运行控制 I/O 信号分配

| 输入（I） | | | 输出（O） | | |
|---|---|---|---|---|---|
| 元件 | 功能 | 信号地址 | 元件 | 功能 | 信号地址 |
| 按钮 SB1 | 启动程序 | I0.4 | 变频器端子 5 | 固定频率设值 1 | Q0.2 |
| 按钮 SB2 | 停止程序 | I0.5 | 变频器端子 6 | 固定频率设值 2 | Q0.3 |
| | | | 变频器端子 7 | 固定频率设值 3 | Q0.4 |
| | | | 变频器端子 8 | 接通正转/停止命令 | Q0.5 |

（2）梯形图如图 5-16 所示。

## 4. 参数设置

连接电路，检查线路正确后，接通断路器 QF，然后设置变频器参数。

（1）恢复变频器出厂设置，设定 P0010＝30，P0970＝1。按下操作面板上的 Ⓟ 键，变频器开始复位。

（2）设置变频器参数，见表 5-22。电动机参数设置完成后，设 P0010＝0，变频器即处于准备状态，可正常运行。

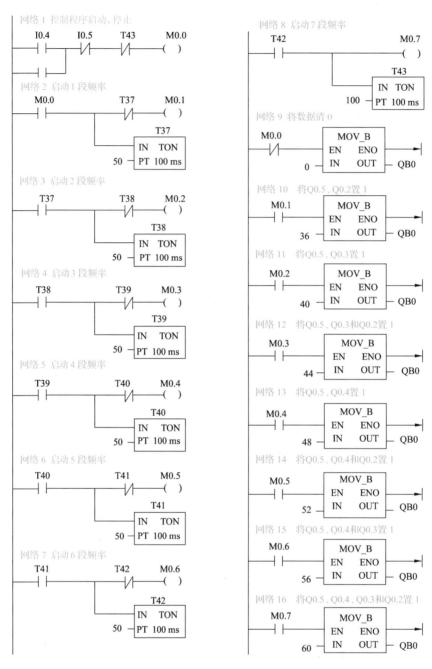

图 5-16　多段速运行控制梯形图

表 5-22　　多段速运行控制变频器参数设置

| 变频器参数 | 出厂值 | 设定值 | 功能说明 |
| --- | --- | --- | --- |
| P0003 | 1 | 3 | 设用户参数访问级为专家级 |
| P0004 | 0 | 3 | 电动机数据 |
| P0010 | 0 | 1 | 快速调试 |
| P0304 | 230 | 380 | 电动机的额定电压(380 V) |

| 变频器参数 | 出厂值 | 设定值 | 功能说明 |
|---|---|---|---|
| P0305 | 3.25 | 0.35 | 电动机的额定电流(0.35 A) |
| P0307 | 0.75 | 0.5 | 电动机的额定功率(500 W) |
| P0310 | 50 | 50 | 电动机的额定频率(50 Hz) |
| P0311 | 0 | 1430 | 电动机的额定转速(1 430 r/min) |
| P0010 | 1 | 0 | 快速调试结束 |
| P0004 | 3 | 7 | 命令和数字 I/O |
| P0700 | 2 | 2 | 命令源选择由端子排输入 |
| P0701 | 1 | 17 | 固定频率设定值(二进制编码选择+ON 命令) |
| P0702 | 12 | 17 | 固定频率设定值(二进制编码选择+ON 命令) |
| P0703 | 9 | 17 | 固定频率设定值(二进制编码选择+ON 命令) |
| P0704 | 0 | 1 | ON/OFF1(接通正转/停止命令 1) |
| P0004 | 7 | 10 | 设定值通道和斜坡函数发生器 |
| P1000 | 2 | 3 | 选择固定频率设定值 |
| P1001 | 0 | 5 | 固定频率 1 |
| P1002 | 5 | 10 | 固定频率 2 |
| P1003 | 10 | 20 | 固定频率 3 |
| P1004 | 15 | 25 | 固定频率 4 |
| P1005 | 20 | 30 | 固定频率 5 |
| P1006 | 25 | 40 | 固定频率 6 |
| P1007 | 30 | 50 | 固定频率 7 |
| P1120 | 10 | 2 | 斜坡上升时间(2 s) |
| P1121 | 10 | 3 | 斜坡下降时间(2 s) |
| P1080 | 0 | 0 | 电动机的最低频率(0 Hz) |
| P1082 | 50 | 50 | 电动机的最高频率(50 Hz) |

## 5. 变频器运行操作

### (1)第 1 频段控制

当按下按钮 SB1 时,I0.4 有输入信号,PLC 程序运行,继电器 M0.0、M0.1 得电,数据 36(转换成二进制数为 00100100)传送给 QB0,使输出继电器 Q0.5 和 Q0.2 有输出信号,变频器端子 5、8 为 ON,变频器工作在由 P1001 参数所设定的频率 5 Hz 的第 1 频段上,电动机按第 1 频段启动运行。

### (2)第 2～7 频段控制

当 PLC 输出继电器 M0.1 有输出信号时,时间继电器 T37 开始计时,计够 5 s 后,继电器 M0.2 有输出信号,把数据 40(转换成二进制数为 00101000)传到 QB0 里,输出继电器 Q0.5 和 Q0.3 有输出信号,变频器端子 5 为 OFF,端子 6、8 为 ON,变频器工作在由 P1002 参数所设定的频率 10 Hz 的第 2 频段上。当继电器 M0.2 有输出信号时,时间继电器 T38 开始计时,计够 5 s 后,继电器 M0.3 有输出信号,把数据 44(转换成二进制数为 00101100)传到 QB0 里,输出继电器 Q0.5、Q0.3 和 Q0.2 有输出信号,变频器端子 5、6、8 为 ON,变频器工作在由 P1003 参数所设定的频率 20 Hz 的第 3 频段上。

其他频段的运行过程同上述分析相同,读者可以自行分析。

### (3)电动机停止

当继电器 M0.7 有输出信号时,时间继电器 T43 开始计时,计够 10 s 后,继电器 M0.0 失电,把数据 0 传到 QB0 里,没有输出,变频器端子 5、6、7、8 均为 OFF,电动机停止运行。或在电动机正常运行的任何频段,按下按钮 SB2,I0.5 有输入信号,把数据 0 传到 QB0 里,电动机也能停止运行。

## 思考与练习

设置变频器的参数,使一台 5.5 kW 三相异步电动机具有 7 段速度选择。其频率按图 5-17 所示的频率设定选择,要求按不同的按钮变频器具有不同的输出频率。试设置变频器参数,设计 PLC 控制程序及控制系统硬件接线图,实际接线调试、运行。

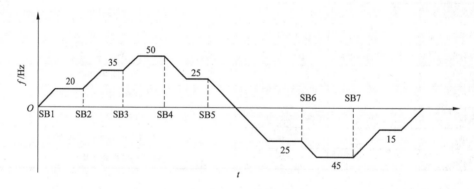

图 5-17  电动机 7 段速度运行曲线

# 任务 5  MM440 变频器的模拟量控制运行操作

## 任务引入

MM440 变频器可以通过 6 个数字量输入端子对电动机进行正/反转运行、正/反转点动运行控制,可通过操作面板上的调节键来增大或减小输出频率,从而设置正/反向转速的大小。也可以由模拟量输入端控制电动机转速的大小。本任务的目的就是通过模拟量输入端的模拟量控制电动机转速的大小。

使用模拟量控制
变频器的运行操作

（1）掌握 MM440 变频器的模拟量输入端子及参数设置。

（2）掌握 MM440 变频器外接电位器控制变频器输出频率的方法。

（3）掌握 MM440 变频器使用 PLC 模拟量输出控制变频器输出频率。

## 相关知识

MM440 变频器的输出端子 1、2 输出一个高精度的＋10 V 直流稳压电源。可使电位器串联在电路中，调节电位器，改变输入端子 AIN1＋给定的模拟量输入电压，变频器的输出频率将紧紧跟踪给定量的变化，从而能平滑地调节电动机转速的大小。

### 1. 模拟量输入端子

MM440 变频器为用户提供了两对模拟量输入端子，即 AIN1 模拟量输入端子 3、4 和 AIN2 模拟量输入端子 10、11。当使用 AIN1 模拟量输入端子时，将参数 P1000 设置为 2，这也是变频器的缺省值；当使用 AIN2 模拟量输入端子时，将参数 P1000 设置为 7。

### 2. 模拟量 DIP 开关和参数设置

模拟量的类型有电压量和电流量，因此在使用模拟量时，一定要分清模拟量的类型，并正确设置 P0756 参数的数值和变频器上 DIP 开关的位置。

变频器上控制模拟量输入类型的 DIP 开关有 2 个，左边的 DIP 开关控制 AIN1 模拟量输入端子，右边的 DIP 开关控制 AIN2 模拟量输入端子。

当 DIP 开关处于 OFF 位置时，输入的模拟量必须为 0～10 V 电压量。

当 DIP 开关处于 ON 位置时，输入的模拟量必须为 0～20 mA 电流量。

参数 P0756 的缺省值是 0，其取值说明见表 5-23。

表 5-23　　　　　　　　　　　　　　　参数 P0756 的取值说明

| 参数值 | 功能说明 |
| --- | --- |
| 0 | 单极性电压输入（0～10 V） |
| 1 | 带监控的单极性电压输入（0～10 V） |
| 2 | 单极性电流输入（0～20 mA） |
| 3 | 带监控的单极性电流输入（0～20 mA） |
| 4 | 双极性电压输入（−10～10 V） |

设置 P0756 ［0］里的参数，控制 AIN1 端子的模拟量输入；设置 P0756 ［1］里的参数，控制 AIN2 端子的模拟量输入。

### 3. 控制运行

设置 P0701 的参数值，使数字量输入端子 5 具有正转控制功能；设置 P0702 的参数值，使数字量输入端子 6 具有反转控制功能；模拟量输入端子 3、4 外接电位器，通过端子 3 输入大小可调的模拟电压信号，控制电动机转速的大小。即由数字量输入端子控制电动机转速的方向，由模拟量输入端子控制电动机转速的大小。

使用模拟量输入端子 3、4 控制变频器的输出频率，要将参数 P1000 设置为 2。如果将参数 P1000 设置为 23，其功能意思是"2+3"，就是变频器既有模拟量输入功能，又具有固定频率输入功能。

## 任务实施

### 1. 控制要求

用按钮 SB1 控制实现电动机启停功能，用按钮 SB2 控制实现电动机反转，用电位器模拟量输入端子控制电动机转速的大小。

### 2. 控制电路

模拟量控制电路如图 5-18 所示。检查电路正确无误后，接通断路器 QF。

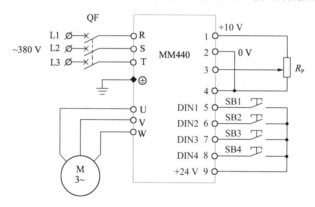

图 5-18　模拟量控制电路

### 3. 所需设备、工具

MM440 变频器一台、三相异步电动机一台、断路器一个、自锁按钮两个、导线若干、通用电工工具一套、万用表、电位器等。

### 4. 模拟量控制变频器参数设置

（1）恢复变频器出厂设置，设定 P0010＝30 和 P0970＝1，按下操作面板上的 Ⓟ 键，变频器开始复位。

（2）设置电动机参数，见表 5-24。电动机参数设置完成后，设 P0010＝0，变频器即处于准备状态，可正常运行。

表 5-24　　　　　　　　　　　　　　　模拟量控制电动机参数设置

| 参数号 | 出厂值 | 设置值 | 说　明 |
|---|---|---|---|
| P0003 | 1 | 1 | 设用户参数访问级为标准级 |
| P0010 | 0 | 1 | 快速调试 |
| P0100 | 0 | 0 | 功率以 kW 表示,频率为 50 Hz |
| P0304 | 230 | 380 | 电动机额定电压(V) |
| P0305 | 3.25 | 0.95 | 电动机额定电流(A) |
| P0307 | 0.75 | 0.37 | 电动机额定功率(kW) |
| P0308 | 0 | 0.8 | 电动机额定功率($\cos\varphi$) |
| P0310 | 50 | 50 | 电动机额定频率(Hz) |
| P0311 | 0 | 2800 | 电动机额定转速(r/min) |
| P0010 | 1 | 0 | 快速调试结束 |

(3)设置变频器参数。因为使用的是 AIN1 模拟量输入端子,并且输入的是电压信号,所以参数 P0756 可以使用缺省值,不用重新设置。只要将变频器上控制 AIN1 端子的 DIP 开关拨到 OFF 位置即可。具体参数设置见表 5-25。

表 5-25　　　　　　　　　　　　　　　模拟量控制变频器参数设置

| 参数号 | 出厂值 | 设置值 | 说　明 |
|---|---|---|---|
| P0003 | 1 | 3 | 设用户参数访问级为专家级 |
| P0004 | 0 | 7 | 命令和数字 I/O |
| P0700 | 2 | 2 | 命令源选择由端子排输入 |
| P0701 | 1 | 1 | ON 接通正转,OFF 停止 |
| P0702 | 1 | 2 | ON 接通反转,OFF 停止 |
| P1110 | 1 | 0 | 允许负的频率设定 |
| P0004 | 0 | 10 | 设定值通道和斜坡函数发生器 |
| P1000 | 2 | 2 | 频率设定值选择为模拟量输入 |
| P1080 | 0 | 0 | 电动机运行的最低频率(Hz) |
| P1082 | 50 | 50 | 电动机运行的最高频率(Hz) |

## 5.　变频器运行操作 1

### (1)电动机正转与调速

按下按钮 SB1,变频器数字量输入端子 DIN1 为 ON,电动机正转运行,转速可调节电位器 $R_P$ 的大小来控制,模拟电压信号为 0~10 V,对应变频器的频率为 0~50 Hz,对应电动机的转速为 0~1 500 r/min。当放开按钮 SB1 时,电动机停止运转。

### (2)电动机反转与调速

按下按钮 SB2,变频器数字量输入端子 DIN2 为 ON,电动机反转运行与电动机正转相同,反转转速的大小仍由电位器 $R_P$ 来调节。当放开按钮 SB2 时,电动机停止运转。

**6. 模拟量带数字量控制变频器参数设置**

控制电路如图 5-18 所示。电动机参数设置不变,见表 5-24。变频器参数设置发生变化,将 P1000 设置为 23,使变频器同时具有模拟量输入功能和数字量输入功能,即变频器既能通过电位器改变输出频率,也能通过数字端子的输入改变输出频率。具体参数设置见表 5-26。

表 5-26　　　　　　　　　　　　模拟量带数字量控制变频器参数设置

| 参数号 | 出厂值 | 设置值 | 说　明 |
|---|---|---|---|
| P0003 | 1 | 3 | 设用户参数访问级为专家级 |
| P0004 | 0 | 7 | 命令和数字 I/O |
| P0700 | 2 | 2 | 命令源选择由端子排输入 |
| P0701 | 1 | 1 | ON 接通正转,OFF 停止 |
| P0702 | 1 | 2 | ON 接通反转,OFF 停止 |
| P0703 | 1 | 15 | 固定频率设定值(直接选择) |
| P0704 | 1 | 15 | 固定频率设定值(直接选择) |
| P1110 | 1 | 0 | 允许负的频率设定 |
| P0004 | 0 | 10 | 设定值通道和斜坡函数发生器 |
| P1000 | 2 | 23 | 频率设定值选择为模拟量输入+端子输入 |
| P1003 | 15 | 20 | 固定频率 1 |
| P1004 | 20 | 30 | 固定频率 2 |
| P1080 | 0 | 0 | 电动机运行的最低频率(Hz) |
| P1082 | 50 | 50 | 电动机运行的最高频率(Hz) |
| P1120 | 30 | 10 | 斜坡上升时间(10 s) |
| P1121 | 30 | 10 | 斜坡下降时间(10 s) |

**7. 变频器运行操作 2**

**(1)电动机正转与调速**

按下按钮 SB1,变频器数字量输入端子 DIN1 为 ON,电动机正转运行,转速可调节电位器 $R_P$ 的大小来控制,对应变频器的频率为 0～50 Hz。假设频率调到 30 Hz,这时按钮 SB3 闭合,变频器改变输出频率为 20 Hz。当按钮 SB3 又断开时,变频器输出 30 Hz 频率。

也可以先闭合按钮 SB1、SB2,变频器输出 20 Hz 频率,此时再调节电位器 $R_P$,变频器的输出频率将在 20 Hz 的基础上升高。

**(2)电动机反转与调速**

电动机反转与正转相似,只是用按钮 SB2 代替 SB1,其他都相同。读者可以自己分析调试。

## 知识拓展

### 1. 控制要求

利用 S7-200 PLC 的模拟量模块与 MM440 变频器联机,实现电动机正/反转控制,要求运行频率由模拟量模块输出电压信号给定,并能平滑地调节电动机转速。

### 2. 所需设备、工具

MM440 变频器一台、S7-200 PLC 一台、EM232 模拟量输出模块一个、三相异步电动机一台、断路器一个、按钮五个、导线若干、通用电工工具一套、万用表等。

### 3. 控制电路

PLC 模拟量模块与变频器联机控制电路如图 5-19 所示。

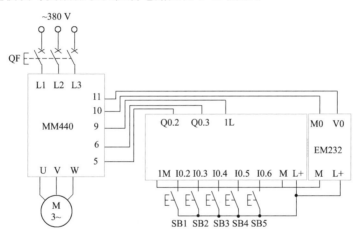

图 5-19    PLC 模拟量模块与变频器联机控制电路

### 4. PLC 设置

(1)I/O 信号分配见表 5-27。

表 5-27                                            PLC 模拟量模块与变频器联机控制 I/O 信号分配

| 输入(I) | | | 输出(O) | | |
| --- | --- | --- | --- | --- | --- |
| 元  件 | 功  能 | 信号地址 | 元  件 | 功  能 | 信号地址 |
| 按钮 SB1 | 正转启动 | I0.2 | 变频器端子 5 | 控制变频器正频率输出 | Q0.2 |
| 按钮 SB2 | 反转启动 | I0.3 | 变频器端子 6 | 控制变频器负频率输出 | Q0.3 |
| 按钮 SB3 | 停止 | I0.4 | 变频器端子 10 | AIN2 端子(+) | M0 |
| 按钮 SB4 | 频率加启动 | I0.5 | 变频器端子 11 | AIN2 端子(-) | V0 |
| 按钮 SB5 | 频率减启动 | I0.6 | | | |

（2）梯形图如图 5-20 所示。

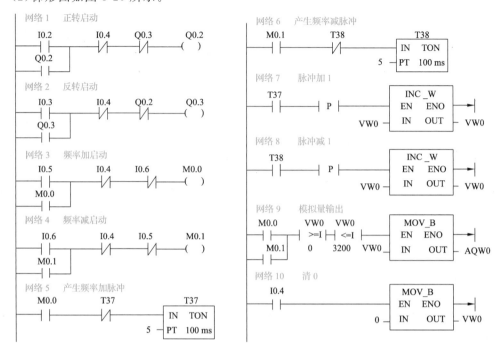

图 5-20　PLC 模拟量模块与变频器联机控制梯形图

## 5. 参数设置

连接电路,检查线路正确后,接通断路器 QF,然后设置变频器参数。

（1）恢复变频器出厂设置,设定 P0010＝30,P0970＝1。按下操作面板上的 ⓟ 键,变频器开始复位。

（2）设置变频器参数。因为使用的是 AIN2 模拟量输入端子,并且输入的是电压信号,所以参数 P0756 和参数 P1000 要重新设置,并且要将变频器上控制 AIN2 端子的 DIP 开关拨到 OFF 位置。具体参数设置见表 5-28。

表 5-28　　　　　　　　PLC 模拟量模块与变频器联机控制变频器参数设置

| 参数号 | 出厂值 | 设置值 | 说　明 |
|---|---|---|---|
| P0003 | 1 | 3 | 设用户参数访问级为专家级 |
| P0004 | 0 | 7 | 命令和数字 I/O |
| P0700 | 2 | 2 | 命令源选择由端子排输入 |
| P0701 | 1 | 1 | ON 接通正转,OFF 停止 |
| P0702 | 1 | 2 | ON 接通反转,OFF 停止 |
| P1110 | 1 | 0 | 允许负的频率设定 |
| P0004 | 0 | 10 | 设定值通道和斜坡函数发生器 |
| P1000 | 2 | 7 | 模拟量输入使用 AIN2 端子 |
| P1080 | 0 | 0 | 电动机运行的最低频率（Hz） |
| P1082 | 50 | 50 | 电动机运行的最高频率（Hz） |
| P0004 | 0 | 8 | 设置模拟 I/O 参数 |
| P0756[1] | 0 | 0 | 单极性电压输入（0～10 V） |

## 6. 变频器运行操作

程序只能控制变频器实现正转、停止、反转运行。当程序控制变频器输出正频率时,按下频率加按钮 SB4,驱动 PLC 程序的 I0.5,使存储数据的 VW0 按 0.5 s 的速度执行加 1 运行,再通过模拟量输出模块 EM232 的 AQW0 通道传送给变频器的 AIN2 端子,控制变频器输出频率的升高;按下频率减按钮 SB5,驱动 PLC 程序的 I0.6,使存储数据的 VW0 按 0.5 s 的速度执行减 1 运行,再通过模拟量输出模块 EM232 的 AQW0 通道传送给变频器的 AIN2 端子,控制变频器输出频率的降低。

当 VW0 的值小于 0 或者大于 32 000 时,程序停止将 VW0 的数据传给 EM232 的 AQW0。VW0 中的数据 0 和 32 000 分别对应模拟量输出的电压值 0 和 10 V,对应变频器的输出频率 0 和 50 Hz,即变频器的输出频率只能为 0~50 Hz。

### 思考与练习

通过模拟量输入端子 10、11,利用外部接入的电位器,控制电动机正/反转转速的大小。要求:设置变频器参数及控制系统硬件接线图,实际接线调试、运行。

# 任务 6　MM440 变频器的输出

## 任务引入

MM440 变频器有模拟量输出端子,可以输出直流电压或直流电流;有继电器 1、继电器 2 和继电器 3,可以通过设置参数 P0731、P0732 和 P0733 来控制这三个继电器的通断,表示变频器在运行、报警、过载等含义。本任务的目的就是通过设置相应的参数,控制变频器的输出。

## 任务目标

(1)掌握 MM440 变频器的模拟量输出端子及参数设置。

(2)掌握 MM440 变频器的继电器输出端子及参数设置。

(3)掌握 MM440 变频器的制动方法和参数设置。

## 相关知识

### 1. 模拟量的输出

#### (1) 参数 P0776

变频器有模拟量输出通道 1(端子 12、13)和通道 2(端子 26、27),每个通道既可以输出电压,也可以输出电流,通过设置参数 P0776 的值,就可以确定使用通道 1 或通道 2。

如果要使用通道 1,对参数 P0776 设置如下:

P0776[0]=0:模拟量输出通道 1(端子 12、13)输出电流;

P0776[0]=1:模拟量输出通道 1(端子 12、13)输出电压。

如果要使用通道 2,对参数 P0776 设置如下:

P0776[1]=0:模拟量输出通道 2(端子 26、27)输出电流;

P0776[1]=1:模拟量输出通道 2(端子 26、27)输出电压。

如果希望模拟量输出电压为 0~10 V,则端子(12、13 或 26、27)上需要接有一个 500 Ω 的电阻。因为 MM440 变频器是按 0~20 mA 的电流输出来设计的。

#### (2) 其他参数

确定变频器的模拟量输出时,还要设置参数 P0771、P0777、P0778、P0779、P0780、P0781,这些参数表示的含义如下:

① 参数 P0771  D/A 变换器,确定 0~20 mA 模拟量输出功能。

P0771=21,实际频率,定标按 P2000 确定;

P0771=24,实际输出频率,定标按 P2000 确定;

P0771=25,实际输出电压,定标按 P2001 确定;

P0771=26,实际直流母线电压,定标按 P2001 确定;

P0771=27,实际输出电流,定标按 P2002 确定;

② 参数 P0777  D/A 变换器定标值 $x_1$,确定 $x_1$ 输出特性,用%表示。该参数代表以 P200$x$ 的百分数表示的最小模拟值(同 P0771 设定有关)。

③ 参数 P0778  D/A 变换器定标值 $y_1$。该参数代表 $x_1$ 的值,单位 mA。

④ 参数 P0779  D/A 变换器定标值 $x_2$,确定 $x_2$ 输出特性,用%表示。该参数代表以 P200$x$ 的百分数表示的最大模拟值(同 P0771 设定有关)。

⑤ 参数 P0780  D/A 变换器定标值 $y_2$。该参数代表 $x_2$ 的值,单位 mA。各参数关系如图 5-21 所示。

⑥ 参数 P0781  D/A 变换器死区宽度。该参数设定模拟量输出死区宽度,单位 mA。

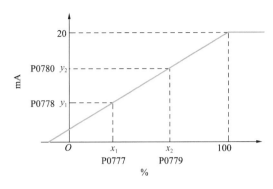

变频器的继电器
输出

图 5-21　D/A 变换器各参数关系

## 2. 继电器的输出

变频器有继电器 1(端子 18、19、20),其中端子 18、20 是常闭触点,端子 19、20 是常开触点;继电器 2(端子 21、22)是一对常开触点,公共端为 22;继电器 3(端子 23、24、25),其中端子 23、25 是常闭触点,端子 24、25 是常开触点。为了监控变频器的运行状态,可以将变频器当前的状态以开关量的形式用继电器输出,方便监控变频器的内部状态量。

变频器的继电器输出是干接点,无源的,使用时需要外接电源,接交流电时电压在 250 V 以下,接直流电时电压在 30 V 以下。

变频器的这三组继电器输出,需要使用参数 P0731、P0732、P0733 来定义它们的使用功能,表 5-29 列举了这三组继电器对应参数的缺省值和功能解释等。

表 5-29　　　　　　　　　　　　　　　三组继电器的对应参数

| 继电器编号 | 对应参数 | 缺省值 | 功能解释 | 输出状态 |
|---|---|---|---|---|
| 继电器 1 | P0731 | 52.3 | 故障监控 | 继电器失电 |
| 继电器 2 | P0732 | 52.7 | 报警监控 | 继电器得电 |
| 继电器 3 | P0733 | 52.2 | 变频器运行中 | 继电器得电 |

参数 P0731、P0732、P0733 的功能相同,现将其参数的设置值以表格的形式列举出来,见表 5-30。

表 5-30　　　　　　　　　　　参数 P0731、P0732、P0733 的设置值

| 设置值 | 功能解释 | 触点状态 |
|---|---|---|
| 0.0 | 数字量输出禁止 | |
| 52.0 | 变频器准备好 | 常闭触点 18 和 20 闭合 |
| 52.1 | 变频器运行准备就绪 | 常闭触点 18 和 20 闭合 |
| 52.2 | 变频器正在运行 | 常闭触点 18 和 20 闭合 |
| 52.3 | 变频器故障激活 | 常闭触点 18 和 20 闭合 |
| 52.4 | OFF2 停止命令有效 | 常开触点 19 和 20 闭合 |
| 52.5 | OFF3 停止命令有效 | 常开触点 19 和 20 闭合 |
| 52.6 | 禁止合闸激活 | 常闭触点 18 和 20 闭合 |

续表

| 设置值 | 功能解释 | 触点状态 |
|---|---|---|
| 52.7 | 变频器报警激活 | 常闭触点 18 和 20 闭合 |
| 52.8 | 设定值/实际值偏差过大 | 常开触点 19 和 20 闭合 |
| 52.9 | PZD 控制(过程数据控制) | 常闭触点 18 和 20 闭合 |
| 52.A | 已达到最高频率 | 常闭触点 18 和 20 闭合 |
| 52.B | 电动机电流极限报警 | 常开触点 19 和 20 闭合 |
| 52.C | 电动机抱闸(MHB)投入 | 常闭触点 18 和 20 闭合 |
| 52.D | 电动机过载 | 常开触点 19 和 20 闭合 |
| 52.E | 电动机正转运行 | 常闭触点 18 和 20 闭合 |
| 52.F | 变频器过载 | 常开触点 19 和 20 闭合 |
| 53.0 | 直流注入制动投入 | 常闭触点 18 和 20 闭合 |
| 53.1 | 实际频率低于跳闸极限值 P2167 | 常闭触点 18 和 20 闭合 |
| 53.2 | 实际频率低于最低频率 P1080 | 常闭触点 18 和 20 闭合 |
| 53.3 | 实际电流 r0027 大于或等于极限值 P270 | 常闭触点 18 和 20 闭合 |
| 53.4 | 实际频率高于比较频率 P2155 | 常闭触点 18 和 20 闭合 |
| 53.5 | 实际频率低于比较频率 P2155 | 常闭触点 18 和 20 闭合 |
| 53.6 | 实际频率高于或等于设定值 | 常闭触点 18 和 20 闭合 |
| 53.7 | 电压小于门限值 | 常闭触点 18 和 20 闭合 |
| 53.8 | 电压大于门限值 | 常闭触点 18 和 20 闭合 |
| 53.A | PID 控制器的输出在下限幅值(P2292) | 常闭触点 18 和 20 闭合 |
| 53.B | PID 控制器的输出在上限幅值(P2291) | 常闭触点 18 和 20 闭合 |

　　继电器的每个输出逻辑是可以进行取反操作的,即通过将 P0748[1]、P0748[2]、P0748[3]的设置值由默认数值 0 改为 1,对应的继电器 1、2、3 的常开触点和常闭触点就反相输出了,常闭触点变常开触点,常开触点变常闭触点。P0748 是定义继电器输出状态是高电平还是低电平的。

## 任务实施

### 1. 控制要求

　　用按钮 SB1 控制实现电动机正转,通过端子 12、13 测取变频器输出 25 Hz、50 Hz 时的模拟量输出电压,并通过变频器的输出继电器 1、2、3,使变频器分别在故障、电动机过载、低于最低频率时,亮红灯报警。

### 2. 控制电路

　　变频器输出信号控制电路如图 5-22 所示。检查电路正确无误后,接通断路器 QF。

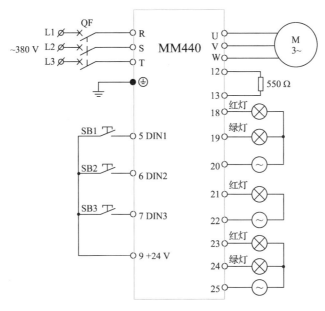

图 5-22　变频器输出信号控制电路

## 3. 所需设备、工具

MM440 变频器一台、三相异步电动机一台、断路器一个、自锁按钮三个、500 Ω(0.5 W)电阻一个、红灯三个、绿灯两个,导线若干、通用电工工具一套、万用表等。

## 4. 模拟量输出参数设置

### (1)电动机参数设置

①恢复变频器出厂设置,设定 P0010＝30 和 P0970＝1。按下操作面板上的 **P** 键,变频器开始复位。

②设置电动机参数,见表 5-31。电动机参数设置完成后,设 P0010＝0,变频器当前处于准备状态,可正常运行。

表 5-31　　　　　　　　　　变频器输出信号控制电动机参数设置

| 参数号 | 出厂值 | 设置值 | 说　明 |
|---|---|---|---|
| P0003 | 1 | 1 | 设用户参数访问级为标准级 |
| P0010 | 0 | 1 | 快速调试 |
| P0100 | 0 | 0 | 功率以 kW 表示,频率为 50 Hz |
| P0304 | 230 | 380 | 电动机额定电压(V) |
| P0305 | 3.25 | 0.95 | 电动机额定电流(A) |
| P0307 | 0.75 | 0.37 | 电动机额定功率(kW) |
| P0308 | 0 | 0.8 | 电动机额定功率($\cos \varphi$) |
| P0310 | 50 | 50 | 电动机额定频率(Hz) |
| P0311 | 0 | 2800 | 电动机额定转速(r/min) |
| P0010 | 1 | 0 | 快速调试结束 |

**（2）变频器参数设置**

因为使用端子 12、13 输出电压量，所以参数 P0776[0]＝1，如果要变频器输出频率 50 Hz 时，端子 12、13 输出 10 V 模拟量，则要设置参数 P2000＝50；如果要变频器输出电压 380 V 时，端子 12、13 输出 10 V 模拟量，则要设置参数 P2001＝380。对应变频器输出频率 50 Hz 时模拟量输出控制参数设置见表 5-32。对应变频器输出电压 380 V 时模拟量输出控制参数设置见表 5-33。

表 5-32                    对应变频器输出频率 50 Hz 时模拟量输出控制参数设置

| 参数号 | 出厂值 | 设置值 | 说　明 |
|---|---|---|---|
| P0003 | 1 | 3 | 设用户参数访问级为专家级 |
| P0004 | 0 | 7 | 命令和数字 I/O |
| P0700 | 2 | 2 | 命令源选择由端子排输入 |
| P0701 | 1 | 1 | ON 接通正转，OFF 停止 |
| P0702 | 1 | 15 | 固定频率 1 |
| P0703 | 1 | 15 | 固定频率 2 |
| P0004 | 7 | 8 | 模拟 I/O |
| P0771[0] | 21 | 24 | D/A 变换器 |
| P0776[0] | 0 | 1 | D/A 变换器电压输出 |
| P0777[0] | 0 | 0 | D/A 变换器定标值 $x_1$ |
| P0778[0] | 0 | 0 | D/A 变换器定标值 $y_1$ |
| P0779[0] | 100 | 100 | D/A 变换器定标值 $x_2$ |
| P0780[0] | 20 | 20 | D/A 变换器定标值 $y_2$ |
| P0004 | 8 | 10 | 设定值通道和斜坡函数发生器 |
| P1000 | 2 | 3 | 选择固定频率设定值 |
| P1002 | 5 | 25 | 固定频率 3 |
| P1003 | 10 | 50 | 固定频率 4 |
| P0004 | 10 | 20 | 通信 |
| P2000 | 50 | 50 | 基准频率 |

表 5-33                    对应变频器输出电压 380 V 时模拟量输出控制参数设置

| 参数号 | 出厂值 | 设置值 | 说　明 |
|---|---|---|---|
| P0003 | 1 | 3 | 设用户参数访问级为专家级 |
| P0004 | 0 | 7 | 命令和数字 I/O |
| P0700 | 2 | 2 | 命令源选择由端子排输入 |
| P0701 | 1 | 1 | ON 接通正转，OFF 停止 |
| P0702 | 1 | 15 | 固定频率 1 |
| P0703 | 1 | 15 | 固定频率 2 |
| P0004 | 7 | 8 | 模拟 I/O |
| P0771[0] | 24 | 25 | D/A 变换器 |
| P0776[0] | 0 | 1 | D/A 变换器电压输出 |

续表

| 参数号 | 出厂值 | 设置值 | 说　明 |
|---|---|---|---|
| P0777[0] | 0 | 0 | D/A 变换器定标值 $x_1$ |
| P0778[0] | 0 | 0 | D/A 变换器定标值 $y_1$ |
| P0779[0] | 100 | 100 | D/A 变换器定标值 $x_2$ |
| P0780[0] | 20 | 20 | D/A 变换器定标值 $y_2$ |
| P0004 | 8 | 10 | 设定值通道和斜坡函数发生器 |
| P1000 | 2 | 3 | 选择频率设定值 |
| P1002 | 5 | 25 | 固定频率 3 |
| P1003 | 10 | 50 | 固定频率 4 |
| P0004 | 10 | 20 | 通信 |
| P2001 | 1000 | 380 | 基准电压 |

**(3)变频器运行操作**

①对应变频器输出频率 50 Hz 时模拟量的输出　按表 5-32 设置变频器参数后,按下按钮 SB1、SB2,变频器输出频率 25 Hz,用万用表测试端子 12、13 两端电阻上的电压,应为 5 V 左右;按下按钮 SB1、SB3,变频器输出频率 50 Hz,用万用表测试端子 12、13 两端电阻上的电压,应为 10 V 左右。

②对应变频器输出电压 380 V 时模拟量的输出　按表 5-33 设置变频器参数后,按下按钮 SB1、SB2,变频器输出频率 25 Hz,此时变频器的输出电压应为 190 V 左右,用万用表测试端子 12、13 两端电阻上的电压,应为 5 V 左右;按下按钮 SB1、SB3,变频器输出频率 50 Hz,此时变频器的输出电压应为 380 V 左右,用万用表测试端子 12、13 两端电阻上的电压,应为 10 V 左右。

## 5. 继电器输出控制参数设置

**(1)参数设置**

电动机参数设置同表 5-31。

变频器在故障时,使用继电器 1 的输出。无故障时,常开触点 19、20 闭合,绿灯亮;有故障时,常闭触点 18、20 闭合,红灯亮。要达到这个目的,需将参数 P0731 的值设置为 52.3。

电动机过载时,使用继电器 2 的输出,电动机额定电流设置为 0.95 A。当电动机的运行电流大于额定电流 0.95 A 时,电动机过载,常开触点 21、22 闭合,红灯亮。要达到这个目的,需将参数 P0732 的值设置为 52.D。

当变频器的运行频率低于最低频率(最低频率 P1080＝10 Hz)时,常开触点 24、25 闭合,亮红灯报警,运行频率高于最低频率时,常闭触点 23、25 闭合,绿灯亮,报警解除。要达到这个目的,需将参数 P0733 的值设置为 53.2。

继电器输出控制参数设置见表 5-34。

表 5-34                                              继电器输出控制参数设置

| 参数号 | 出厂值 | 设置值 | 说　明 |
|---|---|---|---|
| P0003 | 1 | 3 | 设用户参数访问级为专家级 |
| P0004 | 0 | 7 | 命令和数字 I/O |
| P0700 | 2 | 2 | 命令源选择由端子排输入 |
| P0701 | 1 | 1 | ON 接通正转,OFF 停止 |
| P0702 | 1 | 15 | 固定频率 1 |
| P0703 | 1 | 15 | 固定频率 2 |
| P0731 | 52.3 | 52.3 | 变频器故障激活 |
| P0732 | 52.7 | 52.D | 电动机过载激活 |
| P0733 | 0.0 | 53.2 | 实际频率低于最低频率 |
| P0004 | 8 | 10 | 设定值通道和斜坡函数发生器 |
| P1000 | 2 | 3 | 选择固定频率设定值 |
| P1002 | 5 | 25 | 固定频率 3 |
| P1003 | 10 | 50 | 固定频率 4 |
| P1080 | 0 | 10 | 最低频率 |
| P1082 | 50 | 50 | 最高频率 |
| P1120 | 30 | 30 | 斜坡上升时间 |
| P1121 | 30 | 30 | 斜坡下降时间 |

### (2)变频器运行操作

按图 5-22 将红灯、绿灯接好,继电器的电源接 AC 220 V。

①继电器 1 的输出测试　按表 5-34 设置变频器参数后,按下按钮 SB1、SB2,变频器输出频率 25 Hz,电动机按 25 Hz 运行,此时将电动机电源线拆掉一根,制造电动机缺相故障,变频器输出故障信号 F0023,此时检查继电器 1 输出是否符合要求。

②继电器 2 的输出测试　按表 5-34 设置变频器参数后,按下按钮 SB1、SB3,变频器输出频率 50 Hz,电动机的频率将从 0 按上升时间升到 50 Hz,在此过程中,观察变频器的输出电流,当变频器的输出电流大于电动机的额定电流 0.95 A 时,检查继电器 2 输出是否符合要求。

③继电器 3 的输出测试　设参数 P0700＝1,P1000＝1,其他参数不变,通过操作面板启动变频器,按 ⬆、⬇ 键改变变频器的输出频率,当变频器的输出频率低于最低频率 10 Hz 时,检查继电器 3 输出是否符合要求。

## 思考与练习

通过变频器的输出继电 1、2、3,使变频器分别在电动机正转运行、运行频率低于最高频率时,亮绿灯;电动机反转运行、运行频率高于最高频率时,亮红灯报警。

# 任务 7　MM440 变频器的 PID 控制运行操作

**任务引入**

在连续控制系统中,常采用 Proportional(比例)、Integral(积分)、Derivative(微分)控制方式,称为 PID 控制。PID 控制是连续控制系统中技术最成熟、应用最广泛的控制方式。它具有理论成熟,算法简单,控制效果好,易于为人们熟悉和掌握等优点。在生产实际中,拖动系统的运行速度需要平稳,而负载在运行中不可避免地受到一些不可预见的干扰,系统的运行速度降低而失去平衡,出现振荡,与设定值间存在偏差。对该偏差值,经过变频器的 PID 调节,可以迅速、准确地消除拖动系统的偏差,恢复到给定值。

**任务目标**

(1)掌握面板设定目标值的接线方法及参数设置。
(2)掌握端子设定多个目标值的接线方法及参数设置。
(3)熟悉 PID 参数调试方法。

**相关知识**

PID 控制是闭环控制中的一种常见形式。反馈信号取自拖动系统的输出端,当输出量偏离所要求的给定值时,反馈信号成正比例地变化。在输入端,给定信号与反馈信号相比较,存在一个偏差值。对该偏差值,经过 PID 调节,变频器通过改变输出频率,迅速、准确地消除拖动系统的偏差,恢复到给定值,振荡和误差都比较小,适用于压力、温度、流量控制等。

MM440 变频器内部有 PID 控制器。利用 MM440 变频器可以很方便地构成 PID 闭环控制,MM440 变频器 PID 控制原理如图 5-23 所示,其中 PID 控制的给定值(主设定值)可以通过操作面板进行设定,也可以通过模拟量输入通道 AIN1 和 AIN2 进行设定。具体选择哪一种方式,由参数 P2253 的设定值决定,见表 5-35。

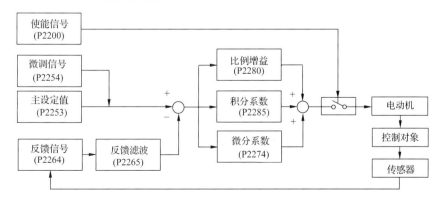

图 5-23　MM440 变频器 PID 控制原理

表 5-35　　　　　　　　　　　　　　　　　P2253 的设置

| PID 给定源 | 设定值 | 功能解释 | 说　明 |
|---|---|---|---|
| P2253 | 2250 | BOP | 通过改变 P2240 的设定值改变目标值 |
| | 755.0 | 模拟量输入通道 1 | 通过模拟量改变目标值 |
| | 755.1 | 模拟量输入通道 2 | |

　　当 P2253＝2250 时,PID 给定值由 BOP 设置,通过设置参数 P2240 的值来确定给定值的大小;如果 P2253＝755.0 或 755.1,则 PID 给定值由模拟量输入端子 AIN1 或 AIN2 进行设定。

　　选择好给定值后,就要选择反馈通道,只能选择模拟量输入端子 AIN1 或 AIN2 作为反馈通道。当给定选择面板作为给定源后,反馈通道可选择模拟量输入端子 AIN1 和 AIN2 中的任何一个。而当给定选择一个模拟量输入通道作为给定源后,另一个就必须作为反馈通道。PID 反馈源控制参数 P2264 的设定值见表 5-36。

表 5-36　　　　　　　　　　　　　　　　　P2264 的设置

| PID 反馈源 | 设定值 | 功能解释 | 说　明 |
|---|---|---|---|
| P2264 | 755.0 | 模拟量输入通道 1 | 当模拟量波动较大时,可适当延长滤波时间,确保系统稳定 |
| | 755.1 | 模拟量输入通道 2 | |

## 任务实施

### 1. 控制要求

实现由面板设定目标值的 PID 控制运行。

### 2. 所需设备、工具

MM440 变频器一台、压力传感器(4～20 mA)一个、三相异步电动机一台、断路器一个、自锁按钮一个、导线若干、通用电工工具一套、万用表等。

### 3. 控制电路

如图 5-24 所示为面板设定目标值时 PID 控制端子接线,模拟量输入端子 AIN2 接入反馈信号 0～20 mA,数字量输入端子 DIN1 接入带自锁的按钮 SB1 控制变频器的启停,给定目标值由操作面板上的 ⬆、⬇ 键设定。

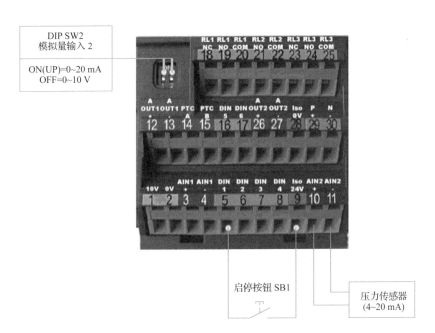

图 5-24　面板设定目标值时 PID 控制端子接线

## 4. 参数设置

(1)恢复变频器出厂设置,设定 P0010＝30 和 P0970＝1。按下操作面板上的 ⓟ 键,变频器开始复位。

(2)设置电动机参数,见表 5-37。电动机参数设置完成后,设 P0010＝0,变频器即处于准备状态,可正常运行。

表 5-37　　　　　　　　　　　　　　PID 控制电动机参数设置

| 参数号 | 出厂值 | 设置值 | 说　明 |
|---|---|---|---|
| P0003 | 1 | 1 | 设用户参数访问级为标准级 |
| P0010 | 0 | 1 | 快速调试 |
| P0100 | 0 | 0 | 功率以 kW 表示,频率为 50 Hz |
| P0304 | 230 | 380 | 电动机额定电压(V) |
| P0305 | 3.25 | 1.05 | 电动机额定电流(A) |
| P0307 | 0.75 | 0.37 | 电动机额定功率(kW) |
| P0310 | 50 | 50 | 电动机额定频率(Hz) |
| P0311 | 0 | 1400 | 电动机额定转速(r/min) |
| P0010 | 1 | 0 | 快速调试结束 |

（3）设置控制参数，见表 5-38。

表 5-38                                        PID 控制参数设置

| 参数号 | 出厂值 | 设置值 | 说　明 |
|--------|--------|--------|--------|
| P0003 | 1 | 3 | 设用户参数访问级为专家级 |
| P0004 | 0 | 7 | 命令和数字 I/O |
| P0700 | 2 | 2 | 命令源选择由端子排输入 |
| P0701* | 1 | 1 | 端子 DIN1 功能为 ON 接通正转/OFF 停止 |
| P0702* | 12 | 0 | 端子 DIN2 禁用 |
| P0703* | 9 | 0 | 端子 DIN3 禁用 |
| P0704* | 0 | 0 | 端子 DIN4 禁用 |
| P0725 | 1 | 1 | 端子 PNP 输入为高电平有效 |
| P0004 | 7 | 10 | 设定值通道和斜坡函数发生器 |
| P1000 | 2 | 1 | 由 BOP 电动电位计输入设定值 |
| P1080* | 0 | 20 | 最低频率（Hz） |
| P1082* | 50 | 50 | 最高频率（Hz） |
| P0004 | 10 | 22 | PI 控制器 |
| P2200 | 0 | 1 | PID 控制功能有效 |

注：表中标"*"的参数可根据用户的需要改变，下同。

（4）设置目标参数，见表 5-39。

表 5-39                                        PID 控制目标参数设置

| 参数号 | 出厂值 | 设置值 | 说　明 |
|--------|--------|--------|--------|
| P0003 | 1 | 3 | 设用户参数访问级为专家级 |
| P0004 | 0 | 22 | PI 控制器 |
| P2253 | 0 | 2250 | 已激活的 PID 设定值（PID 设定值信号源） |
| P2240* | 10 | 60 | 由 BOP 电动电位计输入设定值 |
| P2254* | 0 | 0 | 无 PID 微调信号源 |
| P2255* | 100 | 100 | PID 设定值的增益系数 |
| P2256* | 0 | 0 | PID 微调信号增益系数 |
| P2257* | 1 | 1 | PID 设定值的斜坡上升时间 |
| P2258* | 1 | 1 | PID 设定值的斜坡下降时间 |
| P2261* | 0 | 0 | PID 设定值无滤波 |

当 P2231=1 时，允许存储 PID-MOP 的设定值（P2240 的值）；当 P2231=0 时，不允许存储 PID-MOP 的设定值（P2240 的值）。

当 P2232＝0 允许反向时,可以用操作面板上的 、 键设定 P2240 值为负值;当 P2232＝1 时,则禁止反向。

(5)设置反馈参数,见表5-40。

表 5-40　　　　　　　　　　　　　PID 控制反馈参数设置

| 参数号 | 出厂值 | 设置值 | 说　明 |
|---|---|---|---|
| P0003 | 1 | 3 | 设用户参数访问级为专家级 |
| P0004 | 0 | 22 | PI 控制器 |
| P2264 | 755.0 | 755.1 | PID 反馈信号由 AIN2＋(模拟量输入 2)设定 |
| P2265* | 0 | 0 | PID 反馈信号无滤波 |
| P2267* | 100 | 100 | PID 反馈信号的上限值(%) |
| P2268* | 0 | 0 | PID 反馈信号的下限值(%) |
| P2269* | 100 | 100 | PID 反馈信号的增益(%) |
| P2270* | 0 | 0 | 不用 PID 反馈器的数学模型 |
| P2271* | 0 | 0 | PID 传感器的反馈为负反馈(＝1 是正反馈) |

(6)设置 PID 参数,见表5-41。

表 5-41　　　　　　　　　　　　　PID 控制 PID 参数设置

| 参数号 | 出厂值 | 设置值 | 说　明 |
|---|---|---|---|
| P0003 | 1 | 3 | 设用户参数访问级为专家级 |
| P0004 | 0 | 22 | PI 控制器 |
| P2280* | 3 | 5 | PID 比例增益系数,0～65 |
| P2285* | 0 | 2 | PID 积分时间,0～60 s |
| P2291* | 100 | 100 | PID 输出上限(%) |
| P2292* | 0 | 0 | PID 输出下限(%) |
| P2293* | 1 | 1 | PID 限幅的斜坡上升/下降时间(s) |

## 5. 变频器运行操作

(1)按下按钮 SB1 时,变频器数字量输入端子 DIN1 为 ON,变频器启动电动机。当反馈的电流信号发生改变时,将会引起电动机速度发生变化。

若反馈的电流信号小于目标值 12 mA(P2240 值),变频器将驱动电动机升速,电动机速度增大又会引起反馈的电流信号变大。当反馈的电流信号大于目标值 12 mA 时,变频器又将驱动电动机降速,从而又使反馈的电流信号变小。当反馈的电流信号小于目标值 12 mA 时,变频器又将驱动电动机升速。如此循环往复,变频器会达到一种动态平衡状态,变频器将驱动电动机以一个动态稳定的速度运行。

(2)如果需要,目标设定值(P2240 值)可直接通过按操作面板上的 、 键来改变。

当设置 P2231＝1 时，由 ⬆、⬇ 键改变了的目标设定值将被保存在内存中。

（3）松开按钮 SB1，数字量输入端子 DIN1 为 OFF，电动机停止运行。

### 思考与练习

通过模拟量输入端子 AIN1 设置 PID 控制的设定值，模拟量输入端子 AIN2 设置 PID 控制的反馈值，如何设置变频器的参数？

# 任务 8　变频与工频的切换控制

### 任务引入

一台电动机变频运行，当频率上升到 50 Hz（工频）并保持长时间运行时，应将电动机切换到工频电网供电，让变频器停止。当变频器发生故障时，也需将其切换到工频运行。另外，当一台电动机运行在工频电网，现工作环境要求它进行无级调速时，必须将该电动机由工频切换到变频状态运行。

### 任务目标

（1）了解在什么情况下能进行工频与变频状态的切换。

（2）掌握 MM440 变频器频率到达参数的设置。

（3）掌握使用 PLC 编程控制电动机工频与变频的切换。

### 相关知识

变频与工频的切换是在变频器运行在接近 50 Hz 时，将变频器从电路中切除，直接使用工频给电动机供电。而当电动机要在 50 Hz 以下运行时，则将工频电路切断，由变频器给电动机供电运行。

MM440 变频器有频率到达设置功能，设置门限频率 $f\_1$ 的参数 P2155＝50 Hz，即设定了变频器的比较频率为 50 Hz。然后设置根据比较结果驱动变频器输出继电器触点动作的参数 P0731。当设置 P0731＝53.4，即变频器实际频率高于门限频率 $f\_1$ 时，继电器 1 的常开触点 19、20 闭合，常闭触点 18、20 断开。

实际设置门限频率 $f\_1$ 时，以设置为 49 Hz 或 49.5 Hz 为宜。

## 任务实施

### 1. 控制要求

当电动机要求在 50 Hz 以下运行时,使用变频器控制电动机的运行,由 AIN1 模拟量输入端子 3、4 控制变频器的输出频率。当电动机运行的频率达到 50 Hz 时,变频器停止,电路切换到工频运行。

### 2. 所需设备、工具

MM440 变频器一台,S7-200 PLC(CPU226,AC/DC/RLY)一台,电位器(10 kΩ)一个,三相异步电动机一台,接线板一块,按钮、导线若干,通用电工工具一套,万用表等。

### 3. 控制电路

变频与工频切换控制电路如图 5-25 所示。

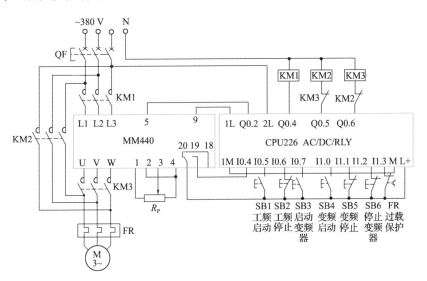

图 5-25　变频与工频切换控制电路

### 4. PLC 设置

(1)I/O 信号分配见表 5-42。

表 5-42 变频与工频切换控制 I/O 信号分配

| 输入(I) | | | 输出(O) | | |
|---|---|---|---|---|---|
| 元　件 | 功　能 | 信号地址 | 元　件 | 功　能 | 信号地址 |
| 变频器输出继电器端子 19 | 变频器输出频率达到 50 Hz 时,端子 20、19 闭合,变频切换到工频 | I0.4 | 变频器输入数字端子 5 | 控制变频器的变频运行 | Q0.2 |
| SB1 | 工频启动 | I0.5 | KM1 | 控制变频器输入电源 | Q0.4 |
| SB2 | 工频停止 | I0.6 | KM2 | 控制电动机的工频运行 | Q0.5 |
| SB3 | 启动变频器 | I0.7 | KM3 | 控制变频器的变频输出 | Q0.6 |
| SB4 | 变频器变频运行 | I1.0 | | | |
| SB5 | 变频停止 | I1.1 | | | |
| SB6 | 停止变频器 | I1.2 | | | |
| FR | 电动机过载保护 | I1.3 | | | |

(2)梯形图如图 5-26 所示。

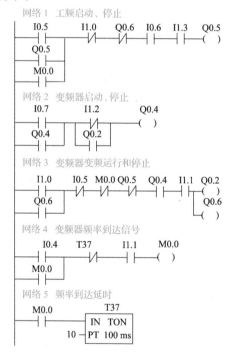

图 5-26　变频与工频切换控制梯形图

## 5. 参数设置

变频器上电后,通过数字量输入端子 5 控制电动机的运行,再通过 ANI1 模拟量输入端子 3、4 控制变频器的输出频率。输出继电器端子 20(公共点 COM)、19、18 通过频率比较控制其导通或关断。

（1）电动机参数设置见表 5-43。

表 5-43　　　　　　　　　　　变频与工频切换控制电动机参数设置

| 参数号 | 出厂值 | 设置值 | 说　明 |
|---|---|---|---|
| P0003 | 1 | 1 | 设用户参数访问级为标准级 |
| P0010 | 0 | 1 | 快速调试 |
| P0100 | 0 | 0 | 功率以 kW 表示，频率为 50 Hz |
| P0304 | 230 | 380 | 电动机额定电压（V） |
| P0305 | 3.25 | 实际值 | 电动机额定电流（A） |
| P0307 | 0.75 | 实际值 | 电动机额定功率（kW） |
| P0310 | 50 | 50 | 电动机额定频率（Hz） |
| P0311 | 0 | 实际值 | 电动机额定转速（r/min） |
| P0010 | 1 | 0 | 快速调试结束 |

（2）变频器参数设置见表 5-44。

表 5-44　　　　　　　　　　　变频与工频切换控制变频器参数设置

| 参数号 | 出厂值 | 设置值 | 说　明 |
|---|---|---|---|
| P0003 | 1 | 3 | 设定用户参数访问级为专家级 |
| P0004 | 0 | 7 | 命令和数字 I/O |
| P0700 | 2 | 2 | 设置变频器为数字端子控制 |
| P0701 | 1 | 1 | ON 接通正转，OFF 停止 |
| P0731 | 52.3 | 53.4 | 实际频率高于比较频率，0 号继电器动作 |
| P0004 | 0 | 10 | 设定值通道和斜坡函数发生器 |
| P1000 | 2 | 2 | 频率设定值选择为模拟量输入端子 AIN1 控制 |
| P1080 | 0 | 10 | 最低频率（Hz） |
| P1082 | 50 | 50 | 最高频率（Hz） |
| P1120 | 10 | 5 | 斜坡上升时间（s） |
| P1121 | | | 斜坡下降时间（s） |
| P0004 | 0 | 21 | 报警警告和监控 |
| P2155 | 30 | 49 | 门限频率（Hz） |

## 6.　变频器运行操作

### （1）电动机工频运行

当接通断路器 QF 使 PLC 上电时，按下按钮 SB1，在网络 1 中，I0.5 驱动 Q0.5，使接触器 KM2 得电，其主触点闭合，使电动机在工频下运行，同时停止变频器的变频输出。当按下按钮 SB2 时，停止电动机工频运行。

### (2)电动机变频运行

当接通断路器 QF 使 PLC 上电时,按下按钮 SB3,在网络 2 中,I0.7 驱动 Q0.4,使接触器 KM1 得电,其主触点闭合,变频器得电,此时可以进行变频器参数设置。当设置好变频器参数后,如果电动机没有在工频下运行,按下按钮 SB4,在网络 3 中,I1.0 驱动 Q0.2 和 Q0.6,使变频器端子 5 与端子 9 处于 ON 状态,变频器输出正转频率,同时 KM3 得电,使其主触点闭合,电动机变频运行。

通过改变电位器 $R_P$ 的阻值,可以改变模拟量输入端子 AIN1 的模拟量电压值,同时改变变频器的输出频率,当变频器的输出频率达到 49 Hz 时,实际频率与设定门限频率相等,变频器的输出继电器常开触点端子 20、19 闭合,驱动 I0.4,在网络 4 中,使程序中的 M0.0 被驱动,这时网络 3 中的 Q0.2 和 Q0.6 停止输出,变频器变频停止,切断变频器输出与电动机的联系,防止电动机工频运行时,向变频器反送电。同时网络 1 中的 Q0.5 被驱动,KM2 闭合,电动机工频运行。

在网络 5 中,定时器延时 1 s,再将网络 4 中的 M0.0 断开。

### (3)变频器停止

变频器变频运行时,是不能通过按下网络 2 中的停止按钮 SB6 停止变频器的供电电源的,因为此时 Q0.2 常开触点还处于闭合状态。只有停止了变频器的变频运行,Q0.2 常开触点断开,才能停止变频器的供电电源。

### (4)变频运行与工频运行切换时的互锁

控制电动机工频运行与变频运行的接触器 KM2 和 KM3 在接线上有电气互锁,在程序控制上,网络 1 和网络 3 有互锁,使控制电动机工频运行的 Q0.5 和控制变频器输出的 Q0.6 不能同时输出。

## 思考与练习

变频与工频切换中,当变频器的输出频率达到 50 Hz 时,使用输出继电器 2(端子 21、22)或输出继电器 3(端子 23、24、25),如何设置变频器的参数? 试实际设置并调试。

# 项目 6
# G120变频器的基本操作

# 任务 1　G120 变频器的 BOP 操作

## 任务引入

G120 是西门子公司新一代变频器,它集结构紧凑、功率密度高和功能丰富等优点于一体,能满足各种应用的需求,尤其适用于对转矩和转速控制精度要求较高的连续运动控制。

## 任务目标

(1)了解 G120 变频器的结构。

(2)了解 G120 变频器上各端子的意义和作用。

(3)掌握 G120 变频器 BOP 调试方法。

## 相关知识

### 1. G120 变频器简介

G120 变频器是由西门子公司研制开发的模块化变频器,主要包括控制单元(CU)和功率模块(PM)两部分。模块化设计具有很多优势,如可以随意选择和更换组件,维修成本低等。G120 变频器的组成如图 6-1 所示。

G120 变频器的功率为 0.55 ～250 kW。G120 变频器可以使用基本操作面板(BOP-2)或智能操作面板(IOP-2)进行参数调试,以及使用 SD 卡进行参数拷贝。G120 变频器被全集成到西门子 TIA Portal 系统中,能通过 TIA Portal 软件编程控制。

G120 变频器和 MM4 系列变频器都是通用型变频器,参数基本相同。与 MM4 系列变频器比较,G120 变频器主要具有以下特点:

(1)G120 变频器的控制单元和功率模块是分开的,这意味着同一控制单元可适应不同容量的功率模块。

图 6-1    G120 变频器的组成

（2）G120 变频器的控制单元(包括基本操作面板)可以单独 24 V 供电。

（3）G120 变频器的功率模块重新设计了散热风道,改善了 MM4 系列变频器元件板上容易积尘的问题,可靠性更高,对安装环境要求更低。

（4）G120 变频器不像 MM4 系列变频器那样采用模块"叠加",而是将控制、I/O 和通信功能集成在一起,提高了可靠性,降低了故障率。因为 G120 变频器的控制单元和功率模块是分开的,控制单元内置了通信单元,所以选型时,应根据所需要的通信方式选择不同的控制单元。例如需要 PN 通信,就应选择支持 PROFINET 的控制单元。

（5）G120 变频器比 MM4 系列变频器有更多的 I/O 接口。

（6）G120 变频器可以用 Starter 和 TIA StartDrive 软件调试,但 DriverMonitor 软件不适用。

总之,G120 变频器在 MM4 系列变频器的基础上进行了改进和完善,因此 G120 变频器相对于 MM4 系列变频器在控制性能、操作过程、环境适应方面有更好的表现。

## 2. G120 变频器的组成

### （1）控制单元

G120 变频器的控制单元集成了多种宏功能,用户可以直接调用,从而提高了调试效率。G120 变频器的控制单元有多种型号,包括 CU230P-2、CU240B-2、CU240E-2、CU250S-2 等。CU240B-2、CU240E-2 这两种型号又有分型号,见表 6-1。

表 6-1                              CU240B-2、CU240E-2 控制单元

| 型 号 | 订货号 | 通信接口 | 数字量输入 | 故障安全数字量输入 | 数字量输出 |
|---|---|---|---|---|---|
| CU240B-2 | 6SL3244-0BB00-1BA1 | USS/Modbus RTU | 4 | 无 | 1 |
| CU240B-2DP | 6SL3244-0BB00-1PA1 | PROFIBUS DP | 4 | 无 | 1 |
| CU240E-2 | 6SL3244-0BB12-1BA1 | USS/Modbus RTU | 6 | 1F-DI | 3 |
| CU240E-2DP | 6SL3244-0BB12-1PA1 | PROFIBUS DP | 6 | 1F-DI | 3 |
| CU240E-2 PN | 6SL3244-0BB12-1FA0 | PROFINET/EtherNet IP | 6 | 1F-DI | 3 |
| CU240E-2F | 6SL3244-0BB13-1BA1 | USS/Modbus RTU | 6 | 3F-DI | 3 |
| CU240E-2DP-F | 6SL3244-0BB13-1PA1 | PROFIBUS DP | 6 | 3F-DI | 3 |
| CU240E-2 PN-F | 6SL3244-0BB13-1FA0 | PROFINET/EtherNet IP | 6 | 3F-DI | 3 |

　　控制单元的接口如图 6-2 所示。其上有 RDY、BF、SAFE 三个指示灯。接通电源后,三个指示灯都会亮,之后 BF、SAFE 指示灯熄灭,RDY 指示灯显示绿色,表示变频器无故障。RDY指示灯说明见表 6-2,BF 指示灯说明见表 6-3,SAFE 指示灯说明见表 6-4。

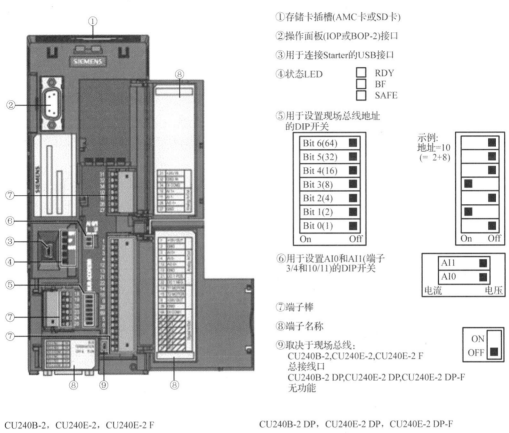

①存储卡插槽(AMC卡或SD卡)

②操作面板(IOP或BOP-2)接口

③用于连接Starter的USB接口

④状态LED

⑤用于设置现场总线地址的DIP开关

⑥用于设置AI0和AI1(端子3/4和10/11)的DIP开关

⑦端子棒

⑧端子名称

⑨取决于现场总线:
CU240B-2,CU240E-2,CU240E-2 F
总接线口
CU240B-2 DP,CU240E-2 DP,CU240E-2 DP-F
无功能

CU240B-2,CU240E-2,CU240E-2 F

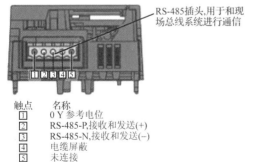

RS-485插头,用于和现场总线系统进行通信

触点　　名称
① 0 Y 参考电位
② RS-485-P,接收和发送(+)
③ RS-485-N,接收和发送(-)
④ 电缆屏蔽
⑤ 未连接

CU240B-2 DP,CU240E-2 DP,CU240E-2 DP-F

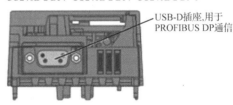

USB-D插座,用于PROFIBUS DP通信

图 6-2　控制单元的接口

表 6-2　　　　　　　　　　　　　　RDY 指示灯说明

| 显　示 | 说　明 |
| --- | --- |
| 绿色,常亮 | 当前无故障 |
| 绿色,缓慢闪烁 | 正在调试或恢复出厂设置 |
| 红色,快速闪烁 | 当前存在一个故障 |
| 红色 | 报警 |

表 6-3                                                                    BF 指示灯说明

| 显  示 | 说  明 |
|---|---|
| 绿色,常亮 | 接收过程数据 |
| 红色,缓慢闪烁 | 总线活动中,没有过程数据 |
| 红色,快速闪烁 | 没有总线活动 |

表 6-4                                                                    SAFE 指示灯说明

| 显  示 | 说  明 |
|---|---|
| 黄色,常亮 | 使能了一个或多个安全功能,但是安全功能不在执行中 |
| 黄色,缓慢闪烁 | 一个或多个安全功能生效,无故障 |
| 黄色,快速闪烁 | 发现一处安全功能异常,触发了停止响应 |

CU240E-2 控制单元的接线电路如图 6-3 所示。CU240B-2、CU240E-2 和 CU240E-2F 控制单元的 RS-485 USS/MODBUS RTU 通信接口定义如图 6-4 所示。CU240B-2DP、CU240E-2DP 和 CU240E-2DP F 控制单元的 PROFIBUS DP 通信接口定义如图 6-5 所示。

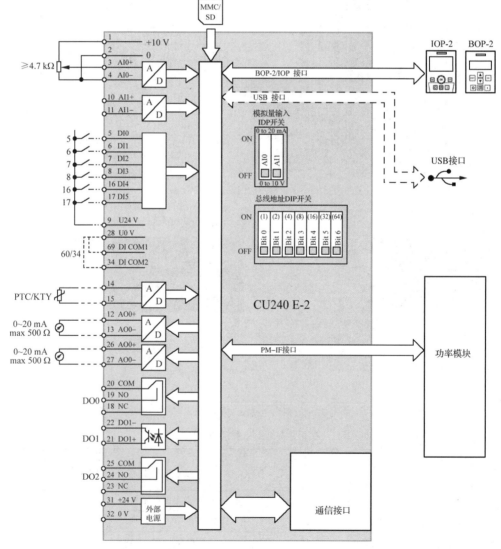

图 6-3   CU240E-2 控制单元的接线电路

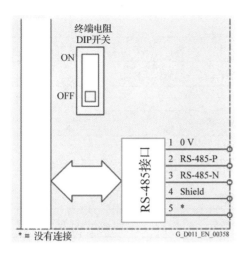
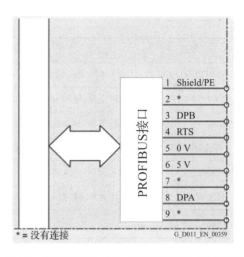

图 6-4　CU240B-2、CU240E-2 和 CU240E-2F 控制单元
的 RS-485 USS/MODBUS RTU 通信接口定义

图 6-5　CU240B-2DP、CU240E-2DP 和 CU240E-2DP F
控制单元的 PROFIBUS DP 通信接口定义

**（2）功率模块**

G120 变频器的功率模块主要有 PM230、PM240、PM240-2、PM250 等型号，G120 变频器
所有的功率模块都可以与控制单元组合使用。

功率模块的输出功率分为 0.37 kW、0.55 kW、0.75 kW、1.1 kW、1.5 kW、2.2 kW、
3 kW、4 kW、7.5 kW、11 kW、15 kW、18.5 kW、22 kW、30 kW、37 kW、45 kW、55 kW、75 kW、
90 kW、110 kW、132 kW、160 kW、200 kW、250 kW，共 24 种。

功率模块的输入电压范围：3AC（380～480 V）±10%。输入频率：47～63 Hz。输出频
率：$U/f$ 控制，0～650 Hz；矢量控制，0～200 Hz。

## 3. G120 变频器基本操作面板的使用方法

G120 变频器的基本操作面板 BOP-2 包括显示屏和键盘两部分，如图 6-6 所示。

素质课堂6

图 6-6　基本操作面板 BOP-2

BOP-2 的显示屏中，菜单功能见表 6-5，图标功能见表 6-6。
BOP-2 键盘中的键共有 7 个，其功能见表 6-7。

表 6-5                          BOP-2 的菜单功能

| 菜 单 | 功 能 |
|---|---|
| MONITORING | 显视菜单:显示运行速度、电压和电流值 |
| CONTROL | 控制菜单:使用 BOP-2 控制变频器 |
| DIAGNOSTICS | 诊断菜单:显示故障报警、错误、历史、控制字和状态字 |
| PARAMETER | 参数菜单:查看或修改参数 |
| SETUP | 调试向导:快速调试 |
| EXTRAS | 附加菜单:恢复出厂设置和备份数据 |

表 6-6                          BOP-2 的图标功能

| 图 标 | 功 能 |
|---|---|
| | "HAND"(手动)模式下会显示,"AUTO"(自动)模式下不显示 |
| | 表示变频器处于运行状态 |
| JOG | "JOG"(点动)运行方式激活 |
| | 图标静止表示处于报警状态;图标闪烁表示处于故障状态,变频器会自动停止 |

表 6-7                          BOP-2 的键功能

| 键 | 功 能 |
|---|---|
| OK | • 在菜单选择时,按此键确认所选的菜单项<br>• 在参数选择时,按此键确认所选的参数和参数值设置,并返回上一级菜单<br>• 在故障诊断画面,按此键清除故障信息 |
| ▲ | • 在菜单选择时,按此键返回上一级菜单<br>• 在参数修改时,按此键改变参数号或参数值<br>• 在"HAND"模式及点动运行方式下,长时间同时按 ▲ 和 ▼ 键可以实现以下功能:在正向运行状态下,切换到反向运行状态;在停止状态下,切换到运行状态 |
| ▼ | • 在菜单选择时,按此键进入下一级菜单<br>• 在参数修改时,按此键改变参数号或参数值 |
| ESC | • 按此键 2 s 以下,返回上一级菜单或不保存所修改的参数值(除非之前已经按 OK 键)<br>• 按此键 3 s 以上,返回监控画面 |
| I | • 在"AUTO"模式下,此键不起作用<br>• 在"HAND"模式下,按此键启动命令 |

续表

| 键 | 功　能 |
|---|---|
| 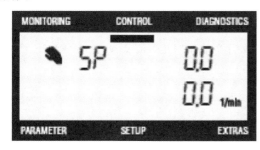（此处为"○"停止键图示） | ・在"AUTO"模式下，此键不起作用<br>・在"HAND"模式下，按 1 次此键，将"OFF1"停机，即按 P1121 的下降时间停机<br>・在"HAND"模式下，连续按 2 次此键，将"OFF2"自由停机 |
| HAND AUTO | ・在"HAND"模式下，按此键，切换到"AUTO"模式，丨 和 ○ 键不起作用，变频器切换到"AUTO"模式下的速度给定值<br>・在"AUTO"模式下，按此键，切换到"HAND"模式，丨 和 ○ 键将起作用，速度设定值保持不变 |

若要锁住或解锁键，只需要同时按 ESC 和 OK 键 3 s 以上。

下面详细介绍显示屏中各菜单的操作。

**（1）"MONITORING"菜单**

在"MONITORING"菜单中，按 OK 键，显示变频器的设定转速和运行转速；再按 OK 或 ▼ 键，显示变频器的输出电压；再按 OK 或 ▼ 键，显示变频器的整流直流电压；再按 OK 或 ▼ 键，显示变频器的输出电流；再按 OK 或 ▼ 键，显示变频器的输出频率。

**（2）"CONTROL"菜单**

按 HAND AUTO 键，显示 🖐 图标，此时可进行"CONTROL"菜单的操作。

①设置变频器启停操作的运行速度　在"CONTROL"菜单中，选择"SETPOINT"（默认值），按 OK 键。按 ▲ 或 ▼ 键可以修改"SP"设定值，立即生效，如图 6-7 所示。

②使能点动控制　在"CONTROL"菜单中，按 ▲ 或 ▼ 键选择"JOG"，按 OK 键。若将"JOG"设为"ON"，则可实现点动操作，如图 6-8 所示；若将"JOG"设为"OFF"，则关闭点动操作。

图 6-7　手动修改设定值

图 6-8　开启点动操作

③设定值反向　在"CONTROL"菜单中，按 ▲ 或 ▼ 键选择"REVERSE"，按 OK 键。若将"REVERSE"设为"OFF"，则频率与转速的方向相同；若将"REVERSE"设为"ON"，则频率

与转速的方向相反。

**(3)"DIAGNOSTICS"菜单**

在"DIAGNOSTICS"菜单中,按▲或▼键可以选择故障报警、错误、历史、控制字和状态字的显示。

**(4)"PARAMETER"菜单**

修改参数值可以在"PARAMETER"和"SETUP"菜单中进行,但主要是在菜单"PARAMETER"中进行的。

①选择参数号 在"PARAMETER"菜单中,显示"STANDARD FILTER"(标准过滤器),如图 6-9 所示。按▼键,显示"EXPERT FILTER"(专家过滤器),如图 6-10 所示。两种过滤器的参数不一样。在任一种过滤器下按 OK 键,进入参数选择,按▲和▼键选择所需的参数号,按 OK 键,显示当前参数值。

图 6-9 选择标准过滤器

图 6-10 选择专家过滤器

②修改参数值 当显示的参数值闪烁时,按▲和▼键调整参数值,按 OK 键保存参数值。

**(5)"SETUP"菜单**

在"SETUP"菜单中,选择"RESET",按 OK 键,再按▲或▼键选择"YES",按 OK 键,开始恢复出厂设置,显示"BUSY",恢复出厂设置完成后会显示"DONE"。再显示"RESET"时,按▲或▼键进入快速调试,可以调试其中显示的参数。

**(6)"EXTRAS"菜单**

①恢复出厂设置 在"EXTRAS"菜单中,按▲或▼键选择"DRVRESET",如图 6-11所示。按 OK 键,显示如图 6-12 所示,再按 OK 键,开始恢复出厂设置,显示"BUSY",恢复出厂设置完成后会显示"DONE",按 ESC 键退出。

图 6-11    选择"DRVRESET"

图 6-12    选择是否恢复出厂设置

②从变频器上传参数到 BOP-2    在"EXTRAS"菜单中，按 ▲ 或 ▼ 键选择"TO BOP"，按两次 OK 键，如图 6-13 所示，开始上传参数，显示屏中会显示上传过程，如图 6-14 所示，同时 BOP-2 将创建一个包含所有参数的压缩文件，如图 6-15 所示。显示屏中会显示备份过程，如图 6-16 所示，备份完成后会显示"DONE"，如图 6-17 所示，按 ESC 或 OK 键返回"EXTRAS"菜单。

图 6-13    选择"TO BOP"

图 6-14    显示上传过程

图 6-15    创建压缩文件

图 6-16　显示备份过程　　　　　　　　　　　　　图 6-17　备份完成

③从 BOP-2 下载参数到变频器　在"EXTRAS"菜单中,按 ▲ 或 ▼ 键选择"FROM BOP",按两次 OK 键,如图 6-18 所示,开始下载参数,显示屏中会显示下载过程,如图 6-19 所示,同时 BOP-2 解压压缩文件,如图 6-20 所示,完成后会显示"DONE",按 ESC 或 OK 键返回"EXTRAS"菜单。

图 6-18　选择"FROM BOP"

图 6-19　显示下载过程　　　　　　　　　　　　　图 6-20　解压压缩文件

## 任务实施

### 1. 控制要求

通过 G120 变频器基本操作面板 BOP-2 对电动机进行启动运行、正/反转运行、点动运行等控制。

### 2. 所需设备、工具

G120 变频器一台、小型三相异步电动机一台、电气控制柜、通用电工工具一套、万用表一块、导线若干等。

### 3. 控制电路

变频器主电路进线电源端子是 L1、L2、L3,电源电压为 380 V,输出端子是 U、V、W,接电动机绕组,严禁接错,否则将烧毁变频器。G120 变频器面板操作控制电路如图 6-21 所示。

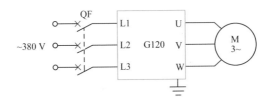

图 6-21　G120 变频器面板操作控制电路

### 4. 参数设置

#### (1)恢复出厂设置

恢复出厂设置有如下三种方法:

①设定 P0010＝30 和 P0970＝1,按下 ok 键,会显示"BUSY"并开始恢复出厂设置,直到"BUSY"消失,恢复出厂设置结束。

②在"SETUP"菜单中,选择"RESET",按 ok 键,再按 ▲ 或 ▼ 键选择"YES",按 ok 键,开始恢复出厂设置,显示"BUSY",恢复出厂设置完成后会显示"DONE"。

③在"EXTRAS"菜单中,按 ▲ 或 ▼ 键选择"DRVRESET",按两次 ok 键开始恢复出厂设置,显示"BUSY",恢复出厂设置完成后会显示"DONE",按 ESC 键退出。

#### (2)电动机参数设置

为了使电动机与变频器相匹配,需要设置电动机参数,见表 6-8。电动机参数设置完成后,设 P0010＝0,变频器处于准备状态,可正常运行。

若使用的电动机不是西门子公司生产的,则需要将参数 P1900 设为 0,表示不检测电动机参数,否则变频器会报故障。

表 6-8                                                电动机参数设置

| 参数号 | 出厂值 | 设置值 | 说　明 |
|---|---|---|---|
| P0010 | 0 | 1 | 快速调试 |
| P0304 | 230 | 380 | 电动机额定电压(V) |
| P0305 | 3.25 | 1.10 | 电动机额定电流(A) |
| P0307 | 0.75 | 0.55 | 电动机额定功率(kW) |
| P0310 | 50 | 50 | 电动机额定频率(Hz) |
| P0311 | 0 | 1 450 | 电动机额定转速(r/min) |
| P0010 | 1 | 0 | 快速调试结束 |
| P1900 | 2 | 0 | 不检测电动机参数 |

## 5. 变频器运行操作

### (1)面板手动操作

按 HAND/AUTO 键,显示 ✋ 图标,在"CONTROL"菜单中,选择"SETPOINT",按 OK 键进入转速设置界面,按 ▲ 键修改 SP 设定值为 1 500.0 1/min,按 ┃ 键,启动变频器,变频器将按参数 P1120 设定的时间升到 1 500.0 1/min。此时可按 OK 键,监视变频器的输出电压、输出电流、输出频率等。按 ┃ 键停止。

在"CONTROL"菜单中,选择"REVERSE",按 OK 键。将"REVERSE"设为"ON",改变电动机的旋转方向。

### (2)面板点动操作

按 HAND/AUTO 键,显示 ✋ 图标,在"CONTROL"菜单中,选择"JOG",按 OK 键,将"JOG"设为"ON"。

按 ESC 键返回"SETPOINT"菜单,进行点动转速、频率监视,按住 ┃ 键,电动机将按 P1058 设定的转速运行,松开 ┃ 键,停止。

注意:面板点动操作,点动转速由 P1058 的值决定。

同样,要改变电动机的旋转方向,也可以将"REVERSE"设为"ON",再重复上述操作。

使用面板操作,设置变频器启动时间为 5 s,停止时间为 5 s,运行频率为 40 Hz,实际设置并调试。

# 任务 2　G120 变频器的宏操作

## 任务引入

G120 变频器预定义接口宏是变频器内部设定好的程序,类似于块程序,每个宏都有单独的参数设定。需要某种功能时,只需要选择对应的宏即可。这样的设计主要是为了方便用户,简化操作。

## 任务目标

(1) 了解 G120 变频器外部端子的功能。

(2) 掌握 G120 变频器外部端子操作与运行的基本步骤。

(3) 掌握 G120 变频器预定义接口宏操作。

## 相关知识

### 1. 预定义接口宏

G120 为满足不同的接口,提供了多种预定义接口宏,利用预定义接口宏可以方便地设置变频器的命令源和设定值源。可以通过修改参数 P0015 的值来修改宏。在修改宏时要注意以下两点:

(1) 如果某一种宏定义的接口方式完全符合需求,那么就按照该宏的接线方式设计原理图,并在调试时选择相应的宏功能,即可方便地实现控制要求。

(2) 如果所有的宏定义的接口方式都不能完全符合需求,那么选择与需求相近的宏,然后根据需求来调整输入/输出的配置。

修改参数 P0015 的步骤:先设 P0010=1,再修改 P0015 的值。修改完成后,设 P0010=0。

### 2. CU240E-2 控制单元的宏功能

CU240E-2 控制单元的 4 种型号共定义了 18 种宏功能,见表 6-9。

表 6-9　　　　　　　　　　　　　　CU240E-2 控制单元的宏功能

| 宏编号 | 宏功能 | CU240E-2 | CU240E-2F | CU240E-2DP | CU240E-2DP F |
|---|---|---|---|---|---|
| 1 | 双线制控制,2 个固定转速 | √ | √ | √ | √ |
| 2 | 单方向 2 个固定转速,带安全功能 | √ | √ | √ | √ |
| 3 | 单方向 4 个固定转速 | √ | √ | √ | √ |
| 4 | 现场总线 DROFIBUS | × | × | √ | √ |
| 5 | 现场总线 DROFIBUS, 带安全功能 | × | × | √ | √ |
| 6 | 现场总线 DROFIBUS, 带 2 项安全功能 | × | × | × | √ |
| 7 | 现场总线 DROFIBUS 和点动之间切换 | × | × | √(默认) | √(默认) |
| 8 | 电动电位器(MOP)调速,带安全功能 | √ | √ | √ | √ |
| 9 | 电动电位器(MOP)调速 | √ | √ | √· | √ |
| 12 | 双线制控制 1,模拟量调速 | √(默认) | √(默认) | √ | √ |
| 13 | 端子启动模拟量给定,带安全功能 | √ | √ | √ | √ |
| 14 | 现场总线和电动电位器(MOP)切换 | × | × | √ | √ |
| 15 | 模拟量给定和电动电位器(MOP)切换 | √ | √ | √ | √ |
| 17 | 双线制控制 2,模拟量调速 | √ | √ | √ | √ |
| 18 | 双线制控制 3,模拟量调速 | √ | √ | √ | √ |
| 19 | 三线制控制 1,模拟量调速 | √ | √ | √ | √ |
| 20 | 三线制控制 2,模拟量调速 | √ | √ | √ | √ |
| 21 | 现场总线 USS 通信 | √ | √ | × | × |

注:√—支持;×—不支持。

CU240B-2 控制单元只定义了 8 种宏功能,分别是表 6-9 中所列的宏功能 7、9、12、17、18、19、20、21。

调试参数时,需选择"PARAMETER"菜单中的"EXPERT FILTER"专家过滤器。

下面对部分宏程序进行介绍。

**(1)宏程序 1**

宏程序 1 的功能为双线制控制,2 个固定转速,使用端子 DI0、DI1、DI4 和 DI5。其中,端子 DI0 为正转端子,端子 DI1 为反转端子,两个端子都能启动变频器。变频器输出频率由端子 DI4、DI5 控制,即由参数 P1003、P1004 的设定值控制,P1003=固定转速 3,P1004=固定转速 4。当端子 DI4、DI5 都接通时,变频器将以固定转速 3+固定转速 4 运行。宏程序 1 变频器参数设置见表 6-10,接线如图 6-22 所示。

表 6-10　　　　　　　　　　　　宏程序 1 变频器参数设置

| 参数号 | 出厂值 | 设置值 | 说　明 |
|---|---|---|---|
| P0010 | 0 | 1 | 快速调试 |
| P0015 | 12 | 1 | 宏程序 1 |
| P0010 | 1 | 0 | 退出快速调试 |
| P1000 | 3 | 3 | 设定固定转速 |

续表

| 参数号 | 出厂值 | 设置值 | 说　明 |
|---|---|---|---|
| P1003 | 0 | 1 000 | 1 000 1/min |
| P1004 | 0 | 1 500 | 1 500 1/min |
| P1080 | 0 | 0 | 最低转速为 0 |
| P1082 | 1 500 | 2 000 | 最高转速为 2 000 1/min |
| P1110 | 0 | 0 | 允许负方向运行 |
| P1111 | 0 | 0 | 允许正方向运行 |
| P1120 | 10 | 5 | 上升时间 |
| P1121 | 10 | 5 | 下降时间 |
| P1900 | 2 | 0 | 静态电动机数据检测被禁止 |

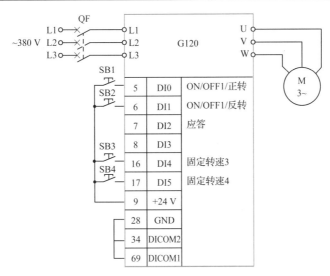

图 6-22　宏程序 1 变频器接线

如图 6-22 所示，变频器运行情况如下：

当 SB1、SB3 闭合时，变频器正转，运行速度为 1 000 1/min。

当 SB1、SB4 闭合时，变频器正转，运行速度为 1 500 1/min。

当 SB1、SB3、SB4 闭合时，变频器正转，运行速度为 2 000 1/min。

当 SB2、SB3 闭合时，变频器反转，运行速度为 1 000 1/min。

当 SB2、SB4 闭合时，变频器反转，运行速度为 1 500 1/min。

当 SB2、SB3、SB4 闭合时，变频器反转，运行速度为 2 000 1/min。

**（2）宏程序 2**

宏程序 2 的功能为单方向 2 个固定转速，带安全功能，使用端子 DI0 和 DI1。其中，变频器的启动由端子 DI0 控制，端子 DI1 只控制变频器的输出转速，不控制变频器的启动。变频器输出转速由端子 DI0、DI1 控制，即由参数 P1001、P1002 的设定值控制，P1001＝固定转速 1，P1002＝固定转速 2。当 DI1、DI2 都接通时，变频器将以固定转速 1＋固定转速 2 运行。宏程序2变频器参数设置见表6-11,接线如图6-23所示。

表6-11　　　　　　　　　　宏程序2变频器参数设置

| 参数号 | 出厂值 | 设置值 | 说　明 |
|---|---|---|---|
| P0010 | 0 | 1 | 快速调试 |
| P0015 | 12 | 2 | 宏程序2 |
| P0010 | 1 | 0 | 退出快速调试 |
| P1000 | 3 | 3 | 设定固定转速 |
| P1001 | 0 | 1 500 | 1 500 1/min |
| P1002 | 0 | −500 | 500 1/min |
| P1080 | 0 | 0 | 最低转速为0 |
| P1082 | 1 500 | 2 000 | 最高转速为2 000 1/min |
| P1110 | 0 | 0 | 允许负方向运行 |
| P1111 | 0 | 0 | 允许正方向运行 |
| P1120 | 10 | 5 | 上升时间 |
| P1121 | 10 | 5 | 下降时间 |
| P1900 | 2 | 0 | 静态电动机数据检测被禁止 |

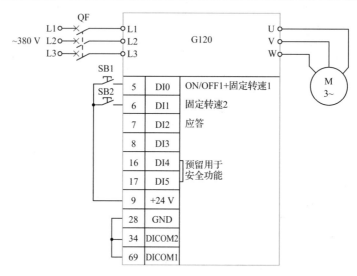

图6-23　宏程序2变频器接线

如图6-23所示,变频器运行情况如下:

当SB1闭合时,变频器正转,运行速度为1 500 1/min。

当SB1、SB2闭合时,变频器正、负转速相加,执行相加的结果,变频器正转,运行速度为1 000 1/min。

当SB2闭合时,变频器不运行。

## (3)宏程序3

宏程序3的功能为单方向4个固定转速,使用端子DI0、DI1、DI4和DI5。其中,变频器的启动由端子 DI0 控制,端子 DI1、DI4、DI5 只控制转速,不控制变频器的启动。变频器输出转速由端子 DI0、DI1、DI4、DI5 控制,即由参数 P1001、P1002、P1003、P1004 的设定值控制,P1001=固定转速 1,P1002=固定转速 2,P1003=固定转速 3,P1004=固定转速 4。当多个端子同时接通时,变频器将多个转速加在一起运行。宏程序 3 变频器参数设置见表 6-12,接线如图 6-24 所示。

表 6-12　　　　　　　　　　　　　　　　宏程序 3 变频器参数设置

| 参数号 | 出厂值 | 设置值 | 说　明 |
|---|---|---|---|
| P0010 | 0 | 1 | 快速调试 |
| P0015 | 12 | 3 | 宏程序 3 |
| P0010 | 1 | 0 | 退出快速调试 |
| P1000 | 3 | 3 | 设定固定转速 |
| P1001 | 0 | 1 500 | 1 500 1/min |
| P1002 | 0 | −500 | −500 1/min |
| P1003 | 0 | 1 000 | 1 000 1/min |
| P1004 | 0 | −2 000 | −2 000 1/min |
| P1080 | 0 | 0 | 最低转速为 0 |
| P1082 | 1 500 | 2 500 | 最高转速为 2 500 1/min |
| P1110 | 0 | 0 | 允许负方向运行 |
| P1111 | 0 | 0 | 允许正方向运行 |
| P1120 | 10 | 5 | 上升时间 |
| P1121 | 10 | 5 | 下降时间 |
| P1900 | 2 | 0 | 静态电动机数据检测被禁止 |

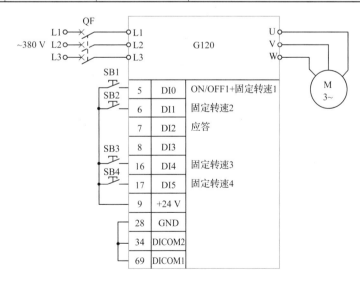

图 6-24　宏程序 3 变频器接线

如图 6-24 所示,变频器运行情况见表 6-13。

表 6-13                                    宏程序 3 变频器运行情况

| SB4 | SB3 | SB2 | SB1 | 转速/(1·min⁻¹) |
|---|---|---|---|---|
| × | × | × | √ | 1 500 |
| × | × | √ | √ | 1 000 |
| × | √ | × | √ | 2 500 |
| × | √ | √ | √ | 2 000 |
| √ | × | × | √ | −500 |
| √ | × | √ | √ | −1 000 |
| √ | √ | × | √ | 500 |
| √ | √ | √ | √ | 0 |

注:√—闭合;×—断开。

### (4)宏程序 8、9

宏程序 8、9 的功能为电动电位器(MOP)调速(宏程序 8 带安全功能),使用端子 DI0、DI1 和 DI2。其中,变频器的启动由端子 DI0 控制,端子 DI1 只起增大转速的作用,端子 DI2 只起减小转速的作用。宏程序 8、9 变频器参数设置见表 6-14,宏程序 8 变频器接线如图 6-25 所示,宏程序 9 变频器接线如图 6-26 所示。

表 6-14                                    宏程序 8、9 变频器参数设置

| 参数号 | 出厂值 | 设置值 | 说　明 |
|---|---|---|---|
| P0010 | 0 | 1 | 快速调试 |
| P0015 | 12 | 8 或 9 | 宏程序 8 或 9 |
| P0010 | 1 | 0 | 退出快速调试 |
| P1000 | 3 | 1 | 使用 MOP 调速 |
| P1080 | 0 | 0 | 最低转速为 0 |
| P1082 | 1 500 | 1 500 | 最高转速为 1 500 1/min |
| P1110 | 0 | 0 | 允许负方向运行 |
| P1111 | 0 | 0 | 允许正方向运行 |
| P1120 | 10 | 5 | 上升时间 |
| P1121 | 10 | 5 | 下降时间 |
| P1900 | 2 | 0 | 静态电动机数据检测被禁止 |

如图 6-25 和图 6-26 所示,变频器运行情况如下:

宏程序 8、9 的区别只是端子 DI4、DI5 的用途不同,没有其他区别。

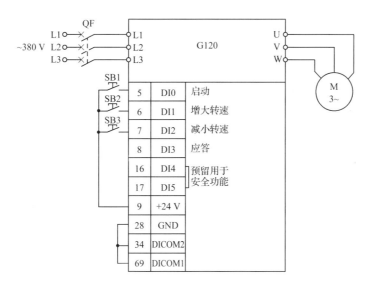

图 6-25　宏程序 8 变频器接线

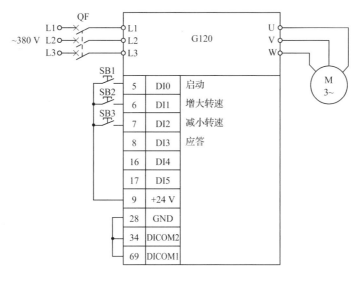

图 6-26　宏程序 9 变频器接线

当 SB1 闭合时,变频器启动,但是并没有转速输出。此时,如果闭合 SB2,则变频器的输出转速将从 0 开始增大,在 P1120 设定的时间内增大到最大值 1 500 1/min。运行中如果断开 SB2,变频器将在当前输出值下运行。

当 SB1、SB3 闭合时,变频器输出值将从当前值开始减小,减小到 0 后,再变成负值输出,直到达到最大的输出转速-1 500 1/min。运行中如果断开 SB2,变频器将在当前输出值下运行。

**(5)宏程序 12**

宏程序 12 的功能为双线制控制 1,模拟量调速,使用端子 DI0 和 DI1。其中,变频器的启动由端子 DI0 控制,端子 DI1 只起反转的作用。变频器的输出转速大小由模拟量 AI0 或 AI1 的输入值决定:如果模拟量给定为电压量,则将模拟量 DIP 开关调节到"U"的位置;如果模拟量给定为电流量,则将模拟量 DIP 开关调节到"I"的位置。宏程序 12 变频器参数设置见表 6-15,接线如图 6-27 所示。

表 6-15                        宏程序 12 变频器参数设置

| 参数号 | 出厂值 | 设置值 | 说　明 |
|---|---|---|---|
| P0010 | 0 | 1 | 快速调试 |
| P0015 | 12 | 12 | 宏程序 12 |
| P0010 | 1 | 0 | 退出快速调试 |
| P1000 | 3 | 2 | 使用 AI0 模拟量调速 |
| P1080 | 0 | 0 | 最低转速为 0 |
| P1082 | 1 500 | 1 500 | 最高转速为 1 500 1/min |
| P1110 | 0 | 0 | 允许负方向运行 |
| P1111 | 0 | 0 | 允许正方向运行 |
| P1120 | 10 | 5 | 上升时间 |
| P1121 | 10 | 5 | 下降时间 |
| P1900 | 2 | 0 | 静态电动机数据检测被禁止 |

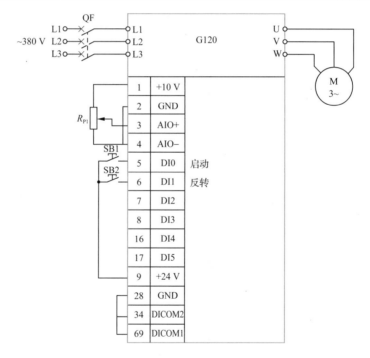

图 6-27　宏程序 12 变频器接线

如图 6-27 所示,变频器运行情况如下:

当 SB1 闭合时,变频器驱动电动机正转,电动机运行速度由电位器 $R_{P1}$ 的给定值决定。

当 SB1、SB2 闭合时,变频器输出负转速,电动机反转,反转速度由电位器 $R_{P1}$ 的给定值决定。

当 SB1 断开时,变频器不运行。DI1 只是反向命令,并不控制变频器的运行。

**注意:** 当使用模拟量 AI1(10、11)控制变频器时,设置参数 P1000＝7 即可。

### (6) 宏程序 17、18

宏程序 17、18 的功能为双线制控制 2、3，模拟量调速，使用端子 DI0、DI1。其中，端子 DI0 控制变频器的正转速输出，端子 DI1 控制变频器的负转速输出。变频器的输出转速大小由模拟量 AI0 或 AI1 的输入值决定：如果模拟量给定为电压量，则将模拟量 DIP 开关调节到"U"的位置；如果模拟量给定为电流量，则将模拟量 DIP 开关调节到"I"的位置。宏程序 17、18 变频器参数设置见表 6-16，接线如图 6-28 所示。

表 6-16　　　　　　　　　　　宏程序 17、18 变频器参数设置

| 参数号 | 出厂值 | 设置值 | 说　明 |
|---|---|---|---|
| P0010 | 0 | 1 | 快速调试 |
| P0015 | 12 | 17 | 宏程序 17 |
| P0010 | 1 | 0 | 退出快速调试 |
| P1000 | 3 | 2 | 使用 AI0 模拟量调速 |
| P1080 | 0 | 0 | 最低转速为 0 |
| P1082 | 1 500 | 1 500 | 最高转速为 1 500 1/min |
| P1110 | 0 | 0 | 允许负方向运行 |
| P1111 | 0 | 0 | 允许正方向运行 |
| P1120 | 10 | 5 | 上升时间 |
| P1121 | 10 | 5 | 下降时间 |
| P1900 | 2 | 0 | 静态电动机数据检测被禁止 |

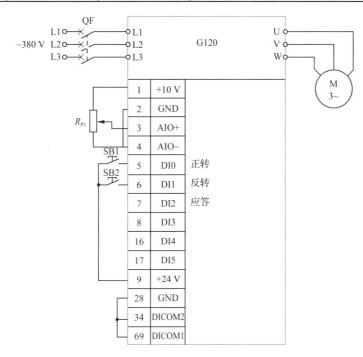

图 6-28　宏程序 17、18 变频器接线

如图 6-28 所示，变频器运行情况如下：

当 SB1 闭合时，变频器输出正转速，驱动电动机正转，电动机运行速度由电位器 $R_{\text{P1}}$ 的给

定值决定。

当 SB2 闭合时,变频器输出负转速,驱动电动机反转,反转速度由电位器 $R_{P1}$ 的给定值决定。

**注意**:当使用模拟量 AI1(10、11)控制变频器时,设置参数 P1000=7 即可。

### (7)宏程序 19

宏程序 19 的功能为三线制控制 1,模拟量调速,使用端子 DI0、DI1、DI2。其中,端子 DI0 控制变频器的启动,端子 DI1 控制变频器的正转脉冲,端子 DI2 控制变频器的反转脉冲。变频器的输出转速大小由模拟量 AI0 或 AI1 的输入值决定:如果模拟量给定为电压量,则将模拟量 DIP 开关调节到"U"的位置;如果模拟量给定为电流量,则将模拟量 DIP 开关调节到"I"的位置。宏程序 19 变频器参数设置见表 6-17,接线如图 6-29 所示。

表 6-17                                          宏程序 19 变频器参数设置

| 参数号 | 出厂值 | 设置值 | 说 明 |
|---|---|---|---|
| P0010 | 0 | 1 | 快速调试 |
| P0015 | 12 | 19 | 宏程序 19 |
| P0010 | 1 | 0 | 退出快速调试 |
| P1000 | 3 | 2 | 使用 AI0 模拟量调速 |
| P1080 | 0 | 0 | 最低转速为 0 |
| P1082 | 1 500 | 1 500 | 最高转速为 1 500 1/min |
| P1110 | 0 | 0 | 允许负方向运行 |
| P1111 | 0 | 0 | 允许正方向运行 |
| P1120 | 10 | 5 | 上升时间 |
| P1121 | 10 | 5 | 下降时间 |
| P1900 | 2 | 0 | 静态电动机数据检测被禁止 |

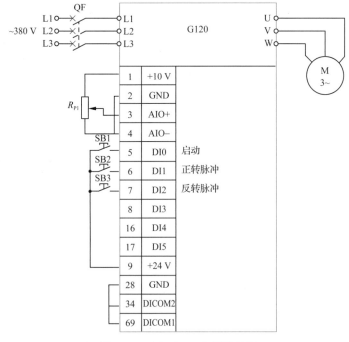

图 6-29  宏程序 19 变频器接线

如图 6-29 所示,变频器运行情况如下:

当 SB1 闭合时,变频器启动,但是并没有转速输出。

此时再闭合 SB2,加正转脉冲,变频器输出正转速,驱动电动机正转,正转速度由电位器 $R_{P1}$ 的给定值决定。当 SB1 断开时,变频器停止运行。

当变频器输出正转速时,闭合 SB3,此时,变频器从正转速下降到零,然后一直升到负的转速值。

同样,当 SB1 闭合后,SB3 闭合,加负转脉冲,变频器输出负转速,驱动电动机反转,反转速度由电位器 $R_{P1}$ 的给定值决定。当 SB1 断开时,变频器停止运行。

当变频器输出负转速时,闭合 SB2,此时,变频器从负转速下降到零,然后一直升到正的转速值。

因为端子 DI1、DI2 分别控制正转脉冲、反转脉冲,所以 SB2、SB3 一直闭合,或者是闭合后马上断开,变频器都有正、负转速输出。

当 SB1、SB2、SB3 都闭合时,变频器停止运行。

**注意:**当使用模拟量 AI1(10、11)控制变频器时,设置参数 P1000=7 即可。

### (8) 宏程序 20

宏程序 20 的功能为三线制控制 2,模拟量调速,使用端子 DI0、DI1、DI2。其中,端子 DI0 控制变频器的启动,端子 DI1 控制变频器的正转脉冲,端子 DI2 控制变频器的反转脉冲。变频器的输出转速由模拟量 AI0 或 AI1 的输入值决定:如果模拟量给定为电压量,则将模拟量 DIP 开关调节到“U”的位置;如果模拟量给定为电流量,则将模拟量 DIP 开关调节到“I”的位置。宏程序 20 变频器参数设置见表 6-18,接线如图 6-30 所示。

表 6-18　　　　　　　　　　　宏程序 20 变频器参数设置

| 参数号 | 出厂值 | 设置值 | 说　明 |
| --- | --- | --- | --- |
| P0010 | 0 | 1 | 快速调试 |
| P0015 | 12 | 20 | 宏程序 20 |
| P0010 | 1 | 0 | 退出快速调试 |
| P1000 | 3 | 2 | 使用 AI0 模拟量调速 |
| P1080 | 0 | 0 | 最低转速为 0 |
| P1082 | 1 500 | 1 500 | 最高转速为 1 500 1/min |
| P1110 | 0 | 0 | 允许负方向运行 |
| P1111 | 0 | 0 | 允许正方向运行 |
| P1120 | 10 | 5 | 上升时间 |
| P1121 | 10 | 5 | 下降时间 |
| P1900 | 2 | 0 | 静态电动机数据检测被禁止 |

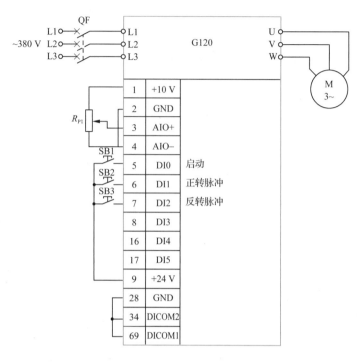

图 6-30　宏程序 20 变频器接线

如图 6-30 所示,变频器运行情况如下:

当 SB1 闭合时,变频器启动,但是并没有转速输出。

此时再闭合 SB2(闭合后可以断开),加正转脉冲,变频器输出正转速,驱动电动机正转,正转速度由电位器 $R_{P1}$ 的给定值决定。当 SB1 断开时,变频器停止运行。

当 SB1 闭合后,SB3 闭合,变频器没有转速输出。

当 SB1 闭合后,SB2 闭合,加正转脉冲,变频器输出正转速,电动机正转,此时再闭合 SB3,变频器才由输出正转速变成输出负转速,电动机反转,反转速度由电位器 $R_{P1}$ 的给定值决定。当 SB3 断开时,变频器又恢复输出正转速。断开 SB1,变频器停止运行。

**注意**:在宏程序 20 中,变频器要输出负转速,必须先闭合 SB1、SB2,正向启动后,再闭合 SB3,加反转命令,变频器才可以输出负转速。直接闭合 SB1、SB3,变频器不启动。

当使用模拟量 AI1(10、11)控制变频器时,设置参数 P1000=7 即可。

## 任务实施

### 1. 控制要求

(1)通过变频器宏操作控制电动机分别按转速 500 1/min、800 1/min、-1 000 1/min 运行。

(2)通过变频器宏操作控制使用模拟量 AI1 控制电动机分别按转速 500 1/min、-1 000 1/min 运行。

## 2. 所需设备、工具

G120 变频器一台、小型三相异步电动机一台、电气控制柜、通用电工工具一套、万用表一块、导线若干等。

## 3. 控制电路

变频器主电路进线电源端子是 L1、L2、L3,电源电压为 380 V,输出端子是 U、V、W,接电动机绕组,严禁接错,否则将烧毁变频器。

控制要求(1)的电路如图 6-31 所示,控制要求(2)的电路如图 6-32 所示。

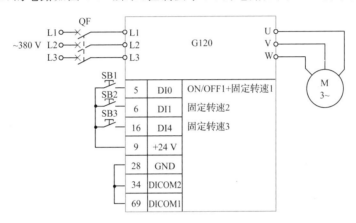

图 6-31　控制要求(1)的电路

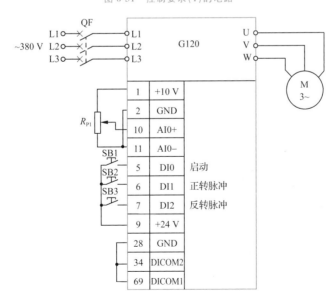

图 6-32　控制要求(2)的电路

## 4. 控制要求(1)操作

### (1)参数设置

接通断路器 QF,在变频器通电的情况下,恢复变频器出厂设置,采用三种恢复出厂设置方法中的一种即可。

选择 G120 变频器的宏程序 3 完成控制要求(1)。宏程序 3 使用端子 DI0、DI1、DI4 和 DI5 控制单方向 4 个固定转速,变频器的输出频率由参数 P1001、P1002、P1003、P1004 的设定值控制,P1001＝－1 000 1/min,P1002＝1 500 1/min,P1003＝1 800 1/min。控制要求(1)变频器参数设置见表 6-20。

表 6-19　　　　　　　　　　　　　控制要求(1)变频器参数设置

| 参数号 | 出厂值 | 设置值 | 说　明 |
| --- | --- | --- | --- |
| P0010 | 0 | 1 | 快速调试 |
| P0015 | 12 | 3 | 宏程序 3 |
| P0010 | 1 | 0 | 退出快速调试 |
| P1000 | 3 | 3 | 设定固定转速 |
| P1001 | 0 | －1 000 | 1 000 1/min |
| P1002 | 0 | 1 500 | 1 500 1/min |
| P1003 | 0 | 1 800 | 1 800 1/min |
| P1080 | 0 | 0 | 最低转速为 0 |
| P1082 | 1 500 | 1 500 | 最高转速为 1 500 1/min |
| P1110 | 0 | 0 | 允许负方向运行 |
| P1111 | 0 | 0 | 允许正方向运行 |
| P1120 | 10 | 5 | 上升时间 |
| P1121 | 10 | 5 | 下降时间 |
| P1900 | 2 | 0 | 静态电动机数据检测被禁止 |

### (2)变频器运行操作

按图 6-31 接线,按表 6-19 设置完变频器参数后,即可运行变频器。

当 SB1 闭合时,变频器按 P1001＝－1 000 1/min 的转速运行。

当 SB1、SB2 闭合时,变频器按 P1001＋ P1002＝－1 000＋1 500＝500 1/min 的转速运行。

当 SB1、SB3 闭合时,变频器按 P1001＋ P1003＝－1 000＋1 800＝800 1/min 的转速运行。

## 5. 控制要求(2)操作

### (1)参数设置

接通断路器 QF,在变频器通电的情况下,恢复变频器出厂设置,采用三种恢复出厂设置方法中的一种即可。

选择 G120 变频器的宏程序 19 完成控制要求(2)。宏程序 19 使用端子 DI0、DI1、DI2 控制变频器运行。将模拟量 DIP 开关调节到"U"的位置。控制要求(2)变频器参数设置见表 6-20。

表 6-20　　　　　　　　　　　　　控制要求(2)变频器参数设置

| 参数号 | 出厂值 | 设置值 | 说　　明 |
|---|---|---|---|
| P0010 | 0 | 1 | 快速调试 |
| P0015 | 12 | 19 | 宏程序 19 |
| P0010 | 1 | 0 | 退出快速调试 |
| P1000 | 3 | 7 | 使用 AI1 模拟量调速 |
| P1080 | 0 | 0 | 最低转速为 0 |
| P1082 | 1 500 | 1 500 | 最高转速为 1 500 1/min |
| P1110 | 0 | 0 | 允许负方向运行 |
| P1111 | 0 | 0 | 允许正方向运行 |
| P1120 | 10 | 5 | 上升时间 |
| P1121 | 10 | 5 | 下降时间 |
| P1900 | 2 | 0 | 静态电动机数据检测被禁止 |

### (2)变频器运行操作

按图 6-32 接线,按表 6-20 设置完变频器参数后,即可运行变频器。

当 SB1、SB2 闭合时,变频器输出正转转速,调节电位器 $R_{P1}$,当变频器输出转速达到 500 1/min时停止调节,则变频器按 500 1/min 的转速运行。

当 SB1、SB3 闭合时,变频器输出反转转速,调节电位器 $R_{P1}$,当变频器输出转速达到 −1 000 1/min时停止调节,则变频器按 −1 000 1/min 的转速运行。

## 思考与练习

选择变频器宏操作,设置变频器启动时间为 5 s,停止时间为 5 s,运行频率分别为 500 1/min、800 1/min、1 000 1/min、1 500 1/min,采用端子控制和模拟量控制两种方式调试。

# 任务 3　G120 变频器的多段速操作

G120 变频器不仅有宏操作,还有多段速操作。宏操作能设置的频率比较少,只能进行一些简单的控制,当要变频器输出比较多的频率时,就需要使用多段速操作。

**任务目标**

(1)熟记 G120 变频器多段速操作的参数功能。
(2)掌握 G120 变频器直接选择模式多段速操作方法。
(3)掌握 G120 变频器二进制选择模式多段速操作方法。

**相关知识**

多段速操作也称为固定转速操作,就是在 P1000＝3 的条件下,用开关量端子选择固定设定值的组合,实现电动机多段速运行。

## 1. 多段速操作的相关参数

### (1)参数 P0730、P0731、P0732

P0730、P0731、P0732 为变频器输出继电器功能参数。

G120 变频器有 3 个数字量输出继电器:DO0,对应的端子为 18、19、20;DO1,对应的端子为 21、22;DO2,对应的端子为 23、24、25。参数 P0730 对应数字量输出继电器 DO0,参数 P0731 对应数字量输出继电器 DO1,参数 P0732 对应数字量输出继电器 DO2。参数 P0730、P0731、P0732 的设置值决定了对应数字量输出继电器的功能。

参数 P0730、P0731、P0732 设置值的意义相同,现以参数 P0730 为例进行说明:

P0730＝0,禁用数字量输出;
P0730＝r52.0,变频器准备就绪;
P0730＝r52.1,变频器运行;
P0730＝r52.2,变频器运行使能;
P0730＝r52.3,变频器故障;
P0730＝r52.4,OFF2 停机命令有效;
P0730＝r52.5,OFF3 停机命令有效;
P0730＝r52.6,禁止上电;
P0730＝r52.7,变频器报警;
P0730＝r52.A,实际输出频率已达到最大频率;
P0730＝r52.B,已达到电动机电流极限;

P0730＝r52.D,电动机过载;

P0730＝r52.E,变频器正向运行;

P0730＝r52.F,变频器过载。

**(2) 参数 P0756**

P0756 为模拟量输入功能参数。

CU240E-2 控制单元提供 2 路模拟量输入,分别是 AI0 和 AI1。采集模拟量时必须正确设置模拟量输入通道对应的 DIP 拨码开关位置:电压输入,对应位置为"U";电流输入,对应位置为"I"。模拟量输入模式由参数 P0756 的设置值决定,各设置值的意义如下:

P0756＝0,单极性电压输入,电压为 0～＋10V;

P0756＝1,带监控的单极性电压输入,电压为＋2～＋10V;

P0756＝2,单极性电流输入,电流为 0～＋20 mA;

P0756＝3,带监控的单极性电流输入,电流为＋4～＋20 mA;

P0756＝4,双极性电压输入(出厂设置),电压为－10～＋10V。

**(3) 参数 P0771**

P0771 为模拟量输出功能参数。

CU240E-2 控制单元提供 2 路模拟量输出,AO0 模拟量输出功能由参数 P0771[0]的设置值决定,AO1 模拟量输出功能由参数 P0771[1]的设置值决定,各设置值的意义如下:

P0771＝P21,电动机正转转速(同时设置 P0775＝1,可输出电动机反转转速);

P0771＝P24,变频器输出频率;

P0771＝P25,变频器输出电压;

P0771＝P27,变频器输出电流。

**(4) 参数 P0776**

P0776 为模拟量输出类型参数。

CU240E-2 控制单元提供 2 路模拟量输出,分别是 AO0 和 AO1,模拟量输出类型由参数 P0776 的设置值决定,各设置值的意义如下:

P0776＝0,电流输出(出厂设置),电流为 0～＋20 mA;

P0776＝1,电压输出,电压为 0～＋10 V;

P0776＝2,电流输出,电流为＋4～＋20 mA。

**(5) 参数 P0840**

P0840 为变频器正向运行 ON/OFF 命令参数,各设置值的意义如下:

P0840＝r722.0,将端子 DI0(端子 5)定义为启动命令;

P0840＝r722.1,将端子 DI1(端子 6)定义为启动命令;

P0840＝r722.2,将端子 DI2(端子 7)定义为启动命令;

P0840＝r722.3,将端子 DI3(端子 8)定义为启动命令;

P0840＝r722.4,将端子 DI4(端子 16)定义为启动命令;

P0840＝r722.5,将端子 DI5(端子 17)定义为启动命令。

**（6）参数 P0844**

P0844 为变频器 OFF（停止）命令参数，各设置值的意义如下：

P0844＝r722.0，将端子 DI0（端子 5）定义为停止命令；

P0844＝r722.1，将端子 DI1（端子 6）定义为停止命令；

P0844＝r722.2，将端子 DI2（端子 7）定义为停止命令；

P0844＝r722.3，将端子 DI3（端子 8）定义为停止命令；

P0844＝r722.4，将端子 DI4（端子 16）定义为停止命令；

P0844＝r722.5，将端子 DI5（端子 17）定义为停止命令。

**（7）参数 P1016**

P1016 为变频器固定频率选择模式参数，各设置值的意义如下：

P1016＝1，固定频率选择模式采用直接选择方式；

P1016＝2，固定频率选择模式采用二进制码方式。

**（8）参数 P1020、P1021、P1022、P1023**

P1020、P1021、P1022、P1023 为变频器固定频率选择位参数，它们设置值的意义相同，现以参数 P1020 为例进行说明：

P1020＝r722.0，将端子 DI0（端子 5）作为固定频率设定值 1（P1001 的频率值）的选择信号；

P1020＝r722.1，将端子 DI1（端子 6）作为固定频率设定值 2（P1002 的频率值）的选择信号；

P1020＝r722.2，将端子 DI2（端子 7）作为固定频率设定值 3（P1003 的频率值）的选择信号；

P1020＝r722.3，将端子 DI3（端子 8）作为固定频率设定值 4（P1004 的频率值）的选择信号；

P1020＝r722.4，将端子 DI4（端子 16）作为固定频率设定值 5（P1005 的频率值）的选择信号；

P1020＝r722.5，将端子 DI5（端子 17）作为固定频率设定值 6（P1006 的频率值）的选择信号。

**（9）参数 P1070**

P1070 为变频器主设定值命令参数，各设置值的意义如下：

P1070＝P2050.1，将现场总线设为主设定值；

P1070＝P1050，将电动电位计设为主设定值；

P1070＝P1024，将固定转速设为主设定值；

P1070＝P755.0，将模拟量输入 AI0 设为主设定值；

P1070＝P755.1，将模拟量输入 AI1 设为主设定值。

**（10）参数 P1110**

P1110 为禁止变频器负方向运行参数，各设置值的意义如下：

P1110＝0，允许变频器负方向运行，即负转速运行；

P1110＝1，禁止变频器负方向运行。

### (11) 参数 P1111

P1111 为禁止变频器正方向运行参数，各设置值的意义如下：

P1111＝0，允许变频器正方向运行，即正转速运行；

P1111＝1，禁止变频器正方向运行。

### (12) 参数 P1113

P1113 为变频器设定值取反参数，各设置值的意义如下：

P1113＝0，禁止将变频器设定值取反；

P1113＝1，将变频器的正设定值取为负值，负设定值取为正值。

### (13) 参数 P1210

P1210 为变频器自动再启动模式参数。自动再启动是变频器在主电源跳闸或故障后重新启动的功能，只有满足变频器启动命令处于"ON"状态条件时才能执行。自动再启动包含故障自动应答和自动启动两种模式。参数 P1210 各设置值的意义如下：

P1210＝0，不自动应答故障，不自动启动（默认设置）；

P1210＝1，无论有无"ON"命令，都自动应答故障，不自动启动；

P1210＝4，在发生欠电压故障时，在有"ON"命令时，自动应答故障，自动启动；

P1210＝6，在发生任何故障时，在有"ON"命令时，自动应答故障，自动启动；

P1210＝14，在发生欠电压故障时，在有"ON"命令时，手动应答故障，自动启动；

P1210＝16，在发生任何故障时，在有"ON"命令时，手动应答故障，自动启动；

P1210＝26，在发生任何故障时，无论有无"ON"命令，都自动应答故障，有"ON"命令时自动启动。

### (14) 参数 P1211

P1211 为自动再启动重试次数参数。

### (15) 参数 P1212

P1212 为自动再启动等待时间参数，单位为 s。

### (16) 参数 P1213[0]

P1213[0] 为自动再启动监控时间参数，单位为 s。例如，P1213[0]＝60 表示若 60 s 内没有完成启动，则报 F07320 故障。

### (17) 参数 P1213[1]

P1213[1] 为用于启动计数器复位时间参数，单位为 s。例如，P1213[1]＝3 表示启动 3 s 后复位启动计数器。

### (18) 参数 P2103

P2103 为变频器故障复位命令参数，各设置值的意义如下：

P2103＝r722.0,将端子 DI0(端子 5)定义为故障复位命令;

P2103＝r722.1,将端子 DI1(端子 6)定义为故障复位命令;

P2103＝r722.2,将端子 DI2(端子 7)定义为故障复位命令;

P2103＝r722.3,将端子 DI3(端子 8)定义为故障复位命令;

P2103＝r722.4,将端子 DI4(端子 16)定义为故障复位命令;

P2103＝r722.5,将端子 DI5(端子 17)定义为故障复位命令。

**注意:**G120 变频器进行多段速操作时,宏操作参数 P15 不起作用。

## 2. 多段速操作的模式

多段速操作有两种固定设定值模式,分别是直接选择模式和二进制选择模式。

### (1)直接选择模式

数字量输入与固定设定值的对应关系:一个数字量输入选择一个固定设定值,多个数字量同时输入时,选定的设定值是对应固定设定值的叠加,最多可以设置 4 个数字量。采用直接选择模式需要设置 P1016＝1。数字量输入与固定设定值的对应关系见表 6-21。

表 6-21　　　　　　　　　　数字量输入与固定设定值的对应关系

| 参数号 | 说　明 | 参数号 | 说　明 |
|---|---|---|---|
| P1020 | 固定设定值 1 的选择信号 | P1001 | 固定设定值 1 |
| P1021 | 固定设定值 2 的选择信号 | P1002 | 固定设定值 2 |
| P1022 | 固定设定值 3 的选择信号 | P1003 | 固定设定值 3 |
| P1023 | 固定设定值 4 的选择信号 | P1004 | 固定设定值 4 |

从表 6-21 中可以得出以下信息:

①参数 P1020 的设置值决定选择哪个数字量输入端子。当设置 P1020＝r722.0 时,端子 DI0(端子 5)对应 P1001 的固定设定值;当设置 P1020＝r722.1 时,端子 DI1(端子 6)对应 P1001 的固定设定值;依次类推。其余三个参数 P1021、P1022、P1023 与参数 P1020 意义一样。

②频率值可以叠加,当选择的 4 个端子都与端子 9 闭合时,则变频器输出值是 4 个固定设定值的和。

### (2)二进制选择模式

二进制选择模式是使用 4 个数字量输入通过二进制编码方式选择固定设定值的。使用这种方法最多可以选择 15 个固定设定值。数字量输入编码与固定设定值的对应关系见表 6-22。采用二进制选择模式需要设置 P1016＝2。注意,4 个数字量输入必须选择不同的端子,不能重复。

表 6-22　　　　　　　　　　　　　数字量输入编码与固定设定值的对应关系

| 固定设定值 | P1023 选择的 DI | P1022 选择的 DI | P1021 选择的 DI | P1020 选择的 DI |
|---|---|---|---|---|
| P1001 的设定值 1 | 0 | 0 | 0 | 1 |
| P1002 的设定值 2 | 0 | 0 | 1 | 0 |
| P1003 的设定值 3 | 0 | 0 | 1 | 1 |
| P1004 的设定值 4 | 0 | 1 | 0 | 0 |
| P1005 的设定值 5 | 0 | 1 | 0 | 1 |
| P1006 的设定值 6 | 0 | 1 | 1 | 0 |
| P1007 的设定值 7 | 0 | 1 | 1 | 1 |
| P1008 的设定值 8 | 1 | 0 | 0 | 0 |
| P1009 的设定值 9 | 1 | 0 | 0 | 1 |
| P1010 的设定值 10 | 1 | 0 | 1 | 0 |
| P1011 的设定值 11 | 1 | 0 | 1 | 1 |
| P1012 的设定值 12 | 1 | 1 | 0 | 0 |
| P1013 的设定值 13 | 1 | 1 | 0 | 1 |
| P1014 的设定值 14 | 1 | 1 | 1 | 0 |
| P1015 的设定值 15 | 1 | 1 | 1 | 1 |

## 任务实施

### 1. 控制要求

使用 G120 变频器实现 5 段固定转速输出，转速分别为 -500 1/min、200 1/min、500 1/min、800 1/min、1 000 1/min，连接变频器数字量输入电路，设置功能参数，操作 5 段固定速度运行。

### 2. 所需设备、工具

G120 变频器一台、小型三相异步电动机一台、电气控制柜、通用电工工具一套、万用表一块、导线若干等。

### 3. 控制电路

按图 6-33 连接电路，检查线路正确后，接通断路器 QF。

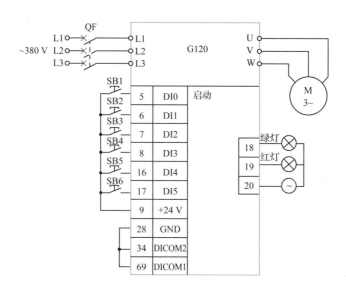

图 6-33    5 段固定转速控制电路

## 4. 电动机参数设置

(1)恢复变频器出厂设置,采用三种恢复出厂设置方法中的一种即可。

(2)设置电动机参数,按电动机实际铭牌设置电动机参数。

## 5. 使用直接选择模式操作

### (1)参数设置

如图 6-33 所示,端子 DI0 控制电动机的启动,端子 DI1、DI2、DI3 和 DI4 控制变频器输出固定转速:端子 DI1 对应转速－500 1/min,端子 DI2 对应转速 200 1/min,端子 DI3 对应转速 500 1/min,端子 DI4 对应转速 800 1/min,端子 DI2 和 DI4 叠加对应转速 1 000 1/min。变频器参数设置见表 6-23。

表 6-23    直接选择模式变频器参数设置

| 参数号 | 参数值 | 说　明 |
|---|---|---|
| P0730 | r52.3 | 变频器故障激活 |
| P0840 | r722.0 | 将端子 DI0(端子 5)作为启动信号 |
| P1000 | 3 | 固定频率 |
| P1001 | －500 1/min | 固定设定值 1 |
| P1002 | 200 1/min | 固定设定值 2 |
| P1003 | 500 1/min | 固定设定值 3 |
| P1004 | 800 1/min | 固定设定值 4 |

续表

| 参数号 | 参数值 | 说　明 |
|---|---|---|
| P1016 | 1 | 固定转速模式采用直接选择方式 |
| P1020 | r722.1 | 将端子 DI1(端子 6)作为固定设定值 1 的选择信号 |
| P1021 | r722.2 | 将端子 DI2(端子 7)作为固定设定值 2 的选择信号 |
| P1022 | r722.3 | 将端子 DI3(端子 8)作为固定设定值 3 的选择信号 |
| P1023 | r722.4 | 将端子 DI4(端子 16)作为固定设定值 4 的选择信号 |
| P1070 | P1024 | 固定设定值作为主设定值 |
| P1110 | 0 | 允许负方向运行 |
| P1111 | 0 | 允许正方向运行 |
| P1210 | 6 | 在发生任何故障,有 ON 命令时自动启动 |
| P1211 | 3 | 允许再启动次数 3 次,该次数在成功启动后复位重新计数 |
| P1212 | 2 | 故障 2 s 后再启动 |
| P1213[0] | 60 | 若 60 s 内没有完成启动,则报 F07320 故障 |
| P1213[1] | 3 | 启动 3 s 后复位启动计数器 |
| P1900 | 0 | 静态电动机数据检测被禁止 |

**注意:**调试参数时,应选择"PARAMETER"菜单中的"EXPERT FILTER"专家过滤器。

此外,设置参数 P1020～P1023 时,若要将其值设为 r722.1、r722.10 是错误的,应继续向下调为 r722.1 才正确。r722.2、r722.3、r722.4 的设置也是如此。

**（2）变频器运行操作**

按表 6-23 设置完参数后,闭合 SB1,变频器启动,但没有转速输出。

当 SB1、SB2 闭合时,变频器按一500 1/min 的转速运行。

当 SB1、SB3 闭合时,变频器按 200 1/min 的转速运行。

当 SB1、SB4 闭合时,变频器按 500 1/min 的转速运行。

当 SB1、SB5 闭合时,变频器按 800 1/min 的转速运行。

当 SB1、SB3、SB5 闭合时,变频器按 1 000 1/min 的转速运行。

变频器运行时,如果没有故障,则变频器数字量输出继电器 DO0 的常闭触点端子 18、20 一直闭合,外接的绿灯一直亮;当变频器发生故障时,常闭触点端子 18、20 断开,常开触点端子 19、20 闭合,外接红灯亮,报警输出。

变频器运行时,如果发生断电故障,变频器再上电后,变频器完成自检后 2 s 将重新自启动。

## 6. 使用二进制选择模式操作

**（1）参数设置**

端子 DI5 控制电动机的启动,端子 DI0、DI1、DI2 和 DI3 控制变频器输出固定转速,转速与固定设定值的对应关系见表 6-24。5 段转速实际上用不上端子 DI3,但最好设置参数 P1023 的值,若不设置,则参数 P1023 将取默认值,对变频器输出有影响。变频器参数设置见表 6-25。

表 6-24 转速与固定设定值的对应关系

| 固定设定值 | P1023＝r722.3 DI3 | P1022＝r722.2 DI2 | P1021＝r722.1 DI1 | P1020＝r722.0 DI0 |
|---|---|---|---|---|
| P1001＝−500 1/min | 0 | 0 | 0 | 1 |
| P1002＝200 1/min | 0 | 0 | 1 | 0 |
| P1003＝500 1/min | 0 | 0 | 1 | 1 |
| P1004＝800 1/min | 0 | 1 | 0 | 0 |
| P1005＝1 000 1/min | 0 | 1 | 0 | 1 |

表 6-25 二进制选择模式变频器参数设置

| 参数号 | 参数值 | 说　明 |
|---|---|---|
| P0730 | r52.3 | 变频器故障激活 |
| P0840 | r722.5 | 将 DI5(17 端子)作为启动信号 |
| P1000 | 3 | 固定频率 |
| P1001 | −500 | 固定设定值 1 |
| P1002 | 200 | 固定设定值 2 |
| P1003 | 500 | 固定设定值 3 |
| P1004 | 800 | 固定设定值 4 |
| P1005 | 1 000 | 固定设定值 5 |
| P1016 | 2 | 固定转速模式采用二进制选择方式 |
| P1020 | r722.0 | 选择端子 DI0(端子 5) |
| P1021 | r722.1 | 选择端子 DI1(端子 6) |
| P1022 | r722.2 | 选择端子 DI2(端子 7) |
| P1023 | r722.3 | 选择端子 DI3(端子 8) |
| P1070 | P1024 | 固定设定值作为主设定值 |
| P1080 | 0 | 最低转速 |
| P1082 | 1 500 | 最高转速 |
| P1110 | 0 | 允许负方向运行 |
| P1111 | 0 | 允许正方向运行 |
| P1210 | 6 | 在发生任何故障,有 ON 命令时自动启动 |
| P1211 | 3 | 允许再启动次数 3 次,该次数在成功启动后复位重新计数 |
| P1212 | 2 | 故障 2 s 后再启动 |
| P1213[0] | 60 | 若 60 s 内没有完成启动,则报 F07320 故障 |
| P1213[1] | 3 | 启动 3 s 后复位启动计数器 |
| P1900 | 0 | 静态电动机数据检测被禁止 |

**(2)变频器运行操作**

按表 6-25 设置完参数后,闭合 SB6,变频器启动,但没有转速输出。

当 SB6、SB1 闭合时,变频器按-500 1/min 的转速运行。

当 SB6、SB2 闭合时,变频器按 200 1/min 的转速运行。

当 SB6、SB1 闭合时,变频器按 500 1/min 的转速运行。

当 SB6、SB3 闭合时,变频器按 800 1/min 的转速运行。

当 SB6、SB1、SB3 闭合时,变频器按 1 000 1/min 的转速运行。

变频器运行时,如果没有故障,则变频器数字量输出继电器 DO0 的常闭触点端子 18、20 一直闭合,外接的绿灯一直亮;当变频器发生故障时,常闭触点端子 18、20 断开,常开触点端子 19、20 闭合,外接红灯亮,报警输出。

变频器运行时,如果发生断电故障,变频器再上电后,变频器完成自检后 2 s 将重新自启动。

## 思考与练习

(1)使用直接选择模式控制变频器输出 4 段转速,设置变频器启动时间为 5 s,停止时间为 5 s,转速分别为-800 1/min、500 1/min、1 000 1/min、1 500 1/min。

(2)使用二进制选择模式控制变频器输出 7 段转速,设置变频器启动时间为 5 s,停止时间为 5 s,转速分别为-800 1/min、-500 1/min、500 1/min 、800 1/min 、1 000 1/min、1 500 1/min、1 800 1/min。

# 项目 7
# ACS510变频器的基本操作

## 任务1　ACS510 变频器的端子和控制盘操作

### 任务引入

为了能正确使用 ACS510 变频器,就必须了解 ACS510 变频器上各端子的功能,才能正确对变频器的主电路、控制电路进行接线;也只有了解了变频器参数的意义、设置方法,才能对变频器参数进行正确设置,从而使变频器按要求控制电动机运行。

### 任务目标

(1)了解 ACS510 变频器上各端子的功能。
(2)掌握 ACS510 变频器参数的意义、设置方法。

### 相关知识

#### 1. ACS510 变频器的端子

##### (1)ACS510 变频器型号含义

ACS510 是 ABB 公司生产的变频器,其型号的含义如图 7-1 所示。其中:

IP 21/UL TYPE1 外壳,现场必须无浮尘,无腐蚀性气体或液体,无导电的污染物,如凝露、炭粉、金属颗粒等。

IP 54/UL TYPE12 外壳,这种外壳提供了对于来自所有方向的空气尘埃和轻度飞溅物和水滴的防护。

##### (2)控制端子和主电路接线端子

ACS510 变频器的外形如图 7-2 所示。摘下前面板顶部的控制盘,拧下位于顶部的紧固螺钉,取下前面板,露出变频器的控制端子和主电路接线端子,如图 7-3 所示。

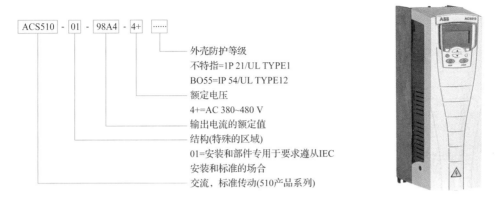

图 7-1　ACS510 变频器型号的含义　　　　图 7-2　ACS510 变频器的外形

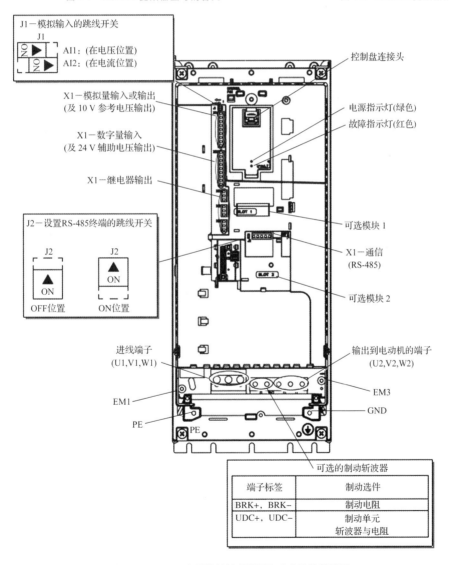

图 7-3　ACS510 变频器的控制端子和主电路接线端子

### (3)控制端子的定义

图 7-3 中,控制端子 X1 包含了模拟量输入/输出端子、数字量输入端子、继电器输出端子,这些端子的定义见表 7-1。

表 7-1                                    控制端子 X1 的定义

| 类　别 | X1 | | 硬件描述 |
|---|---|---|---|
| | 端子号 | 端子名 | |
| 模拟量<br>输入/输出 | 1 | SCR | 控制信号电缆屏蔽端(内部与外壳连接) |
| | 2 | AI1 | 模拟量输入 1,可编程,默认 2=频率给定。分辨率 0.1%,精度±1% |
| | | | J1:AI1 OFF:0~10 V |
| | | | J1:AI1 ON:0~20 mA |
| | 3 | AGND | 模拟量输入电路公共端(内部通过 1 MΩ 电阻与外壳连接) |
| | 4 | +10 V | 用于模拟量输入电位器的参考电压输出,10 V±0.2 V,最大 10 mA($1\ k\Omega \leqslant R \leqslant 10\ k\Omega$) |
| | 5 | AI2 | 模拟量输入 2,可编程,默认 2=不使用。分辨率 0.1%,精度±1% |
| | | | J1:AI2 OFF:0~10 V |
| | | | J1:AI2 ON:0~20 mA |
| | 6 | AGND | 模拟量输入电路公共端(内部通过 1 MΩ 电阻与外壳连接) |
| | 7 | AO1 | 模拟量输出 1,可编程,默认 2=频率。0~20 mA(负载<500 Ω),精度±3% |
| | 8 | AO2 | 模拟量输出 2,可编程,默认 2=频率。0~20 mA(负载<500 Ω),精度±3% |
| | 9 | AGND | 模拟量输入电路公共端(内部通过 1 MΩ 电阻与外壳连接) |
| 数字量<br>输入 | 10 | +24 V | 辅助电压输出 DC 24 V/250 mA(以 GND 为参考)。有短路保护 |
| | 11 | GND | 辅助电压输出公共端(内部浮地连接) |
| | 12 | DCOM | 数字量输入公共端 1。为了激活一个数字量输入,输入和 DCOM 之间必须≥+10 V(或≤−10 V)。24 V 可以由 ACS510 的 X1-10 端子提供或由一个 12~24 V 的双极性外部电源提供 |
| | 13 | DI1 | 数字量输入 1,可编程,默认 2=启动/停止 |
| | 14 | DI2 | 数字量输入 2,可编程,默认 2=正转/反转 |
| | 15 | DI3 | 数字量输入 3,可编程,默认 2=恒速选择 |
| | 16 | DI4 | 数字量输入 4,可编程,默认 2=恒速选择 |
| | 17 | DI5 | 数字量输入 5,可编程,默认 2=斜坡选择 |
| | 18 | DI6 | 数字量输入 6,可编程,默认 2=未使用 |
| 继电器<br>输出 | 19 | RO1C | 继电输出 1,可编程,默认 2=准备好<br>最大:AC 250 V/DC 30 V,2 A<br>最小:500 mW(12 V,10 mA) |
| | 20 | RO1A | |
| | 21 | RO1B | |
| | 22 | RO2C | 继电输出 2,可编程,默认 2=运行<br>最大:AC 250 V/DC 30 V,2 A<br>最小:500 mW(12 V,10 mA) |
| | 23 | RO2A | |
| | 24 | RO2B | |
| | 25 | RO3C | 继电输出 3,可编程,默认 2=故障(反)<br>最大:AC 250 V/DC 30 V,2 A<br>最小:500 mW(12 V,10 mA) |
| | 26 | RO3A | |
| | 27 | RO3B | |

注:1.数字量输入阻抗 1.5 kΩ。数字量输入最大电压 30 V。

2.默认值根据选用的宏的不同而不同。这里给出的是默认宏的默认值。

**注意:**端子 3、6、9 都是等电位的。

### (4)数字量输入端子的接线方式

数字量输入端子可以采用 PNP 或 NPN 的配置方式接线,采用 PNP 接线为发送型,采用 NPN 接线为吸纳型,两种接线方式分别如图 7-4 和图 7-5 所示。

| X1 | |
|---|---|
| 10 | +24 V |
| 11 | GND |
| 12 | DCOM |
| 13 | DI1 |
| 14 | DI2 |
| 15 | DI3 |
| 16 | DI4 |
| 17 | DI5 |
| 18 | DI6 |

| X1 | |
|---|---|
| 10 | +24 V |
| 11 | GND |
| 12 | DCOM |
| 13 | DI1 |
| 14 | DI2 |
| 15 | DI3 |
| 16 | DI4 |
| 17 | DI5 |
| 18 | DI6 |

图 7-4　PNP 接线　　　　　　　　图 7-5　NPN 接线

## 2. 变频器的控制盘操作

使用控制盘可以控制 ACS510 变频器、读取状态数据和调整参数值。ACS510 变频器配置有两种不同型号的控制盘。

### (1)助手型控制盘

助手型控制盘可以提供中文显示,并包括多种运行模式。在出现故障时,该控制盘提供相关的文字说明。

ACS510 助手型控制盘具有下列性能:

①液晶显示。

②语言选择。

③与变频器的连接可即插即拔。

④复制功能可实现将参数复制到控制盘的存储器中,可用于参数备份或复制参数到其他的 ACS510 上去。

⑤相关的帮助文字。

ACS510 助手型控制盘控制/显示功能如图 7-6 所示。

ACS510 变频器的
控制盘操作

### (2)基本型控制盘

基本型控制盘为手动输入参数值提供了基本的工具。

ACS510 基本型控制盘具有下列性能:

①液晶显示。

②与变频器的连接可即插即拔。

③复制功能。

ACS510 基本型控制盘控制/显示功能如图 7-7 所示。

素质课堂7

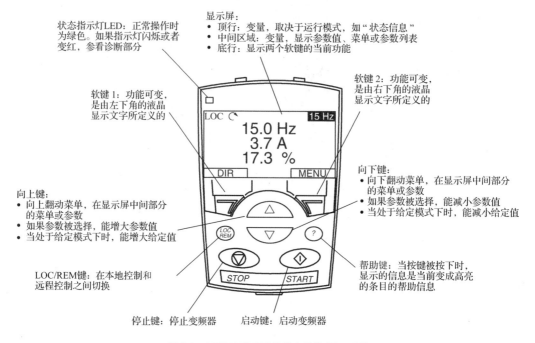

状态指示灯LED：正常操作时为绿色。如果指示灯闪烁或者变红，参看诊断部分

显示屏：
• 顶行：变量，取决于运行模式，如"状态信息"
• 中间区域：变量，显示参数值、菜单或参数列表
• 底行：显示两个软键的当前功能

软键1：功能可变，是由左下角的液晶显示文字所定义的

软键2：功能可变，是由右下角的液晶显示文字所定义的

向下键：
• 向下翻动菜单，在显示屏中间部分的菜单或参数
• 如果参数被选择，能减小参数值
• 当处于给定模式下时，能减小给定值

向上键：
• 向上翻动菜单，在显示屏中间部分的菜单或参数
• 如果参数被选择，能增大参数值
• 当处于给定模式下时，能增大给定值

帮助键：当按键被按下时，显示的信息是当前变成高亮的条目的帮助信息

LOC/REM键：在本地控制和远程控制之间切换

停止键：停止变频器    启动键：启动变频器

图7-6  ACS510 助手型控制盘控制/显示功能

显示屏：
• 左上：定义控制地，本地控制(LOC)或远程控制(REM)
• 右上：定义参数单位
• 中间：变量，通常显示参数值、菜单或列表，也会显示控制盘的故障代码，参见"报警代码(基本型控制盘)"
• 左下：在控制模式下，显示"OUTPUT"(输出)，当选择轮换模式时，显示"MENU"(菜单)
• 右下：电动机旋转方向，出现"SET"时表明参数可编辑

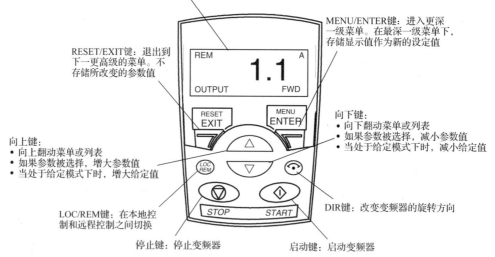

MENU/ENTER键：进入更深一级菜单。在最深一级菜单下，存储显示值作为新的设定值

RESET/EXIT键：退出到下一更高级的菜单。不存储所改变的参数值

向下键：
• 向下翻动菜单或列表
• 如果参数被选择，减小参数值
• 当处于给定模式下时，减小给定值

向上键：
• 向上翻动菜单或列表
• 如果参数被选择，增大参数值
• 当处于给定模式下时，增大给定值

LOC/REM键：在本地控制和远程控制之间切换

DIR键：改变变频器的旋转方向

停止键：停止变频器    启动键：启动变频器

图7-7  ACS510 基本型控制盘控制/显示功能

**(3)基本型控制盘的操作**

①输出模式

使用输出模式能够读取变频器的状态信息及操作变频器。为了进入输出模式,按下 RESET/EXIT 键直到显示屏中显示如图 7-8 所示状态信息。

图 7-8　基本型控制盘的状态信息

图 7-8 中,左上角显示的是控制地:

"LOC"表明变频器控制地是本地控制,控制命令来自于控制盘,即面板操作。

"REM"表明变频器控制地是远程控制,即端子操作。例如控制命令来自于 I/O(X1)端子或者现场总线。

中间区域显示的是参数值:

每次显示参数组中的一个参数值,并且可以在三个参数之间轮换。按下向上/向下键滚动到所需要的参数。

在默认状态下,滚动显示三个参数值:0103(OUTPUT FREQUENCY 输出频率),0104(CURRENT 电流),0105(TORQUE 转矩)。

右上角显示的参数值的单位。

左下角显示的是"OUTPUT"。

右下角显示的是旋转方向,"FWD"表示正转,"REV"表示反转。当电动机达到给定速度时,"FWD"或"REV"保持稳定;当电动机停止时,"FWD"或"REV"缓慢闪动;当电动机升速时,"FWD"或"REV"快速闪动。

②基本操作

● LOC/REM　初次通电时,变频器处于远程控制(REM)模式,就是由控制端子 X1 来控制的。要进入本地控制(LOC)模式,即使用控制盘控制变频器,按下 LOC/REM 键,当显示屏左上角显示"LOC",表示变频器处于本地控制模式,即面板控制模式。

再按下 LOC/REM 键,显示屏左上角显示"REM",表示变频器又回到远程控制状态下。

● 启动/停止　按下启动键或停止按键,启动或停止变频器。

● 改变方向　按下 DIR 键,改变变频器的旋转方向。此时参数 1003 必须被设定成 3(双向)。

● 菜单选择与设置　从输出模式开始,按 MENU/ENTER 键,交替显示下列可选模式:reF(给定)、PAr(参数)、CoPY(复制)。

使用向上/向下键进入 reF(给定)模式。按 MENU/ENTER 键,显示当前给定值,并在给定值下显示"SET"。

**注意:**通常仅在本地控制模式下可以调整给定。但通过设置参数组 11,也允许在远程控制模式下调整给定。当控制盘上显示"SET"时,表明允许进行给定调整。

使用向上/向下键设置所需要的给定值。按 RESET/EXIT 键返回到输出模式。

使用向上/向下键进入 PAr(参数)模式。按 MENU/ENTER 键,显示 01~99 之中的一组参数组。

使用向上/向下键逐步进入所要的参数组,如"03",按 MENU/ENTER 键,显示已选的参数组的一个参数,如"0301"。使用向上/向下键找到所需要修改的参数。

按 MENU/ENTER 键并保持 2 s,或快速连续按两次 MENU/ENTER 键,会显示参数值,并在参数值下显示"SET"。使用向上/向下键逐步设置所要的参数值。在"SET"状态下,按 MENU/ENTER 键能存储所显示的参数值。再按 RESET/EXIT 键返回到输出模式。

③参数备份模式

● 参数备份模式　基本型控制盘能存储变频器所有的参数。如果定义了两套参数,使用这个特性就能复制和传输这两套参数。

参数备份模式有三个功能:

uL(上传参数到控制盘):从变频器复制所有参数到控制盘。包括内部参数,如由电动机辨识运行所创建的参数。控制盘的存储器是非易失性的。

rEA(恢复所有参数):从控制盘恢复所有参数到变频器。使用这个功能可以恢复变频器的所有参数,或者配置完全相同的变频器。

注意:恢复所有参数功能将所有参数写入变频器,包括电动机参数等。使用此功能,仅仅是为了恢复变频器,或者将参数传输到配置完全相同的系统中去。

dLP(下装部分参数):从控制盘复制部分参数到变频器。部分参数设置不包括 9905～9909,1605,1607,5201,也不包括第 51 组和第 53 组的任何参数。使用这个功能可将参数传输到配置相似的系统中,变频器和电动机型号并不必完全相同。

dLu1(下装用户设置 1):将用户自定义参数设置 1(用户设置并存储在参数 9902 APPLIC MACRO 中)复制到变频器中。

dLu2(下装用户设置 2):将用户自定义参数设置 2 复制到变频器中。

● 参数备份操作步骤　从输出模式开始,按 MENU/ENTER 键,交替显示下列可选模式:reF(给定)、PAr(参数)、CoPY(复制)。

使用向上/向下键进入 CoPY(复制)模式。按 MENU/ENTER 键,交替显示下列可选项:uL(上装)、rEA(恢复所有参数)、dLP(下装部分参数)。

使用向上/向下键进入所需要的选项设置。按 MENU/ENTER 键,按照指令传输设置。在传输期间,传输完成的情况是以百分比的形式显示的。按 RESET/EXIT 键返回到输出模式。

● 处理不完全下装　在某些时候,向目标传动进行完全下装是不合适的。基本型控制盘自动处理以下情况:忽略目标传动中不支持的参数/参数值;如果下装程序中无值或有非法值,使用缺省值。

④报警代码

基本型控制盘以代码表示故障。代码的形式是 A5×××。

## 3. 参数介绍

参数 1101　在本地控制模式下,选择控制盘给定方式。

1101=1,REF1(Hz),频率给定(Hz)。

1101=2,REF2(%),给定(%)

## 任务实施

### 1. 控制要求

通过变频器操作面板控制电动机的启动、正/反转、调速。

### 2. 所需设备、工具

ACS510 变频器一台、小型三相异步电动机一台、电气控制柜、通用电工工具一套、万用表一块、导线若干等。

### 3. 控制电路

变频器主电路进线电源端子是 U1、V1、W1，电源电压为 380 V，输出端子是 U2、V2、W2，接电动机绕组，严禁接错，否则将烧毁变频器。面板控制电路如图 7-9 所示。

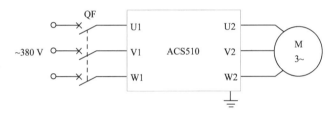

图 7-9　面板控制电路

### 4. 参数设置

（1）按下基本型控制盘上的 LOC/REM 键，当显示屏左上角显示"LOC"，表示变频器处于本地控制模式，即可进行面板控制。

（2）为了使电动机与变频器相匹配，需要设置电动机参数，见表 7-2。

表 7-2　　　　　　　　　　面板控制电动机参数设置

| 参数号 | 出厂值 | 设置值 | 说　明 |
|---|---|---|---|
| 9905 | 400 | 400 | 电动机额定电压（V） |
| 9906 | 1 | 3.2 | 电动机额定电流（A） |
| 9907 | 50 | 50 | 电动机额定频率（Hz） |
| 9908 | 取决于容量 | 1400 | 电动机额定转速（r/min） |
| 9909 | 1 | 1.5 | 电动机额定功率（kW） |
| 9915 | 0 | 0.85 | 电动机功率因数 |

## 5. 变频器运行操作

接线并检查电路正确无误后,接通断路器 QF,变频器开始工作。

### (1) 变频器启动

在变频器的操作面板上按启动键,变频器启动;按停止键,变频器停止。

### (2) 修改变频器运行频率

按 MENU/ENTER 键,从三个可选模式 reF(给定)、PAr(参数)、CoPY(复制)中,使用向上/向下键进入 reF 模式,然后按 MENU/ENTER 键,显示当前给定值且给定值下显示"SET",此时,可按向上/向下键设置所需要的频率。按 RESET/EXIT 键返回到输出模式。

## 思考与练习

使用面板操作,设置变频器的运行频率为 20Hz、40 Hz,实际设置并调试。

# 任务 2   ACS510 变频器的标准宏操作

## 任务引入

ABB 变频器的端子控制统称为远程控制(REM),远程控制采用宏的方式进行控制,使用者只需要改变少量的变频器参数,即可对变频器进行变频操作。本任务的目的是使读者了解宏的定义,并能对标准宏进行各种操作。

## 任务目标

(1)了解变频器宏的定义。
(2)掌握变频器标准宏的各种操作。

## 相关知识

## 1. 宏的定义

宏是一组预先定义的参数集。应用宏将现场实际使用过程中所需设定的参数数量减至最少。选择一个宏会将所有的参数设置为该宏的默认值。除了以下参数:

参数组 99：启动数据参数；

参数锁 1602；

参数存储 1607；

通信故障功能 3018 和通信故障时间 3019；

通信协议选择 9802；

参数组 51～53 的参数。

选择一个宏后，可以用控制盘手动改变其他需要更改的参数。通过设置参数 9902 APPLIC MACRO（应用宏）的值选择被预定义参数的应用宏。默认值为 1，对应为 ABB Standard（ABB 标准）。

## 2. ABB 标准宏（默认）

该宏提供一种通常的方案：2-线式 I/O 配置，带三个恒速。这个宏是默认宏，其缺省值的定义见附录 D。

ABB 标准宏的接线如图 7-10 所示。

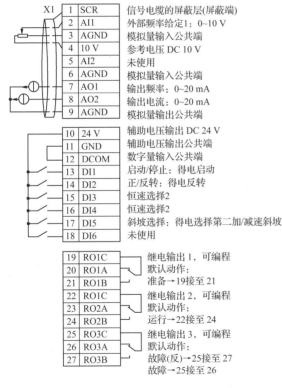

图 7-10　ABB 标准宏的接线

## 3. 常用参数介绍

### (1)启动数据参数 9901～9915

这组参数专门用于配置:设置变频器,输入电动机数据。

①参数 9901　语言设置。根据控制盘的不同,有不同的语言选择。亚洲语言控制盘:

- 9901＝0,英文。
- 9901＝1,中文。
- 9901＝2,韩文。

②参数 9902　选择一个应用宏。应用宏自动设置参数,使 ACS510 得以完成某些特定的应用。

- 9902＝1,ABB 标准宏。
- 9902＝2,3-线宏。
- 9902＝3,交变宏。
- 9902＝4,电动电位计宏。
- 9902＝5,手动/自动宏。
- 9902＝6,PID 控制宏。
- 9902＝7,PFC 控制宏。
- 9902＝15,SPFC 控制宏。

③参数 9905　定义电动机额定电压。必须等于电动机铭牌上的值。ACS510 输出到电动机的电压无法大于电源电压。

④参数 9906　定义电动机额定电流。必须等于电动机铭牌上的值。允许范围:$(0.2～2.0)I_{2N}$。

⑤参数 9907　定义电动机额定频率。允许范围:10～500 Hz(通常是 50 或 60 Hz)。设定频率点,使得变频器输出电压在该点时等于电动机额定电压。

⑥参数 9908　定义电动机额定转速。必须等于电动机铭牌上的值。

⑦参数 9909　定义电动机额定功率。必须等于电动机铭牌上的值。

⑧参数 9915　定义电动机额定功率因数。允许范围:0.01～0.97,输入具体数值作为功率因数。

### (2)输入指令参数 1001～1003

这组参数用于定义控制启停、方向的外部命令源。

①参数 1001　定义外部控制 1(EXT1),设定启停和方向。

- 1001＝0,NOT SEL,没有外部命令源控制启停和方向。
- 1001＝1,DI1,2-线控制启停(2-线指一个端子控制启停,一个端子控制方向)。

DI1 控制启停。DI1 得电＝启动;DI1 断电＝停止。

参数 1003 定义方向。选择 1003＝3(双向)等效于 1003＝1(正转)。

- 1001＝2,DI1,2-2-线控制启停、方向。

DI1 控制启停。DI1 得电＝启动;DI1 断电＝停止。

DI2 控制方向(参数 1003 应该设为 3)。DI2 得电＝反转;DI2 失电＝正转。

● 1001＝3,DI1P,2P-3-线控制启停(3-线指一个端子控制启动,一个端子控制停止,一个端子控制方向)。

启动和停止信号分别为按钮控制的脉冲信号("P"代表脉冲)。

启动按钮是常开的,接到 DI1。为了启动变频器,DI2 在 DI1 得到脉冲信号时应保持得电状态。多个启动按钮并联。

停止按钮是常闭的,接到 DI2。多个停止按钮串联。

参数 1003 定义方向。选择 1003＝3 等效于 1003＝1。

● 1001＝4,DI1P,2P,3-3-线控制启停、方向。

启动和停止信号分别为按钮控制的脉冲信号,同 DI1P,2P。

DI3 控制方向(参数 1003 应该设为 3)。DI3 得电＝反转;DI3 失电＝正转。

● 1001＝5,DI1P,2P,3P-正转启动、反转启动和停止。

启动和方向命令由两个独立的按钮给出。

正转启动按钮是常开的,接到 DI1。为了启动变频器,DI3 在 DI1 得到脉冲信号时应保持得电状态。反转启动按钮是常开的,接到 DI2。为了启动变频器,DI3 在 DI2 得到脉冲信号时应保持得电状态。多个启动按钮并联。

停止按钮是常闭的,接到 DI3。多个停止按钮串联。

参数 1003 应该设为 3。

● 1001＝6,DI6-2-线控制启停。

DI6 控制启停。DI6 得电＝启动;DI6 断电＝停止。

参数 1003 定义方向。选择 1003＝3 等效于 1003＝1。

● 1001＝7,DI6,5-2-线控制启停、方向。

DI6 控制启停。DI6 得电＝启动;DI6 断电＝停止。

DI5 控制方向(参数 1003 应该设为 3)。DI5 得电＝反转;DI5 失电＝正转。

● 1001＝8,KEYPAD(控制盘)。

外部控制 1 的启停和方向信号由控制盘给出。

方向控制时,参数 1003 应该设为 3。

● 1001＝9,DI1F,2R,启停和方向命令取决于 DI1 和 DI2 的组合。

正转启动＝DI1 得电且 DI2 失电。

反转启动＝DI1 失电且 DI2 得电。

停止＝DI1 和 DI2 都得电或都失电。

参数 1003 应该设为 3。

● 1001＝10,COMM(通信),启停和方向信号来自现场总线控制字。

控制字 1(参数 0301)的位 0,1,2 决定启停和方向。

②参数 1002　定义外部控制 2(EXT2),设定启停和方向。

设置值与参数 1001 相同。

③参数 1003　定义电动机转动方向。

● 1003＝1,FORWARD,正转,方向固定为正转。

● 1003＝2,REVERSE,反转,方向固定为反转。

● 1003＝3,REQUEST,双向,方向可以通过命令切换。

### (3)给定选择参数 1101~1103

这组参数定义了变频器如何选择命令源,给定 1 和给定 2 的来源和性质。

①参数 1101　控制盘给定选择。

在本地控制模式下,选择控制盘给定方式。

- 1101=1,REF1(Hz),频率给定(Hz)。
- 1101=2,REF2(%),给定(%)。

②参数 1102　外部控制 1/外部控制 2 选择。

此参数用于选择外部控制 1/外部控制 2。这样,此参数定义了相关的启停和方向命令以及给定。

- 1102=0,选择外部控制 1。

参见参数 1001。

- 1102=1,定义 DI1 功能,DI1 的状态决定了外部控制 1/外部控制 2 的取向。DI1 得电=外部控制 2;DI1 失电=外部控制 1。
- 1102=2~6,定义 DI2~DI6 功能,数字量输入端子的状态决定了外部控制 1/外部控制 2 的取向。参见 DI1。

③参数 1103　给定值 1 选择,定义外部给定 1 的信号源。

- 1103=0,给定来自控制盘。
- 1103=1,给定来自 AI1。
- 1103=2,给定来自 AI2。
- 1103=3,AI1 以操纵杆的形式作为给定。
- 1103=4,AI2 以操纵杆的形式作为给定。

### (4)恒速运行参数 1201~1208

这组参数定义了一组恒速:可编程设定 7 个恒速;恒速值必须为正数(恒速值不能为负数);正在使用过程 PID 控制,或者传动处于本地控制模式,或者 PFC 控制被激活时,恒速选择将被忽略。

①参数 1201　恒速选择。该参数定义不同的 DI 信号作为恒速选择。可设定 7 个恒速,恒速值必须为正数。

- 1201=0,未选择,恒速功能无效。
- 1201=1,定义 DI1 功能,恒速 1 由 DI1 的状态决定。数字量输入端子激活时,恒速 1 有效。
- 1201=2~6,定义 DI2~DI6 功能,恒速 1 由 DI2~DI6 其中之一的状态决定。
- 1201=7,定义 DI1、DI2 功能,共定义 3 个恒速(1~3)。DI1、DI2 的不同组合选择不同的恒速值。

使用 2 个数字量输入端子,定义为 0=DI 失电,1=DI 得电,其不同组合与对应速度见表 7-3。

表 7-3　　　　　　　　　　　　　　　　　DI1、DI2 不同组合与对应速度

| DI2 | DI1 | 功　能 |
|---|---|---|
| 0 | 0 | 无恒速 |
| 0 | 1 | 恒速 1,由参数 1202 的值决定 |
| 1 | 0 | 恒速 2,由参数 1203 的值决定 |
| 1 | 1 | 恒速 3,由参数 1204 的值决定 |

● 1201＝8,定义 DI2、DI3 功能,共定义 3 个恒速(1～3)。DI2、DI3 的不同组合选择不同的恒速值,参考表 7-3。

● 1201＝9,定义 DI3、DI4 功能,共定义 3 个恒速(1～3)。DI3、DI4 的不同组合选择不同的恒速值,参考表 7-3。

● 1201＝10,定义 DI4、DI5 功能,共定义 3 个恒速(1～3)。DI4、DI5 的不同组合选择不同的恒速值,参考表 7-3。

● 1201＝11,定义 DI5、DI6 功能,共定义 3 个恒速(1～3)。DI5、DI6 的不同组合选择不同的恒速值,参考表 7-3。

● 1201＝12,定义 DI1、DI2、DI3 功能,7 个恒速(1～7)由 DI1、DI2、DI3 的状态决定。

使用 3 个数字量输入端子,定义为 0＝DI 失电,1＝DI 得电,其不同组合与对应速度见表 7-4。

表 7-4　　　　　　　　　　　　　　　　　DI1、DI2、DI3 不同组合与对应速度

| DI3 | DI2 | DI1 | 功　能 |
|---|---|---|---|
| 0 | 0 | 0 | 无恒速 |
| 0 | 0 | 1 | 恒速 1,由参数 1202 的值决定 |
| 0 | 1 | 0 | 恒速 2,由参数 1203 的值决定 |
| 0 | 1 | 1 | 恒速 3,由参数 1204 的值决定 |
| 1 | 0 | 0 | 恒速 4,由参数 1205 的值决定 |
| 1 | 0 | 1 | 恒速 5,由参数 1206 的值决定 |
| 1 | 1 | 0 | 恒速 6,由参数 1207 的值决定 |
| 1 | 1 | 1 | 恒速 7,由参数 1208 的值决定 |

● 1201＝13,定义 DI3、DI4、DI5 功能,7 个恒速(1～7)由 DI3、DI4、DI5 的状态决定,参考表 7-4。

● 1201＝14,定义 DI4、DI5、DI6 功能,7 个恒速(1～7)由 DI4、DI5、DI6 的状态决定,参考表 7-4。

②参数 1202　设定恒速 1 的参数。

设定恒速 1 的范围:0～500 Hz。

③参数 1203～1208　设定恒速 2～7 的参数。

设定恒速 2～7 的范围:0～500 Hz。

## (5)限幅参数 2003～2008

①参数 2003　设定最大输出电流(A),即 ACS510 提供给电动机的最大电流。

②参数 2007    定义了变频器输出频率的最小限幅值。

③参数 2008    定义了变频器输出频率的最大限幅值。

### (6)加/减速参数 2201～2209

①参数 2201    定义加/减速积分曲线选择的命令源。积分曲线按"对"来设定,一条设定加速斜率,一条设定减速斜率。

● 2201＝0,未选择,使用第一组斜坡曲线参数。

● 2201＝1,定义数字量输入端子 DI1 为积分曲线选择。数字量输入端子得电选择积分曲线 2,数字量输入端子失电选择积分曲线 1。

● 2201＝2～6,定义数字量输入端子 DI2～DI6 为积分曲线选择。数字量输入端子得电选择积分曲线 2,数字量输入端子失电选择积分曲线 1。

● 2201＝7,COMM(通信)。定义由串行通信来选择积分曲线。

②参数 2202    加速时间 1,设定积分曲线 1 由 0 升到最高频率所需时间。

实际的加速时间也取决于参数 2204。

③参数 2203    减速时间 1,设定积分曲线 1 由最高频率降到 0 所需时间。

④参数 2204    选择积分曲线 1 的形状。

⑤参数 2205    加速时间 2,设定积分曲线 2 由 0 升到最高频率所需时间。

⑥参数 2206    减速时间 2,设定积分曲线 2 由最高频率降到 0 所需时间。

⑦参数 2207    选择积分曲线 2 的形状。

⑧参数 2208    急停减速时间,设定在急停时,从最高频率降到 0 所需时间。

⑨参数 2209    积分器输入置零。

● 2209＝0,不选择。

● 2209＝1,定义数字量输入端子 DI1 为强制积分器输入置零。

数字量输入端子得电强制积分器输入置零,积分器输出根据当前的积分曲线降到零,然后一直保持为零。

数字量输入端子失电,积分器恢复正常。

● 2209＝2～6,定义数字量输入端子 DI2～DI6 为强制积分器输入置零。

## 任务实施

### 1. 控制要求

使用变频器标准宏定义,操作变频器实现对电动机正/反转控制,正转频率为 30 Hz,反转频率为 40 Hz;多段速调速控制,要求正转频率为 10 Hz、20 Hz、30 Hz,反转频率为 15 Hz、25 Hz、35 Hz。

### 2. 所需设备、工具

ACS510 变频器一台、小型三相异步电动机一台、电气控制柜、通用电工工具一套、万用表一块、导线若干等。

## 3. 控制电路

变频器主电路进线电源端子是 U1、V1、W1，电源电压为 380V，输出端子是 U2、V2、W2，接电动机绕组，严禁接错，否则将烧毁变频器。标准宏控制电路如图 7-11 所示。

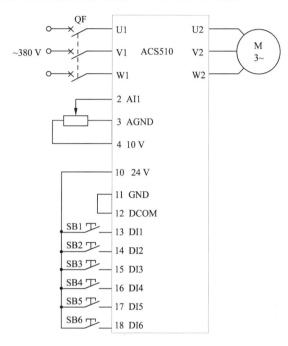

图 7-11 标准宏控制电路

## 4. 参数设置

### (1)变频器基本参数设置

①按下基本型控制盘上的 LOC/REM 键，当显示屏左上角显示"REM"，表示变频器处于远程控制模式下，即可进行端子操作。

②为了使电动机与变频器相匹配，需要设置电动机参数，见表 7-5。

表 7-5　　　　　　　　　　　　标准宏控制电动机参数设置

| 参数号 | 出厂值 | 设置值 | 说　明 |
|---|---|---|---|
| 9902 | 1 | 1 | 标准宏 |
| 9907 | 50 | 50 | 电动机额定频率(Hz) |
| 9908 | 取决于容量 | 1400 | 电动机额定转速(r/min) |
| 9909 | 1 | 1.5 | 电动机额定功率(kW) |
| 9915 | 0 | 0.85 | 电动机功率因数 |

**（2）变频器各种操作方式参数设置**

变频器使用哪些端子控制输出频率，主要由参数 1201 来决定，其取值不同，激活的端子也不同。下面列举了参数 1201 常用值的使用情况。

①当恒速选择参数 1201＝1 时，变频器参数设置见表 7-6。

表 7-6　　　　　　　　　　　参数 1201＝1 时变频器参数设置

| 参数号 | 出厂值 | 设置值 | 说　明 |
|---|---|---|---|
| 1001 | 2 | 2 | 2-线控制启停、方向（端子 DI1 控制启停，端子 DI2 控制方向） |
| 1201 | 9 | 1 | 激活端子 DI1 |
| 1202 | 5 | 5 | 设定恒速 1 的频率（Hz） |
| 2007 | 0 | 0 | 最低频率（Hz） |
| 2008 | 50 | 50 | 最高频率（Hz） |
| 2201 | 5 | 1 | 定义端子 DI1 为积分曲线选择，得电选择参数 2205 的值，失电选择参数 2203 的值 |
| 2203 | 30.0 | 10.0 | 减速时间 1 |
| 2205 | 60.0 | 10.0 | 加速时间 2 |
| 2206 | 60.0 | 10.0 | 减速时间 2 |

此时，变频器的端子 DI1 被激活，变频器输出频率由参数 1202 的值决定。变频器运行方式见表 7-7。

表 7-7　　　　　　　　　　　参数 1201＝1 时变频器运行方式

| 端子号 | | 说　明 |
|---|---|---|
| DI2(14) | DI1(13) | |
| 0 | 1 | 正转，输出频率由参数 1202 的值决定，加速时间由参数 2205 的值决定 |
| 1 | 0 | 变频器没有频率输出 |
| 1 | 1 | 反转，输出频率由参数 1202 的值决定，加速时间由参数 2205 的值决定 |

当端子 DI1 闭合，电动机正转时，接通端子 DI2，此时变频器将输出负频率，电动机将反转。但变频器的频率值变化是由参数 1202 的值减为 0，然后再从 0 上升到参数 1202 的值，其减速时间由参数 2206 的值决定。

②当恒速选择参数 1201＝2 时，变频器参数设置见表 7-6，只是修改参数 1201＝2，激活端子 DI2。

此时，端子 DI2 被激活，变频器输出频率由参数 1202 的值决定。变频器运行方式见表 7-8。

表 7-8　　　　　　　　　　　参数 1201＝2 时变频器运行方式

| 端子号 | | 说　明 |
|---|---|---|
| DI2(14) | DI1(13) | |
| 0 | 1 | 正转，输出频率由模拟量输入值决定 |
| 1 | 0 | 变频器没有频率输出 |
| 1 | 1 | 反转，输出频率由参数 1202 的值决定，加速时间由参数 2205 的值决定 |

③当恒速选择参数 1201＝3 时,变频器参数设置见表 7-6,只是修改参数 1201＝3,激活 DI3。此时,端子 DI3 被激活,变频器输出频率由参数 1202 的值决定。变频器运行方式见表 7-9。

表 7-9　　　　　　　　　　　　参数 1201＝3 时变频器运行方式

| 端子号 | | | 说　明 |
|---|---|---|---|
| DI3(15) | DI2(14) | DI1(13) | |
| 0 | 0 | 1 | 正转,输出频率由模拟量输入值决定 |
| 0 | 1 | 0 | 变频器没有频率输出 |
| 0 | 1 | 1 | 反转,输出频率由模拟量输入值决定 |
| 1 | 0 | 0 | 变频器没有频率输出 |
| 1 | 0 | 1 | 正转,输出频率由参数 1202 的值决定,加速时间由参数 2205 的值决定 |
| 1 | 1 | 1 | 反转,输出频率由参数 1202 的值决定,加速时间由参数 2205 的值决定 |

④当恒速选择参数 1201＝4～6 时,其激活变频器的端子分别为 DI4～DI6,变频器运行方式与表 7-9 类似,请读者自己研究掌握。

⑤当恒速选择参数 1201＝7 时,变频器参数设置见表 7-10。

表 7-10　　　　　　　　　　　　参数 1201＝7 时变频器参数设置

| 参数号 | 出厂值 | 设置值 | 说　明 |
|---|---|---|---|
| 1001 | 2 | 2 | 2-线控制启停、方向(端子 DI1 控制启停,端子 DI2 控制方向) |
| 1201 | 9 | 7 | 激活端子 DI1、DI2 |
| 1202 | 5 | 5 | 设定恒速 1 的频率(Hz) |
| 1203 | 10 | 10 | 设定恒速 2 的频率(Hz) |
| 1204 | 15 | 15 | 设定恒速 3 的频率(Hz) |
| 2007 | 0 | 0 | 最低频率(Hz) |
| 2008 | 50 | 50 | 最高频率(Hz) |
| 2201 | 5 | 1 | 定义端子 DI1 为积分曲线选择,得电选择参数 2205 的值,失电选择参数 2203 的值 |
| 2203 | 30.0 | 10.0 | 减速时间 1 |
| 2205 | 60.0 | 10.0 | 加速时间 2 |
| 2206 | 60.0 | 10.0 | 减速时间 2 |

此时,端子 DI1、DI2 被激活,变频器输出频率由参数 1202～1204 的值决定。变频器运行方式见表 7-11。

表 7-11　　　　　　　　　　　　参数 1201＝7 时变频器运行方式

| 端子号 | | 说　明 |
|---|---|---|
| DI2(14) | DI1(13) | |
| 0 | 1 | 正转,输出频率由参数 1202 的值决定,加速时间由参数 2205 的值决定 |
| 1 | 0 | 变频器没有频率输出 |
| 1 | 1 | 反转,输出频率由参数 1204 的值决定,加速时间由参数 2205 的值决定 |

⑥当恒速选择参数 1201＝8 时,变频器参数设置见表 7-10,只是修改参数 1201＝8,激活端子 DI2、DI3。变频器输出频率由参数 1202～1204 的值决定。变频器运行方式见表 7-12。

表 7-12　　　　　　　　　　　　　参数 1201＝8 时变频器运行方式

| 端子号 | | | 说　明 |
|---|---|---|---|
| DI3(15) | DI2(14) | DI1(13) | |
| 0 | 0 | 1 | 正转,输出频率由模拟量输入值决定 |
| 0 | 1 | 0 | 变频器没有频率输出 |
| 0 | 1 | 1 | 反转,输出频率由参数 1202 的值决定,加速时间由参数 2205 的值决定 |
| 1 | 0 | 0 | 变频器没有频率输出 |
| 1 | 0 | 1 | 正转,输出频率由参数 1203 的值决定,加速时间由参数 2205 的值决定 |
| 1 | 1 | 1 | 反转,输出频率由参数 1204 的值决定,加速时间由参数 2205 的值决定 |

⑦当恒速选择参数 1201＝9 时,变频器参数设置见表 7-10,只是修改参数 1201＝9,激活端子 DI3、DI4。变频器输出频率由参数 1202～1204 的值决定。变频器运行方式见表 7-13。

表 7-13　　　　　　　　　　　　　参数 1201＝9 时变频器运行方式

| 端子号 | | | | 说　明 |
|---|---|---|---|---|
| DI4(16) | DI3(15) | DI2(14) | DI1(13) | |
| 0 | 0 | 0 | 1 | 正转,输出频率由模拟量输入值决定 |
| 0 | 0 | 1 | 0 | 变频器没有频率输出 |
| 0 | 0 | 1 | 1 | 反转,输出频率由模拟量输入值决定 |
| 0 | 1 | 0 | 0 | 变频器没有频率输出 |
| 0 | 1 | 0 | 1 | 正转,输出频率由参数 1202 的值决定,加速时间由参数 2205 的值决定 |
| 0 | 1 | 1 | 0 | 变频器没有频率输出 |
| 0 | 1 | 1 | 1 | 反转,输出频率由参数 1202 的值决定,加速时间由参数 2205 的值决定 |
| 1 | 0 | 0 | 0 | 变频器没有频率输出 |
| 1 | 0 | 0 | 1 | 正转,输出频率由参数 1203 的值决定,加速时间由参数 2205 的值决定 |
| 1 | 0 | 1 | 0 | 变频器没有频率输出 |
| 1 | 0 | 1 | 1 | 反转,输出频率由参数 1203 的值决定,加速时间由参数 2205 的值决定 |
| 1 | 1 | 0 | 0 | 变频器没有频率输出 |
| 1 | 1 | 0 | 1 | 正转,输出频率由参数 1204 的值决定,加速时间由参数 2205 的值决定 |
| 1 | 1 | 1 | 1 | 反转,输出频率由参数 1204 的值决定,加速时间由参数 2205 的值决定 |

⑧当恒速选择参数 1201=10 或 11 时,其激活的端子分别为 DI4、DI5 或 DI5、DI6,变频器运行方式与表 7-13 类似,请读者自己研究掌握。

⑨当恒速选择参数 1201=12 时,变频器参数设置见表 7-14。

表 7-14　　　　　　　　　　　　参数 1201=12 时变频器参数设置

| 参数号 | 出厂值 | 设置值 | 说　明 |
|---|---|---|---|
| 1001 | 2 | 2 | 2-线控制启停、方向(端子 DI1 控制启停,端子 DI2 控制方向) |
| 1201 | 9 | 12 | 激活端子 DI1、DI2、DI3 |
| 1202 | 5 | 5 | 设定恒速 1 的频率(Hz) |
| 1203 | 10 | 10 | 设定恒速 2 的频率(Hz) |
| 1204 | 15 | 15 | 设定恒速 3 的频率(Hz) |
| 1205 | 20 | 20 | 设定恒速 4 的频率(Hz) |
| 1206 | 25 | 25 | 设定恒速 5 的频率(Hz) |
| 1207 | 40 | 40 | 设定恒速 6 的频率(Hz) |
| 1208 | 50 | 50 | 设定恒速 7 的频率(Hz) |
| 2007 | 0 | 0 | 最低频率(Hz) |
| 2008 | 50 | 50 | 最高频率(Hz) |
| 2201 | 5 | 1 | 定义端子 DI1 为积分曲线选择,得电选择参数 2205 的值,失电选择参数 2203 的值 |
| 2203 | 30.0 | 10.0 | 减速时间 1 |
| 2205 | 60.0 | 10.0 | 加速时间 2 |
| 2206 | 60.0 | 10.0 | 减速时间 2 |

此时,端子 DI1、DI2、DI3 被激活,变频器输出频率由参数 1202～1208 的值决定。变频器运行方式见表 7-15。

表 7-15　　　　　　　　　　　　参数 1201=12 时变频器运行方式

| 端子号 | | | 说　明 |
|---|---|---|---|
| DI3(15) | DI2(14) | DI1(13) | |
| 0 | 0 | 1 | 正转,输出频率由参数 1202 的值决定,加速时间由参数 2205 的值决定 |
| 0 | 1 | 0 | 变频器没有频率输出 |
| 0 | 1 | 1 | 反转,输出频率由参数 1204 的值决定,加速时间由参数 2205 的值决定 |
| 1 | 0 | 0 | 变频器没有频率输出 |
| 1 | 0 | 1 | 正转,输出频率由参数 1206 的值决定,加速时间由参数 2205 的值决定 |
| 1 | 1 | 0 | 变频器没有频率输出 |
| 1 | 1 | 1 | 反转,输出频率由参数 1208 的值决定,加速时间由参数 2205 的值决定 |

⑩当恒速选择参数 1201=13 时,变频器参数设置见表 7-10,只是修改参数 1201=13,激活端子 DI3、DI4、DI5。变频器输出频率由参数 1202～1208 的值决定。变频器运行方式见表 7-16。

表 7-16                        参数 1201＝13 时变频器运行方式

| 端子号 | | | | | 说　明 |
|---|---|---|---|---|---|
| DI5(17) | DI4(16) | DI3(15) | DI2(14) | DI1(13) | |
| 0 | 0 | 0 | 0 | 1 | 正转,输出频率由模拟量输入值决定 |
| 0 | 0 | 0 | 1 | 0 | 变频器没有频率输出 |
| 0 | 0 | 0 | 1 | 1 | 反转,输出频率由模拟量输入值决定 |
| 0 | 0 | 1 | 0 | 0 | 变频器没有频率输出 |
| 0 | 0 | 1 | 0 | 1 | 正转,输出频率由参数 1202 的值决定,加速时间由参数 2205 的值决定 |
| 0 | 0 | 1 | 1 | 0 | 变频器没有频率输出 |
| 0 | 0 | 1 | 1 | 1 | 反转,输出频率由参数 1202 的值决定,加速时间由参数 2205 的值决定 |
| 0 | 1 | 0 | 0 | 0 | 变频器没有频率输出 |
| 0 | 1 | 0 | 0 | 1 | 正转,输出频率由参数 1203 的值决定,加速时间由参数 2205 的值决定 |
| 0 | 1 | 0 | 1 | 0 | 变频器没有频率输出 |
| 0 | 1 | 0 | 1 | 1 | 反转,输出频率由参数 1203 的值决定,加速时间由参数 2205 的值决定 |
| 0 | 1 | 1 | 0 | 0 | 变频器没有频率输出 |
| 0 | 1 | 1 | 0 | 1 | 正转,输出频率由参数 1204 的值决定,加速时间由参数 2205 的值决定 |
| 0 | 1 | 1 | 1 | 0 | 变频器没有频率输出 |
| 0 | 1 | 1 | 1 | 1 | 反转,输出频率由参数 1204 的值决定,加速时间由参数 2205 的值决定 |
| 1 | 0 | 0 | 0 | 0 | 变频器没有频率输出 |
| 1 | 0 | 0 | 0 | 1 | 正转,输出频率由参数 1205 的值决定,加速时间由参数 2205 的值决定 |
| 1 | 0 | 0 | 1 | 0 | 变频器没有频率输出 |
| 1 | 0 | 0 | 1 | 1 | 反转,输出频率由参数 1205 的值决定,加速时间由参数 2205 的值决定 |
| 1 | 0 | 1 | 0 | 0 | 变频器没有频率输出 |
| 1 | 0 | 1 | 0 | 1 | 正转,输出频率由参数 1206 的值决定,加速时间由参数 2205 的值决定 |
| 1 | 0 | 1 | 1 | 0 | 变频器没有频率输出 |
| 1 | 0 | 1 | 1 | 1 | 反转,输出频率由参数 1206 的值决定,加速时间由参数 2205 的值决定 |
| 1 | 1 | 0 | 0 | 0 | 变频器没有频率输出 |
| 1 | 1 | 0 | 0 | 1 | 正转,输出频率由参数 1207 的值决定,加速时间由参数 2205 的值决定 |
| 1 | 1 | 0 | 1 | 0 | 变频器没有频率输出 |
| 1 | 1 | 0 | 1 | 1 | 反转,输出频率由参数 1207 的值决定,加速时间由参数 2205 的值决定 |
| 1 | 1 | 1 | 0 | 0 | 变频器没有频率输出 |
| 1 | 1 | 1 | 0 | 1 | 正转,输出频率由参数 1208 的值决定,加速时间由参数 2205 的值决定 |
| 1 | 1 | 1 | 1 | 1 | 反转,输出频率由参数 1208 的值决定,加速时间由参数 2205 的值决定 |

⑪当恒速选择参数 1201＝14 时,其激活端子分别为 DI4、DI5、DI6,变频器运行方式与表 7-16 类似,请读者自己研究掌握。

## 5. 变频器运行操作

### (1)电动机正/反转操作

要实现电动机正/反转,设置正转频率为 30 Hz,反转频率为 40 Hz,可以从上面讲述的内容中任意选用一种操作方式。本任务选择恒速控制参数 1201＝7 时的情况,此时激活端子 DI1、DI2。端子 DI1 闭合,变频器输出正频率,电动机正转;端子 DI1、DI2 闭合,变频器输出负频率,电动机反转。变频参数设置见表 7-17,运行方式见表 7-18。

表 7-17　电动机正/反转变频器参数设置

| 参数号 | 出厂值 | 设置值 | 说　明 |
|---|---|---|---|
| 1001 | 2 | 2 | 2-线控制启停、方向(端子 DI1 控制启停,端子 DI2 控制方向) |
| 1201 | 9 | 7 | 激活端子 DI1、DI2 |
| 1202 | 5 | 30 | 设定恒速 1 的频率(Hz) |
| 1204 | 15 | 40 | 设定恒速 3 的频率(Hz) |
| 2007 | 0 | 0 | 最低频率(Hz) |
| 2008 | 50 | 50 | 最高频率(Hz) |
| 2201 | 5 | 1 | 定义端子 DI1 为积分曲线选择,得电选择参数 2205 的值,失电选择参数 2203 的值 |
| 2203 | 30.0 | 10.0 | 减速时间 1 |
| 2205 | 60.0 | 10.0 | 加速时间 2 |
| 2206 | 60.0 | 10.0 | 减速时间 2 |

表 7-18　电动机正/反转时变频器运行方式

| 端子号 | | 说　明 |
|---|---|---|
| DI2(14) | DI1(13) | |
| 0 | 1 | 正转,输出频率由参数 1202＝30Hz 决定,加速时间由参数 2205 的值决定 |
| 1 | 1 | 反转,输出频率由参数 1204＝40 Hz 决定,加速时间由参数 2205 的值决定 |

### (2)电动机多段速运行操作

多段调速控制要求正转频率为 10 Hz、20 Hz、30 Hz,反转频率为 15 Hz、25 Hz、35 Hz。本任务选择恒速控制参数 1201＝13 时的情况,此时激活端子 DI3、DI4、DI5。DI1 为启动端子,DI2 为反转端子。变频器参数设置见表 7-19,运行方式见表 7-20。

表 7-19 电动机多段速运行变频器参数设置

| 参数号 | 出厂值 | 设置值 | 说　明 |
|---|---|---|---|
| 1001 | 2 | 2 | 2-线控制启停、方向(端子 DI1 控制启停,端子 DI2 控制方向) |
| 1201 | 9 | 13 | 激活端子 DI3、DI4、DI5 |
| 1202 | 5 | 10 | 设定恒速 1 的频率(Hz) |
| 1203 | 10 | 15 | 设定恒速 2 的频率(Hz) |
| 1204 | 15 | 20 | 设定恒速 3 的频率(Hz) |
| 1205 | 20 | 25 | 设定恒速 4 的频率(Hz) |
| 1206 | 25 | 30 | 设定恒速 5 的频率(Hz) |
| 1207 | 40 | 35 | 设定恒速 6 的频率(Hz) |
| 2007 | 0 | 0 | 最低频率(Hz) |
| 2008 | 50 | 50 | 最高频率(Hz) |
| 2201 | 5 | 1 | 定义端子 DI1 为积分曲线选择,得电选择参数 2205 的值,失电选择参数 2203 的值 |
| 2203 | 30.0 | 10.0 | 减速时间 1 |
| 2205 | 60.0 | 10.0 | 加速时间 2 |

表 7-20 电动机多段速运行时变频器运行方式

| 端子号 | | | | | 说　明 |
|---|---|---|---|---|---|
| DI5(17) | DI4(16) | DI3(15) | DI2(14) | DI1(13) | |
| 0 | 0 | 1 | 0 | 1 | 正转,输出频率由参数 1202＝10 Hz 决定,加速时间由参数 2205 的值决定 |
| 0 | 1 | 0 | 1 | 1 | 反转,输出频率由参数 1203＝15 Hz 决定,加速时间由参数 2205 的值决定 |
| 0 | 1 | 1 | 0 | 1 | 正转,输出频率由参数 1204＝20 Hz 决定,加速时间由参数 2205 的值决定 |
| 1 | 0 | 0 | 1 | 1 | 反转,输出频率由参数 1205＝25 Hz 决定,加速时间由参数 2205 的值决定 |
| 1 | 0 | 1 | 0 | 1 | 正转,输出频率由参数 1206＝30 Hz 决定,加速时间由参数 2205 的值决定 |
| 1 | 1 | 0 | 1 | 1 | 反转,输出频率由参数 1207＝35 Hz 决定,加速时间由参数 2205 的值决定 |

## 6. 变更变频器端子的运行操作

上述操作都是在参数 1001＝2 的情况下进行的,当参数 1001 不等于 2 时,情况又会如何呢?

(1)当参数 1001＝1 时,端子 DI1 控制启停,没有反转控制端子,所以不能控制电动机反转。其他参数设置情况与参数 1001＝2 时的情况相似,读者可以自己研究掌握。

(2)当参数 1001＝3 时,启动和停止信号为按钮控制的脉冲信号,启动按钮是常开的,接到端子 DI1,停止按钮是常闭的,接到端子 DI2。

为了启动变频器,端子 DI2 必须处于闭合状态,端子 DI1 给个脉冲信号变频器就可以启动起来,而不必一直闭合。

其他参数设置情况与参数 1001＝2 时的情况相似,读者可以自己研究掌握。

(3)当参数 1001＝4～10 时的情况,读者可以根据需要自己研究掌握。

## 7.　变频器的模拟量操作

按图 7-11 所示接模拟量输入电位器,电位器电阻大小控制在 1 kΩ 以内。按表 7-8、表 7-9、表 7-12、表 7-13 或表 7-16 设置参数进行操作,改变电位器电阻大小,都可以改变变频器的输出频率高低。

## 思考与练习

使用标准宏操作,设置当参数 1001＝3 时,变频器的运行频率为 20 Hz、30 Hz、40 Hz,实际设置并调试。

# 任务 3　ACS510 变频器的 3-线宏操作

## 任务引入

ABB 变频器的外部操作,当有些场合使用瞬时型按键时,就需要使用 3-线宏的操作来完成。本任务的目的是使读者掌握 3-线宏的参数设置,并能对 3-线宏进行各种操作。

## 任务目标

(1)掌握变频器 3-线宏的使用场合。

(2)掌握变频器 3-线宏的各种操作。

## 相关知识

### 1.　3-线宏

3-线宏用于使用瞬时型按键控制的场合,它提供 3 个恒速。要调用 3-线宏,设置参数 9902＝2。使用本宏时,当停止信号 DI2 未激活(无输入)时,控制盘的启动/停止键无效。3-线宏的接线如图 7-12 所示。

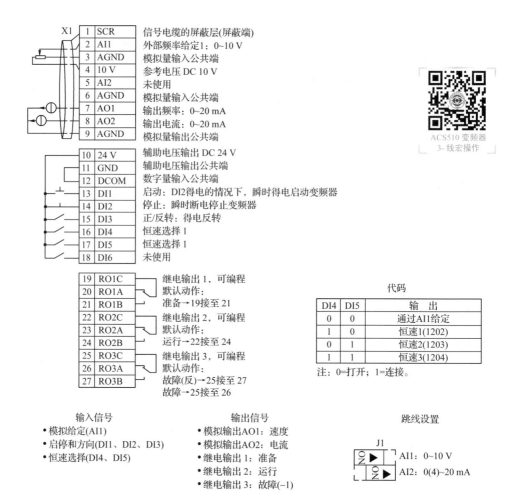

图 7-12　3-线宏的接线


| X1 | | |
|---|---|---|
| 1 | SCR | 信号电缆的屏蔽层(屏蔽端) |
| 2 | AI1 | 外部频率给定1：0~10 V |
| 3 | AGND | 模拟量输入公共端 |
| 4 | 10 V | 参考电压 DC 10 V |
| 5 | AI2 | 未使用 |
| 6 | AGND | 模拟量输入公共端 |
| 7 | AO1 | 输出频率：0~20 mA |
| 8 | AO2 | 输出电流：0~20 mA |
| 9 | AGND | 模拟量输出公共端 |
| 10 | 24 V | 辅助电压输出 DC 24 V |
| 11 | GND | 辅助电压输出公共端 |
| 12 | DCOM | 数字量输入公共端 |
| 13 | DI1 | 启动：DI2得电的情况下，瞬时得电启动变频器 |
| 14 | DI2 | 停止：瞬时断电停止变频器 |
| 15 | DI3 | 正/反转：得电反转 |
| 16 | DI4 | 恒速选择 1 |
| 17 | DI5 | 恒速选择 1 |
| 18 | DI6 | 未使用 |
| 19 | RO1C | 继电输出 1，可编程 |
| 20 | RO1A | 默认动作： |
| 21 | RO1B | 准备→19接至21 |
| 22 | RO2C | 继电输出 2，可编程 |
| 23 | RO2A | 默认动作： |
| 24 | RO2B | 运行→22接至24 |
| 25 | RO3C | 继电输出 3，可编程 |
| 26 | RO3A | 默认动作： |
| 27 | RO3B | 故障(反)→25接至27　故障→25接至26 |

ACS510 变频器
3- 线宏操作

代码

| DI4 | DI5 | 输　出 |
|---|---|---|
| 0 | 0 | 通过AI1给定 |
| 1 | 0 | 恒速1(1202) |
| 0 | 1 | 恒速2(1203) |
| 1 | 1 | 恒速3(1204) |

注：0=打开；1=连接。

输入信号
• 模拟给定(AI1)
• 启停和方向(DI1、DI2、DI3)
• 恒速选择(DI4、DI5)

输出信号
• 模拟输出AO1：速度
• 模拟输出AO2：电流
• 继电输出 1：准备
• 继电输出 2：运行
• 继电输出 3：故障(-1)

跳线设置

J1
AI1：0~10 V
AI2：0(4)~20 mA

## 2. 常用参数介绍

### (1)继电器输出参数 1401~1418

这组参数定义了每个输出继电器动作的条件。根据需要,本书只介绍参数 1401~1403。

①参数 1401　定义继电器 1 动作的条件。

● 1401＝0,未选择。继电器未使用且不动作。

● 1401＝1,准备。当变频器准备就绪时,继电器动作。要求:运行允许信号给出;无故障;供电电压在允许范围之内;急停信号未给出。

● 1401＝2,运行。变频器运行时,继电器动作。

● 1401＝3,故障反。设备正常时,继电器动作;设备故障时,继电器分断。

● 1401＝4,故障。当设备故障时,继电器动作。

● 1401＝5,报警。当有报警信号时,继电器动作。

- 1401=6,反向。当电动机反转时,继电器动作。
- 1401=7,已启动。当接到启动命令时,继电器动作(哪怕允许运行信号没有给出)。当接到停止命令或故障时,继电器断开。
- 1401=8,大于监控值 1。当监控器设定的参数 3201 大于限幅值 3203 时,继电器动作。
- 1401=9,小于监控值 1。当监控器设定的参数 3201 小于限幅值 3202 时,继电器动作。
- 1401=10,大于监控值 2。当监控器设定的参数 3204 大于限幅值 3206 时,继电器动作。
- 1401=11,小于监控值 2。当监控器设定的参数 3204 小于限幅值 3206 时,继电器动作。
- 1401=12,大于监控值 3。当监控器设定的参数 3207 大于限幅值 3209 时,继电器动作。
- 1401=13,小于监控值 3。当监控器设定的参数 3207 小于限幅值 3209 时,继电器动作。
- 1401=14,到达给定值。当输出频率与给定值相等时,继电器动作。
- 1401=15,故障,自复位。当故障时,经过自动复位延时后准备复位。
- 1401=16,故障/报警。不论是故障还是报警,继电器都动作。
- 1401=17,外部控制 1。当处于外部控制 1 时,继电器动作。
- 1401=18,外部控制 2。当处于外部控制 2 时,继电器动作。
- 1401=19,恒速。当处于恒速运行时,继电器动作。
- 1401=20,给定丢失。当控制盘或给定信号丢失时,继电器动作。
- 1401=21,过电流。当过电流报警或故障时,继电器动作。
- 1401=22,过电压。当过电压报警或故障时,继电器动作。
- 1401=23,过温。当过温报警或故障时,继电器动作。
- 1401=24,欠电压。当欠电压报警或故障时,继电器动作。
- 1401=25,AI1 丢失。当 AI1 丢失时,继电器动作。
- 1401=26,AI2 丢失。当 AI2 丢失时,继电器动作。
- 1401=27,过热。当电动机过热报警或故障时,继电器动作。
- 1401=28,堵转。当电动机堵转报警或故障时,继电器动作。
- 1401=29,欠载。当欠载报警或故障时,继电器动作。
- 1401=30,PID 睡眠。当变频器激活 PID 睡眠功能时,继电器动作。
- 1401=31,PFC。当 PFC 控制时,继电器控制电动机启停。该设置仅在选择 PFC 控制后才有效。只有当变频器没有启动时才能修改这个参数。
- 1401=32,自动切换。在 PFC 应用中进行自动切换时,继电器动作。该设置仅在选择 PFC 控制后才有效。
- 1401=33,磁通准备好。当电动机已励磁且能达到额定转矩(电动机建立起额定磁场)时,继电器动作。
- 1401=34,用户参数组 2。当用户参数组 2 被选择时,继电器动作。
- 1401=35,COMM(通信)。总线通信控制继电器动作。

现场总线通过对参数 0134 写二进制代码控制继电器 1～6,见表 7-21。

表 7-21　　　　　　　　　　COMM(通信)总线通信控制继电器动作

| 参数 0134 | 二进制 | RO6 | RO5 | RO4 | RO3 | RO2 | RO1 |
|---|---|---|---|---|---|---|---|
| 0 | 000000 | 0 | 0 | 0 | 0 | 0 | 0 |
| 1 | 000001 | 0 | 0 | 0 | 0 | 0 | 1 |
| 2 | 000010 | 0 | 0 | 0 | 0 | 1 | 0 |
| 3 | 000011 | 0 | 0 | 0 | 0 | 1 | 1 |
| 4 | 000100 | 0 | 0 | 0 | 1 | 0 | 0 |
| 5~62 | …… | …… | …… | …… | …… | …… | …… |
| 63 | 111111 | 1 | 1 | 1 | 1 | 1 | 1 |

0＝继电器分断,1＝继电器动作。

● 1401＝36,COMM(－1)(通信反)。总线通信控制继电器动作。

现场总线通过对参数 0134 写二进制代码控制继电器 1~6,见表 7-22。

表 7-22　　　　　　　　　COMM(－1)(通信反)总线通信控制继电器动作

| 参数 0134 | 二进制 | RO6 | RO5 | RO4 | RO3 | RO2 | RO1 |
|---|---|---|---|---|---|---|---|
| 0 | 000000 | 1 | 1 | 1 | 1 | 1 | 1 |
| 1 | 000001 | 1 | 1 | 1 | 1 | 1 | 0 |
| 2 | 000010 | 1 | 1 | 1 | 1 | 0 | 1 |
| 3 | 000011 | 1 | 1 | 1 | 1 | 0 | 0 |
| 4 | 000100 | 1 | 1 | 1 | 0 | 1 | 1 |
| 5~62 | …… | …… | …… | …… | …… | …… | …… |
| 63 | 111111 | 1 | 1 | 1 | 1 | 1 | 1 |

0＝继电器分断,1＝继电器动作。

● 1401＝45,超越模式。当超越模式激活时,继电器动作。

● 1401＝46,启动延时。当启动延时激活时,继电器动作。

②参数 1402　定义继电器 2 动作的条件。参见参数 1401。

③参数 1403　定义继电器 3 动作的条件。参见参数 1401。

**(2)系统控制参数 1601~1610**

这组参数定义了系统控制,如锁定、复位和使能控制等。根据需要,本书只介绍部分参数。

①参数 1601　选择允许运行信号源。

● 1601＝0,未选择,允许变频器不需要连接外部允许运行信号就可以启动。

● 1601＝1,DI1。定义 DI1 作为允许运行信号。

只有 DI1 得电,变频器才允许运行。如果信号电压减小,DI1 信号丢失,变频器将自由停止,直到再次接到允许运行信号时,才可能重新启动。

● 1601＝2~6,DI2~DI6。定义 DI2~DI6 作为允许运行信号。

参见上述 DI1。

● 1601＝7,COMM。允许运行信号来自总线控制字。

命令字 1(参数 0301)中的位 6 是允许运行信号。

● 1601=−1,DI1(反)。定义反置的 DI1 作为允许运行信号。

只有 DI1 失电,变频器才允许运行。如果 DI1 得电,变频器将自由停止,直到再次接到允许运行信号时,才可能重新启动。

● 1601=−2～−6,DI2(反)～DI6(反)。定义反置的 DI2～DI6 作为允许运行信号。

②参数 1602　定义控制盘参数是否锁定。

本锁定不限制通过应用宏、现场总线修改参数。当密码输入正确时,才允许改变本参数。参见参数 1603。

● 1602=0,锁定。不允许使用控制盘修改参数值。

可以通过在参数 1603 中输入正确的密码打开参数锁定。

● 1602=1,打开。允许通过控制盘修改参数值。

● 1602=2,不存储。允许通过控制盘修改参数值,但不保存在永久存储器中。

设置参数 1607 为 1(保存),存储参数值到存储器中。

③参数 1603　输入正确密码才允许打开参数锁定。

参见参数 1602。

输入密码"358"后,允许修改参数 1602 一次。输入后,该值自动变为 0。

④参数 1604　故障复位选择。如果故障源不再存在,可以通过复位信号复位变频器。

● 1604=0,控制盘。定义只有控制盘才能复位故障。

控制盘复位永远有效。

● 1604=1,DI1。定义 DI1 作为复位信号。

激活数字量输入端子,复位变频器。

● 1604=2～6,DI2～DI6。定义 DI2～DI6 作为复位信号。

参见上述 DI1。

● 1604=7,START/STOP。定义停止信号作为复位信号。

当现场总线控制变频器的启停和方向时,不要选择该设置。

● 1604=8,COMM。定义现场总线作为复位信号。

命令字通过总线通信给出。命令字 1(参数 0301)中的位 4 是复位信号。

● 1604=−1,DI1(反)。定义反置的 DI1 作为复位信号。

数字量输入端子不得电,复位变频器。

● 1604=−2～−6,DI2(反)～DI6(反)。定义反置的 DI2～DI6 作为复位信号。

参见上述 DI1(反)。

⑤参数 1606　定义本地控制模式的控制。本地控制模式允许通过控制盘控制变频器。选择此项后无法用控制盘切换到本地控制模式。

● 1606=0,未选择。不锁定,控制盘可以设为本地控制模式并控制变频器。

● 1606=1,DI1。定义 DI1 为本地控制模式锁定。

数字量输入端子得电,不允许本地控制模式。数字量输入端子失电,允许本地控制模式。

● 1606=2～6,DI2～DI6。定义 DI2～DI6 为本地控制模式锁定。

参见上述 DI1。

● 1606=7,锁定。控制盘不能选择本地控制模式,且不能控制变频器。

● 1606＝8,COMM。定义命令字 1 的位 14 为本地控制模式锁定。

命令字通过总线通信给出。命令字为 0301。

● 1606＝－1,DI1(反)。定义 DI1 为本地控制模式锁定。

数字量输入端子失电,本地控制模式锁定。数字量输入端子得电,允许本地控制模式。

● 1606＝－2～－6,DI2(反)～DI6(反)。定义 DI2～DI6 为本地控制模式锁定。

参见上述 DI1(反)。

⑥参数 1608   定义启动允许 1 的信号源。

**注意:**启动允许功能不同于运行允许功能。

● 1608＝0,未选择。变频器不需要连接任何外部启动允许信号就可以启动。

● 1608＝1,DI1。定义 DI1 作为启动允许 1 的信号。

只有 DI1 得电,变频器才允许启动。如果信号电压减小,DI1 信号丢失,变频器将自由停止并在控制盘上显示报警代码"2021",直到再次接到启动允许信号时,才可能重新启动。

● 1608＝2～6,DI2～DI6。定义 DI2～DI6 作为启动允许信号。

参见上述 DI1。

● 1608＝7,COMM。允许运行信号来自总线命令字。

命令字 2(参数 0302)中的位 2 是启动允许 1 信号。

详情参见现场总线用户手册。

● 1608＝－1,DI1(反)。定义反置的 DI1 作为启动允许 1 信号。

● 1608＝－2～－6,DI2(反)～DI6(反)。定义反置的 DI2～DI6 作为启动允许 1 信号。

参见上述 DI1(反)。

⑦参数 1609   定义启动允许 2 的信号源。

**注意:**启动允许功能不同于运行允许功能。

● 1609＝0,未选择。变频器不需要连接任何外部启动允许信号就可以启动。

● 1609＝1,DI1。定义 DI1 作为启动允许 2 的信号。

只有 DI1 得电,变频器才允许启动。如果信号电压减小,DI1 信号丢失,变频器将自由停止并在控制盘上显示报警代码"2022",直到再次接到启动允许信号时,才可能重新启动。

● 1609＝2～6,DI2～DI6。定义 DI2～DI6 作为启动允许信号。

参见上述 DI1。

● 1609＝7,COMM。允许运行信号来自总线命令字。

命令字 2(参数 0302)中的位 3 是启动允许 2 信号。

详情参见现场总线用户手册。

● 1609＝－1,DI1(反)。定义反置的 DI1 作为启动允许 2 信号。

● 1609＝－2～－6,DI2(反)～DI6(反)。定义反置的 DI2～DI6 作为启动允许 2 信号。

参见上述 DI1(反)。

⑧参数 1610   设定以下报警信息是否显示:2001,过电流报警;2002,过电压报警;2003,欠电压报警;2009,过温报警。

● 1610＝0,否。以上报警信息被禁止显示。

● 1610＝1,是。允许以上报警信息显示。

# 任务实施

## 1. 控制要求

根据变频器 3-线宏定义,操作变频器实现对电动机正/反转控制,正转频率为 20 Hz,反转频率为 30 Hz;多段速调速控制,要求正转频率为 10 Hz、20 Hz、30 Hz,反转频率为 15 Hz、25 Hz、35 Hz。

## 2. 所需设备、工具

ACS510 变频器一台、小型三相异步电动机一台、电气控制柜、通用电工工具一套、万用表一块、导线若干等。

## 3. 控制电路

变频器主电路进线电源端子是 U1、V1、W1,电源电压为 380V,输出端子是 U2、V2、W2,接电动机绕组,严禁接错,否则将烧毁变频器。3-线宏控制电路如图 7-13 所示。

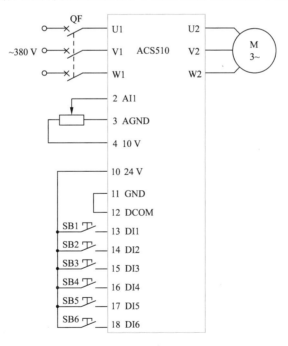

图 7-13　3-线宏控制电路

## 4. 参数设置

### (1)变频器基本参数设置

①按下基本型控制盘上的 LOC/REM 键,当显示屏左上角显示"REM",表示变频器处于

远程控制模式下,即可进行端子操作。

②为了使电动机与变频器相匹配,需要设置电动机参数,见表 7-5。

**(2)变频器各种操作方式参数设置**

变频器使用哪些端子控制输出频率,主要由参数 1201 来决定,其取值不同,激活的端子也不同。同时,使用 3-线宏操作,端子 DI2 必须一直处于闭合状态,否则,变频器不能运行。下面列举了参数 1201 常用值的使用情况。

①当恒速选择参数 1201=1 时,变频器参数设置见表 7-23。

表 7-23　　　　　　　　　　　　　　　参数 1201=1 时变频器参数设置

| 参数号 | 出厂值 | 设置值 | 说　明 |
|---|---|---|---|
| 1001 | 4 | 4 | 3-线控制启停、方向(端子 DI1、DI2 控制启停,端子 DI3 控制方向) |
| 1201 | 10 | 1 | 激活端子 DI1 |
| 1202 | 5 | 50 | 设定恒速 1 的频率(Hz) |
| 1203 | 10 | 10 | 设定恒速 2 的频率(Hz) |
| 1204 | 15 | 15 | 设定恒速 3 的频率(Hz) |
| 1205 | 20 | 20 | 设定恒速 4 的频率(Hz) |
| 1206 | 25 | 25 | 设定恒速 5 的频率(Hz) |
| 1207 | 40 | 30 | 设定恒速 6 的频率(Hz) |
| 1208 | 50 | 40 | 设定恒速 7 的频率(Hz) |
| 2007 | 0 | 0 | 最低频率(Hz) |
| 2008 | 50 | 50 | 最高频率(Hz) |
| 2201 | 5 | 1 | 定义端子 DI1 为积分曲线选择,得电选择参数 2205 的值,失电选择参数 2203 的值 |
| 2203 | 30.0 | 15.0 | 减速时间 1 |
| 2205 | 60.0 | 20.0 | 加速时间 2 |
| 2206 | 60.0 | 10.0 | 减速时间 2 |

此时,端子 DI1 被激活,变频器输出频率由参数 1202 的值决定。变频器运行方式见表 7-24。

表 7-24　　　　　　　　　　　　　　　参数 1201=1 时变频器运行方式

| 端子号 | | | 说　明 |
|---|---|---|---|
| DI3(15) | DI2(14) | DI1(13) | |
| 0 | 0 | 1 | 变频器没有频率输出 |
| 0 | 1 | 0 | 变频器没有频率输出 |
| 0 | 1 | 1 | 正转,输出频率由参数 1202 的值决定,加速时间由参数 2205 的值决定。断开端子 DI1,按参数 2203 的值停止。断开端子 DI2,则瞬间停止 |
| 1 | 0 | 0 | 变频器没有频率输出 |
| 1 | 0 | 1 | 变频器没有频率输出 |
| 1 | 1 | 0 | 变频器没有频率输出 |
| 1 | 1 | 1 | 反转,输出频率由参数 1202 的值决定,加速时间由参数 2205 的值决定。断开端子 DI1,按参数 2203 的值停止。断开端子 DI2,则瞬间停止 |

当端子 DI1、DI2 闭合,电动机正转时,闭合端子 DI3,变频器的输出频率将下降到 0,电动机从正转停止的时间按参数 2206 设定的时间停止后,变频器的输出频率将从 0 上升到设定值,电动机反转,按参数 2205 设定的加速时间上升到频率设定值。

当 2201=−1 时,数字量输入端子得电选择积分曲线 1,即加速时间由参数 2202 的值决定,数字量输入端子失电选择积分曲线 2,即减速时间由参数 2206 的值决定。

②当恒速选择参数 1201=2 时,变频器参数设置见表 7-23,只是将参数 1202 设置为 2 即可。

此时,端子 DI2 被激活,变频器输出频率由参数 1202 的值决定。变频器运行方式见表 7-25。

表 7-25　　　　　　　　　　参数 1201=2 时变频器运行方式

| 端子号 | | | 说　明 |
|---|---|---|---|
| DI3(15) | DI2(14) | DI1(13) | |
| 0 | 0 | 1 | 变频器没有频率输出 |
| 0 | 1 | 0 | 变频器没有频率输出 |
| 0 | 1 | 1 | 正转,输出频率由参数 1202 的值决定,加速时间由参数 2205 的值决定。此时,断开端子 DI1,变频器也不停止,因为端子 DI1 是脉冲端子。断开端子 DI2,则瞬间停止 |
| 1 | 0 | 0 | 变频器没有频率输出 |
| 1 | 0 | 1 | 变频器没有频率输出 |
| 1 | 1 | 0 | 变频器没有频率输出 |
| 1 | 1 | 1 | 反转,输出频率由参数 1202 的值决定,加速时间由参数 2205 的值决定。此时,断开端子 DI1,变频器也不停止,因为端子 DI1 是脉冲端子。断开端子 DI2,则瞬间停止 |

当端子 DI1、DI2 闭合,电动机正转时,闭合端子 DI3,变频器的输出频率将下降到 0,电动机从正转停止的时间按参数 2206 设定的时间停止,停止后,变频器的输出频率将从 0 上升到设定值,电动机反转,按参数 2205 设定的加速时间上升到频率设定值。

③当恒速选择参数 1201=3 时,变频器参数设置见表 7-23,只是将参数 1202 设置为 3 即可。

此时,端子 DI3 被激活,变频器输出频率由参数 1202 的值决定。变频器运行方式见表 7-26。

表 7-26　　　　　　　　　　参数 1201=3 时变频器运行方式

| 端子号 | | | 说　明 |
|---|---|---|---|
| DI3(15) | DI2(14) | DI1(13) | |
| 0 | 0 | 1 | 变频器没有频率输出 |
| 0 | 1 | 0 | 变频器没有频率输出 |
| 0 | 1 | 1 | 正转,输出频率由模拟量输入值决定 |
| 1 | 0 | 0 | 变频器没有频率输出 |
| 1 | 0 | 1 | 变频器没有频率输出 |
| 1 | 1 | 0 | 变频器没有频率输出 |
| 1 | 1 | 1 | 反转,输出频率由参数 1202 的值决定,加速时间由参数 2205 的值决定。此时,断开端子 DI1,变频器也不停止,因为端子 DI1 是脉冲端子。断开端子 DI2,则瞬间停止 |

当端子 DI1、DI2 闭合,电动机正转时,闭合端子 DI3,变频器的输出频率将下降到 0,电动机从正转停止的时间按参数 2206 设定的时间停止,停止后,变频器的输出频率将从 0 上升到设定值,电动机反转,按参数 2205 设定的加速时间上升到频率设定值。

④当恒速选择参数 1201＝4 时,变频器参数设置见表 7-23,只是将参数 1202 设置为 4 即可。

此时,端子 DI4 被激活,变频器输出频率由参数 1202 的值决定。变频器运行方式见表 7-27(只列出变频器有输出频率的情况)。

表 7-27　　　　　　　　　　　　参数 1201＝4 时变频器运行方式

| 端子号 | | | | 说　明 |
|---|---|---|---|---|
| DI4(16) | DI3(15) | DI2(14) | DI1(13) | |
| 0 | 0 | 1 | 1 | 正转,输出频率由模拟量输入值决定 |
| 0 | 1 | 1 | 1 | 反转,输出频率由模拟量输入值决定 |
| 1 | 0 | 1 | 1 | 正转,输出频率由参数 1202 的值决定。此时,断开端子 DI1,变频器也不停止,因为端子 DI1 是脉冲端子。断开端子 DI2,则瞬间停止 |
| 1 | 1 | 1 | 1 | 反转,输出频率由参数 1202 的值决定。此时,断开端子 DI1,变频器也不停止,因为端子 DI1 是脉冲端子。断开端子 DI2,则瞬间停止 |

⑤当恒速选择参数 1201＝5 时,变频器参数设置见表 7-23,只是将参数 1202 设置为 5 即可。

此时,端子 DI5 被激活,变频器输出频率由参数 1202 的值决定。变频器运行方式见表 7-28(只列出变频器有输出频率的情况)。

表 7-28　　　　　　　　　　　　参数 1201＝5 时变频器运行方式

| 端子号 | | | | 说　明 |
|---|---|---|---|---|
| DI5(17) | DI3(15) | DI2(14) | DI1(13) | |
| 0 | 0 | 1 | 1 | 正转,输出频率由模拟量输入值决定 |
| 0 | 1 | 1 | 1 | 反转,输出频率由模拟量输入值决定 |
| 1 | 0 | 1 | 1 | 正转,输出频率由参数 1202 的值决定。此时,断开端子 DI1,变频器也不停止,因为端子 DI1 是脉冲端子。断开端子 DI2,则瞬间停止 |
| 1 | 1 | 1 | 1 | 反转,输出频率由参数 1202 的值决定。此时,断开端子 DI1,变频器也不停止,因为端子 DI1 是脉冲端子。断开端子 DI2,则瞬间停止 |

因为端子 DI4 没有被激活,所以端子 DI4 不起作用。

⑥当恒速选择参数 1201＝6 时,激活端子 DI6,其运行方式与参数 1201＝5 时相同,只要将端子 DI5 换成 DI6 即可,在此不再赘述。

⑦当恒速选择参数 1201＝7 时,变频器参数设置见表 7-23,只是将参数 1202 设置为 7 即可。

此时,端子 DI1、DI2 被激活,变频器输出频率由参数 1202、1203、1204 的值决定。变频器运行方式见表 7-29(只列出变频器有输出频率的情况)。

表 7-29　　　　　　　　　　　　参数 1201＝7 时变频器运行方式

| 端子号 | | | 说　明 |
|---|---|---|---|
| DI3(15) | DI2(14) | DI1(13) | |
| 0 | 1 | 闭合后断开 | 正转,输出频率由参数 1203 的值决定 |
| 0 | 1 | 闭合后不断开 | 正转,输出频率由参数 1204 的值决定 |
| 1 | 1 | 闭合后断开 | 反转,输出频率由参数 1203 的值决定。此时,断开端子 DI1,变频器也不停止,因为端子 DI1 是脉冲起到端子。断开端子 DI2,则瞬间停止 |
| 1 | 1 | 闭合后不断开 | 反转,输出频率由参数 1204 的值决定。断开端子 DI2,变频器瞬间停止 |

⑦当恒速选择参数 1201＝8 时,变频器参数设置见表 7-23,只是将参数 1202 设置为 8 即可。

此时,端子 DI2、DI3 被激活,变频器输出频率由参数 1202、1203、1204 的值决定。变频器运行方式见表 7-30(只列出变频器有输出频率的情况)。

表 7-30　　　　　　　　　　　　参数 1201＝8 时变频器运行方式

| 端子号 | | | 说　明 |
|---|---|---|---|
| DI3(15) | DI2(14) | DI1(13) | |
| 0 | 1 | 闭合后断开 | 正转,输出频率由参数 1202 的值决定,但必须由端子 DI1 闭合启动 |
| 1 | 1 | 闭合后断开 | 反转,输出频率由参数 1204 的值决定,但必须由端子 DI1 闭合启动 |

⑧当恒速选择参数 1201＝9 时,变频器参数设置见表 7-23,只是将参数 1202 设置为 9 即可。

此时,端子 DI3、DI4 被激活,变频器输出频率由参数 1202、1203、1204 的值决定。变频器运行方式见表 7-31(只列出变频器有输出频率的情况)。

表 7-31　　　　　　　　　　　　参数 1201＝9 时变频器运行方式

| 端子号 | | | | 说　明 |
|---|---|---|---|---|
| DI4(16) | DI3(15) | DI2(14) | DI1(13) | |
| 0 | 1 | 1 | 闭合后断开 | 反转,输出频率由参数 1202 的值决定,但必须由端子 DI1 闭合启动 |
| 1 | 0 | 1 | 闭合后断开 | 正转,输出频率由参数 1203 的值决定,但必须由端子 DI1 闭合启动 |
| 1 | 1 | 1 | 闭合后断开 | 反转,输出频率由参数 1204 的值决定,但必须由端子 DI1 闭合启动 |

端子 DI3 既是反转端子,又是被激活端子,有两重意思。

⑨当恒速选择参数 1201＝10 时,变频器参数设置见表 7-23,只是将参数 1202 设置为 10 即可。

此时,端子 DI4、DI5 被激活,变频器输出频率由参数 1202、1203、1204 的值决定。变频器运行方式见表 7-32(只列出变频器有输出频率的情况)。

表 7-32                                    参数 1201＝10 时变频器运行方式

| 端子号 | | | | 说　明 |
|---|---|---|---|---|
| DI4(16) | DI3(15) | DI2(14) | DI1(13) | |
| 0 | 1 | 1 | 闭合后断开 | 反转,输出频率由参数 1202 的值决定,但必须由端子 DI1 闭合启动 |
| 1 | 0 | 1 | 闭合后断开 | 正转,输出频率由参数 1203 的值决定,但必须由端子 DI1 闭合启动 |
| 1 | 1 | 1 | 闭合后断开 | 反转,输出频率由参数 1204 的值决定,但必须由端子 DI1 闭合启动 |

端子 DI3 既是反转端子,又是被激活端子,有两重意思。

⑩当恒速选择参数 1201＝11 时,变频器参数设置见表 7-23,只是将参数 1202 设置为 11 即可。

此时,端子 DI5、DI6 被激活,变频器输出频率由参数 1202、1203、1204 的值决定。变频器运行方式见表 7-33(只列出变频器有输出频率的情况)。

表 7-33                                    参数 1201＝11 时变频器运行方式

| 端子号 | | | | | 说　明 |
|---|---|---|---|---|---|
| DI6(18) | DI5(17) | DI3(15) | DI2(14) | DI1(13) | |
| 0 | 1 | 0 | 1 | 闭合后断开 | 正转,输出频率由参数 1202 的值决定,但必须由端子 DI1 闭合启动 |
| 0 | 1 | 1 | 1 | 闭合后断开 | 反转,输出频率由参数 1202 的值决定,但必须由端子 DI1 闭合启动 |
| 1 | 0 | 0 | 1 | 闭合后断开 | 正转,输出频率由参数 1203 的值决定,但必须由端子 DI1 闭合启动 |
| 1 | 0 | 1 | 1 | 闭合后断开 | 反转,输出频率由参数 1203 的值决定,但必须由端子 DI1 闭合启动 |
| 1 | 1 | 0 | 1 | 闭合后断开 | 正转,输出频率由参数 1204 的值决定,但必须由端子 DI1 闭合启动 |
| 1 | 1 | 1 | 1 | 闭合后断开 | 反转,输出频率由参数 1204 的值决定,但必须由端子 DI1 闭合启动 |

⑪当恒速选择参数 1201＝12 时,变频器参数设置见表 7-23,只是将参数 1202 设置为 12 即可。

此时,端子 DI1、DI2、DI3 被激活,变频器输出频率由参数 1202、1203、1204、1205、1206、1207、1208 的值决定。变频器运行方式见表 7-34(只列出变频器有输出频率的情况)。

表 7-34                                    参数 1201＝12 时变频器运行方式

| 端子号 | | | 说　明 |
|---|---|---|---|
| DI3(15) | DI2(14) | DI1(13) | |
| 0 | 1 | 闭合后断开 | 正转,输出频率由参数 1203 的值决定,但必须由端子 DI1 闭合启动 |
| 0 | 1 | 1 | 正转,输出频率由参数 1204 的值决定,端子 DI1 一直闭合 |
| 1 | 1 | 闭合后断开 | 反转,输出频率由参数 1207 的值决定,但必须由端子 DI1 闭合启动 |
| 1 | 1 | 1 | 正转,输出频率由参数 1208 的值决定,端子 DI1 一直闭合 |

⑫当恒速选择参数 1201＝13 时,变频器参数设置见表 7-23,只是将参数 1202 设置为 13 即可。

此时,端子 DI3、DI4、DI5 被激活,变频器输出频率由参数 1202、1203、1204、1205、1206、1207、1208 的值决定。变频器运行方式见表 7-35(只列出变频器有输出频率的情况)。

表 7-35　　　　　　　　　　　　　参数 1201＝13 时变频器运行方式

| 端子号 | | | | | 说　明 |
|---|---|---|---|---|---|
| DI5(17) | DI4(16) | DI3(15) | DI2(14) | DI1(13) | |
| 0 | 0 | 1 | 1 | 闭合后断开 | 反转,输出频率由参数 1202 的值决定,但必须由端子 DI1 闭合启动 |
| 0 | 1 | 0 | 1 | 闭合后断开 | 正转,输出频率由参数 1203 的值决定,但必须由端子 DI1 闭合启动 |
| 0 | 1 | 1 | 1 | 闭合后断开 | 反转,输出频率由参数 1204 的值决定,但必须由端子 DI1 闭合启动 |
| 1 | 0 | 0 | 1 | 闭合后断开 | 正转,输出频率由参数 1205 的值决定,但必须由端子 DI1 闭合启动 |
| 1 | 0 | 1 | 1 | 闭合后断开 | 反转,输出频率由参数 1206 的值决定,但必须由端子 DI1 闭合启动 |
| 1 | 1 | 0 | 1 | 闭合后断开 | 正转,输出频率由参数 1207 的值决定,但必须由端子 DI1 闭合启动 |
| 1 | 1 | 1 | 1 | 闭合后断开 | 反转,输出频率由参数 1208 的值决定,但必须由端子 DI1 闭合启动 |

⑬当恒速选择参数 1201＝14 时,变频器参数设置见表 7-23,只是将参数 1202 设置为 14 即可。

此时,端子 DI4、DI5、DI6 被激活,变频器输出频率由参数 1202、1203、1204、1205、1206、1207、1208 的值决定。变频器运行方式见表 7-36(只列出变频器有输出频率的情况)。

表 7-36　　　　　　　　　　　　　参数 1201＝14 时变频器运行方式

| 端子号 | | | | | | 说　明 |
|---|---|---|---|---|---|---|
| DI6(18) | DI5(17) | DI4(16) | DI3(15) | DI2(14) | DI1(13) | |
| 0 | 0 | 1 | 0 | 1 | 闭合后断开 | 正转,输出频率由参数 1202 的值决定,但必须由端子 DI1 闭合启动 |
| 0 | 1 | 0 | 0 | 1 | 闭合后断开 | 正转,输出频率由参数 1203 的值决定,但必须由端子 DI1 闭合启动 |
| 0 | 1 | 1 | 0 | 1 | 闭合后断开 | 正转,输出频率由参数 1204 的值决定,但必须由端子 DI1 闭合启动 |
| 1 | 0 | 0 | 0 | 1 | 闭合后断开 | 正转,输出频率由参数 1205 的值决定,但必须由端子 DI1 闭合启动 |
| 1 | 0 | 1 | 0 | 1 | 闭合后断开 | 正转,输出频率由参数 1206 的值决定,但必须由端子 DI1 闭合启动 |
| 1 | 1 | 0 | 0 | 1 | 闭合后断开 | 正转,输出频率由参数 1207 的值决定,但必须由端子 DI1 闭合启动 |
| 1 | 1 | 1 | 0 | 1 | 闭合后断开 | 正转,输出频率由参数 1208 的值决定,但必须由端子 DI1 闭合启动 |

当变频器需要输出反转频率时,只需要把端子 DI3 闭合即可,其他与表 7-36 所列情形一样,读者可根据需要解决变频器输出反转频率的情况。

# 5. 变频器的运行操作

## （1）电动机正/反转操作

要实现电动机正/反转,设置正转频率为 20 Hz,反转频率为 30 Hz,可以从上面讲述的内容中任意选用一种操作方式。本任务选择恒速控制参数 1201＝8 时的情况,此时激活端子 DI2、DI3,变频器输出频率由参数 1202、1204 的值决定。变频器参数设置见表 7-37,运行方式见表 7-30。

表 7-37　任务 3 电动机正/反转变频器参数设置

| 参数号 | 出厂值 | 设置值 | 说　明 |
|---|---|---|---|
| 1001 | 4 | 4 | 2-线控制启停、方向（端子 DI1 控制启停,端子 DI2 控制方向） |
| 1201 | 10 | 8 | 激活端子 DI2、DI3 |
| 1202 | 5 | 20 | 设定恒速 1 的频率（Hz） |
| 1204 | 15 | 30 | 设定恒速 3 的频率（Hz） |
| 2007 | 0 | 0 | 最低频率（Hz） |
| 2008 | 50 | 50 | 最高频率（Hz） |
| 2201 | 5 | 1 | 定义端子 DI1 为积分曲线选择,得电选择参数 2205 的值,失电选择参数 2203 的值 |
| 2203 | 30.0 | 10.0 | 减速时间 1 |
| 2205 | 60.0 | 10.0 | 加速时间 2 |
| 2206 | 60.0 | 10.0 | 减速时间 2 |

## （2）电动机多段速运行操作

多段速调速控制要求正转频率为 10 Hz、20 Hz、30 Hz,反转频率为 15 Hz、25 Hz、35 Hz。本任务选择恒速控制参数 1201＝14 时的情况,此时激活端子 DI4、DI5、DI6。DI1 为启动端子,DI2 为停止端子,DI3 为反转端子。变频器参数设置见表 7-38,运行方式见表 7-39。

表 7-38　任务 3 电动机多段速运行变频器参数设置

| 参数号 | 出厂值 | 设置值 | 说　明 |
|---|---|---|---|
| 1001 | 4 | 4 | 2-线控制启停、方向（端子 DI1 控制启停,端子 Di2 控制方向） |
| 1201 | 10 | 14 | 激活端子 DI4、DI5、DI6 |
| 1202 | 5 | 10 | 设定恒速 1 的频率（Hz） |
| 1203 | 10 | 15 | 设定恒速 2 的频率（Hz） |
| 1204 | 15 | 20 | 设定恒速 3 的频率（Hz） |
| 1205 | 20 | 25 | 设定恒速 4 的频率（Hz） |
| 1206 | 25 | 30 | 设定恒速 5 的频率（Hz） |
| 1207 | 40 | 35 | 设定恒速 6 的频率（Hz） |
| 2007 | 0 | 0 | 最低频率（Hz） |
| 2008 | 50 | 50 | 最高频率（Hz） |
| 2201 | 5 | 1 | 定义端子 DI1 为积分曲线选择,得电选择参数 2205 的值,失电选择参数 2203 的值 |
| 2203 | 30.0 | 10.0 | 减速时间 1 |
| 2205 | 60.0 | 10.0 | 加速时间 2 |

表 7-39　　　　　　　　　　任务 3 电动机多段速运行时变频器运行方式

| 端子号 | | | | | | 说　明 |
|---|---|---|---|---|---|---|
| DI6(18) | DI5(17) | DI4(16) | DI3(15) | DI2(14) | DI1(13) | |
| 0 | 0 | 1 | 0 | 1 | 闭合后断开 | 正转,参数 1202＝10 Hz |
| 0 | 1 | 0 | 1 | 1 | 闭合后断开 | 反转,参数 1203＝15 Hz |
| 0 | 1 | 1 | 0 | 1 | 闭合后断开 | 正转,参数 1204＝20 Hz |
| 1 | 0 | 0 | 0 | 1 | 闭合后断开 | 反转,参数 1205＝25 Hz |
| 1 | 0 | 1 | 0 | 1 | 闭合后断开 | 正转,参数 1206＝30 Hz |
| 1 | 1 | 0 | 1 | 1 | 闭合后断开 | 反转,参数 1207＝35 Hz |

## 6. 变更变频器端子的运行操作

上述操作都是在参数 1001＝4 的情况下进行的,当参数 1001 不等于 4 时,情况又会如何呢?限于篇幅,在此不再赘述,有兴趣的读者可以根据需要自己研究掌握。

### 思考与练习

使用 3-线宏操作,设置当参数 1001＝5 时,变频器的运行频率为 20 Hz、－30 Hz、40 Hz,实际设置并调试。

# 项目 8
# 变频调速控制系统的设计

## 任务 1　变频调速控制系统设计及电动机的选择

**任务引入**

变频器在现代工业自动化控制中获得了非常广泛的应用,利用通用变频器驱动异步电动机所构成的调速控制系统越来越发挥出巨大的作用。而不同的控制对象有其具体的控制要求,为了达到这些控制目的,必须了解变频调速控制系统的设计方法。

**任务目标**

(1)变频调速控制系统的设计方法。
(2)异步电动机的选择方法。
(3)负载功率的计算方法。

**相关知识**

**1.　变频调速控制系统的设计方法**

变频调速控制系统的应用范围很广,如轧钢机、卷扬机、造纸机等,不同的控制对象有其具体的控制要求。例如,造纸机除要求可靠、响应速度快外,还要求动态速度降小、恢复时间短。

对于动态、静态指标要求比较高的控制系统,在变频调速设计时,要求经常利用速度反馈、电流反馈、电压反馈、张力反馈、位置反馈等,通过利用反馈组成一个控制策略优良的自调系统来改善系统的性能。

对于动态、静态指标要求不高的生产工艺系统,在变频调速控制系统中也有电流反馈、位置反馈等。但是这些反馈一般都是开关量的,这些开关量通常用于变频调速控制系统的保护。

对于控制对象具有多变量、变参数、非线性的控制系统,常规的 PID 控制器已无法满足要求,人们开始把智能控制引入变频调速控制系统中。智能控制不需要精确的数学模型,而是仿照人的智能,根据系统误差及其变化率来决定控制器的输出,并自动调节。

无论是选用智能控制器还是选用传统的控制器,在设计变频调速控制系统时都需要建立系统当前状态、误差与控制量之间的关系,都具有类似的设计过程。

**(1)变频调速控制系统的基本设计步骤**

无论生产工艺提出的动态、静态指标要求如何,其变频调速控制系统的设计过程基本相同,具体步骤如下:

①了解生产工艺对电动机速度变化的要求,分析影响电动机速度变化的因素,根据自动控制系统的形成理论建立调速控制系统的原理框图。

②了解生产工艺的操作过程,根据电气控制电路的设计方法建立调速控制系统的电气控制原理框图。

③根据负载情况和生产工艺的要求选择电动机、变频器及其外围设备。如果是闭环控制,最好选用能够四象限运行的通用变频器。

④根据掌握被控对象数学模型的情况,决定是选择常规 PID 控制器还是选择智能控制器。如果被控对象的数学模型不清楚,又想知道被控对象的数学模型,若条件允许,可用动态信号测试仪实测数学模型。对被控对象的数学模型无严格要求的控制器,应属于非常规 PID 控制器。

⑤购置基本设备,如通用变频器、反馈元件、PLC、控制器和电动机。如果所设计的工程项目属于旧设备改造项目,电动机就不需要重新购置。

⑥根据实际购置的设备绘制调速控制系统的电气控制电路原理图,编制调速控制系统的程序,修改调速控制系统的原理框图。

**(2)影响变频调速控制系统性能的因素**

设计出的变频调速控制系统性能是否优良,一般与下述因素有关。

①同样是一个开环变频调速控制系统,所选择的通用变频器的型号不同,变频调速控制系统的性能优良程度也不一定相同。即使选择相同的通用变频器型号,变频器的参数设置不同,其性能优良程度也不会相同。

②同样是一个闭环变频调速控制系统,所放置的反馈元件位置不同,系统的性能优良程度相差十分明显。即使反馈元件的放置位置相同,反馈元件的型号、质量不同,由抑制定理可知,其性能优良程度也不会相同。因此,反馈信号的真实程度及质量决定着一个闭环变频调速控制系统的成败。

③控制器的控制算法、参数设置不同,变频调速控制系统的性能优良程度相差较大。如果控制器的控制算法选择不合适、参数设置不恰当,闭环变频调速控制系统有时还不如一个开环控制系统的性能好。因此,设计选择一套控制算法合理、简单、可靠、调试方便和控制精度高的控制器是用户必须特别注意的问题。

④两个完全一样的变频调速控制系统,如果安装环境不同,可能效果完全不同。特别是若输出电缆布置不合理,不但影响变频调速控制系统性能,还会损坏开关管和驱动电路。

⑤对于开环调速系统,除变频器优良程度影响系统的性能外,电动机固有特性的硬度、安

装质量也严重影响变频调速控制系统的性能。

### (3)设计闭环调速控制系统的注意事项

在对控制精度要求不高的场合,只需适当选购变频器和三相异步电动机,就能很方便地对被控对象进行控制,达到生产工艺的要求。但是,在对控制精度要求较高的场合必须采用闭环控制。如果被控对象的数学模型不清楚或者数学模型是非线性、强耦合、多变量类型,若采用常规控制器,在理论上是相当困难的。然而,只要在设计闭环调速控制系统时注意以下事项,也能设计出满意的系统。

①控制器的控制参数大范围可调　如果是模拟电路,那么大范围控制参数是通过开关切换控制器中的关键电阻、电容来实现的。被切换的电阻、电容应具有不同的数量级。如果是数字电路,应建立修改控制器控制参数的组态界面。

②速度反馈元件采用光电速度传感器　速度反馈信号可以采用光电速度传感器,也可以采用测速发动机,但应优先考虑光电速度传感器。这种传感器体积小,精度高,易于和被测轴实现软轴连接,对同心度的要求不高,便于安装。另外,其脉冲信号便于传送,有利于提高系统的抗干扰能力。由于电气传动系统中电磁干扰严重,即使是光电脉冲电压信号的传送也必须选用屏蔽线。一般光电速度传感器的外接引线有三根:电源线、地线和脉冲输出线。

③电动机、反馈元件和变频器之间的连接　若电动机、测速发动机或传感器安装在同一个金属底座上,如果金属底座接大地,一旦电动机三相绕组与电动机壳绝缘不良,就易使变频器输出短路,尽管变频器有短路保护功能,但并非都十分可靠;如果金属底座不接地,就容易造成触电事故。解决方法是选择带有漏电保护措施的变频器,或另外增加漏电保护措施。

## 2.　异步电动机的选择方法

当使用标准的通用异步电动机进行变频调速时,由于变频器的性能和电动机自身运行工况的改变等原因,在确定电动机的参数时,除按照常规方法选择电动机的型号及参数外,还必须考虑电动机在各个频率段恒速运行时从未考虑过的一些问题。

电动机的选择包括电动机类型、电压等级、额定速度、结构形式、容量、磁极对数和工作频率范围的选择等。

### (1)电动机类型的选择

电动机类型选择的基本原则:在满足工作机械对于拖动系统要求的前提下,所选电动机应尽可能结构简单、运行可靠、维护方便、价格低廉。因此,在选用电动机种类时,若工作机械对拖动系统无过高要求,应优先考虑选用交流电动机。

在交流电动机中,笼型异步电动机结构最简单,运行最可靠,维护最方便。对启动性能无过高要求的调速系统应优先考虑使用笼型异步电动机。

某些工作机械如桥式起重机、电梯、锻压机等,工作中启动、制动比较频繁,为提高生产率要求电动机具有较大的启动、制动转矩以缩短启动、制动时间,同时还有一定的调速要求。对于这类工作机械,可考虑选用绕线式异步电动机。

### (2)电压等级及额定速度的选择

交流电动机电压等级的选择应考虑运行场所供电电网的电压等级。中等功率以下的交流电动机额定电压一般为 380 V,大功率交流电动机的额定电压多为 3 kV 或 6 kV。

电动机额定速度的选择是否恰当,关系到电动机的价格和运行效率,甚至关系到生产机械的生产率。额定功率相同的电动机,额定速度越大,其体积越小,质量越轻,价格也越低。因此,工作于长期工作制的工作机械,原则上应选用额定速度较大的电动机。但额定速度大必然导致传动机构的复杂化,实际选用时应加以全面权衡。

对于经常工作于启动、制动状态的电动机,应考虑额定速度对启动、制动时间和启动、制动过程中能量损耗的影响。可以证明,从缩短启动、制动时间和减小启动、制动过程中能量损耗的角度考虑,应选用 $GD^2$ 与额定速度 $n_N$ 之积最小的电动机。

### (3)电动机结构形式的选择

对于电动机的形式,除了根据使用状况和被传动机械的要求,合理选择结构形式、安装方式(如轴的方向和轴伸、底脚安装或凸缘安装等)以及与传动机械的连接方式(直接连接、齿轮箱、带轮、链传动)外,还应根据温升情况和使用环境选择合适的通风方式和防护等级等。

①开启式  开启式电动机的定子两侧和端盖上开有很大的通风口,具有良好的散热条件,但灰尘、水滴和铁屑容易侵入电动机内部,影响电动机的正常工作,它适用于干燥、清洁的工作环境。

②防护式  防护式电动机的通风口在机壳下部,通风条件好,且可以防止水滴、铁屑等杂物从垂直方向小于 45° 落入电动机内部,但不能防止尘土和潮气侵入,仅适用于比较干燥、灰尘不多且无腐蚀性及爆炸性气体的场所。

③封闭式  封闭式电动机采用全封闭结构,又分为自冷式、强迫通风式和密闭式三种。前两种类型的电动机适用于多尘土、潮湿和有腐蚀性气体的场所,如纺织厂、水泥厂等;密闭式电动机则适用于在液体中工作的机械,如点动潜水泵、深水泵等。

④防爆式  防爆式电动机是在封闭式电动机基础上制成的隔爆型电动机,适用于有易燃、易爆气体的场所,如油库、煤气站及矿井等。

### (4)电动机容量的选择

选择电动机容量的基本原则:能带动负载,在生产工艺所要求的各个速度长期运行不过热,在旧设备改造时,要尽可能地留用原设备的电动机。

选择电动机容量时应考虑如下几点:电动机容量、启动转矩必须大于负载所需要的功率和启动转矩;电源电压减小 10%～15% 的情况下,转矩仍能满足启动或运行中的需要;从电动机温升角度考虑,为了不降低电动机的寿命,温升必须在绝缘所限制的范围以内;如果电动机每次在最低频率时连续工作的时间不长,则可留用原有电动机;反之,如果在最低频率时连续运行的时间较长,则电动机的容量应提高一挡。

### (5)电动机磁极对数的选择

电动机的磁极对数一般由生产工艺决定,不宜随意选择。如果通用变频器具有矢量控制功能,若有条件,最好选择 $2p=4$ 的电动机,因为多数矢量控制通用变频器是以 $2p=4$ 的电动机作为模型进行设计的。

### (6)电动机工作频率范围的选择

电动机工作频率的范围应包含负载对调速范围的要求。由于某些通用变频器低速运行特性不理想,所以最低频率越高越好。

**(7)使用变频器传动电动机时应注意的问题**

笼型异步电动机由通用变频器传动时,由于高次谐波的影响和电动机运行速度范围的扩大,将出现一些新的问题,与工频电源传动时的差别比较大。因此,在旧设备改造留用原有电动机时要特别注意如下问题:

①低速时的散热能力 通用的标准笼型异步电动机的散热能力,是按额定速度且冷却风扇与电动机同轴的条件下考虑冷却风量的。当使用变频器之后,在电动机运行速度减小的情况下,冷却风量将自动变小,散热能力随之变差。由于电动机的温升与冷却风量之间成反比,所以在额定速度以下连续运行时,可采用设置恒速冷却风扇的办法改善低速运行条件下电动机的散热能力。

②额定频率运行时温升提高 由于变频器的三相输出电压波形是 SPWM 波形,因此不可避免地在异步电动机的定子电流中含有高次谐波。高次谐波增大了电动机的损耗,使电动机的效率和功率因数都减小。高次谐波损耗基本与负载大小无关,所以电动机温升将会比变频调速改造前有所提高。通用变频器高次谐波分量越少,电动机的温升也就越低。这也是检验通用变频器性能是否优良的重要标志之一。

高次谐波损耗主要包括铜耗和铁耗两部分,其中铁耗是磁感应强度和频率的函数。由于 SPWM 变频器中含有载波频率,所以与谐波有关的铁耗比较大。大量的实践表明,电动机在额定运转状态下(电动机的电压、频率、输出功率均为额定值),用变频器供电与用工频电网供电相比较,电动机电流增大 10%,而温升增高 20% 左右。选择电动机时,应考虑这种情况,适当留有裕量,以防止温升过高,影响电动机使用寿命。

③电动机运行时噪声增大 这是 SPWM 变频器的载波频率与电动机铁芯的固有振荡频率发生谐振引起的电动机铁芯振动而发出的噪声。解决方法是重新设定载波频率。

## 知识拓展

### 1. 变频调速时电动机速度控制

**(1)速度控制上限**

普通异步电动机的速度上限就是额定频率所对应的额定速度。一般不要将额定频率为 50 Hz 的电动机超速运行,否则,会引起带负载能力下降、过电流,甚至机械性破坏。

**(2)中间速度**

采用普通异步电动机变频调速时,要考虑在连续可调速度区段(中间速度)内运行时的机械共振问题。异步电动机所产生的脉动转矩频率一旦与固有振动频率一致,就会发生共振,并产生强烈的振动和噪声,最严重的情况下会引起轴系断裂事故。

对于风机、泵类等负载,其轴系的固有振动频率通常都包含在可调范围内,特别是大容量异步电动机几乎都包含在低频调速区域,应避免电动机在共振频率下运行。对已有的风机、水泵进行变频调速时,需要对选择部分的离心力进行核算,如叶轮、轴、联轴节、电动机转子等,因为速度变换的幅度和频率会使选择部分受到交变应力的作用,所以必须核算疲劳强度,以确认是否安全。

**(3)速度控制下限**

采用普通异步电动机变频调速时,考虑到电动机自身由于低速冷却能力下降而确定的最小速度与机械系统所允许的下限速度一起决定了最终的速度下限,普通异步电动机中多数都使用滚动轴承。虽然对最小速度没有限制,但对大容量异步电动机及机械负载中使用滑动轴承的场合,低速时润滑不良产生过热会导致油膜烧毁,故需要考虑轴承的工作情况,以确定最小速度。

对于风机,需要根据其共振临界风量确定最小速度,当用泵进行流量控制时,因有净扬程,所以需要控制泵的速度下限,避免出现小于某一速度时不能送水而发生倒流的现象。

**2.　预防变频器浪涌电压的危害**

通用变频器的功率开关器件在工作时会产生浪涌电压,当通用变频器驱动异步电动机时,有时需要采取措施防止浪涌电压对电动机绝缘的破坏。浪涌电压在通用变频器中显著存在,由于功率开关器件 IGBT 的开关速度快,所以电压脉冲的上升沿陡度 $du/dt$ 非常大,这种快速上升的电压脉冲和较高的开关频率会在电动机内部形成轴承电流,从而会逐渐损坏轴承。

若通用变频器与电动机之间的接线距离较长,通用变频器的输出电压达到波峰值的时间比前行波达到电动机端子的时间短,在电动机端子部位,前行波相对于其反射波的波峰值为通用变频器输出波峰值的 2 倍,如图 8-1 所示。

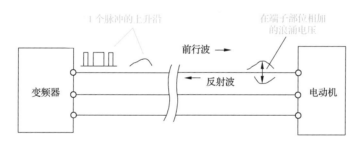

图 8-1　浪涌电压的前行与反射

当通用变频器与电动机间的接线为电缆时,前行波从变频器端子开始,到达电动机端子为止的时间 $t(\mu s)$ 为

$$t=0.006\ 24L \tag{8-1}$$

式中　$L$——变频器到电动机的距离,m。

通用变频器的电压上升沿陡度为 2 000～3 000 V/$\mu$s。例如,400 V 级的通用变频器中间直流电路电压约为 700 V,达到波峰值需 0.2～0.3 $\mu$s,由式(7-1)可得 $L=30～50$ m,则通用变频器和电动机间的距离超过这一极限值时,要考虑前行波的冲击电压。前行波产生的冲击电压尖峰值将达到中间直流电路电压的 2 倍,如 400 V 级的通用变频器为 1 400 V 左右,这一冲击电压加在电动机绕组上并非均匀地分布在绕组内和绕组间,而是集中分布在离端子较近的线圈中,并进行电涌放电,会导致绝缘劣化,甚至造成绝缘击穿。一般的异步电动机绝缘强度较低,允许短时过电压为 1.65$U_N$。因此,对于 400 V 级的通用变频器,应尽量缩短通用变频器与电动机之间的接线距离,一般不要超过通用变频器产品说明书中规定的最大值。必要时

应装设 $du/dt$ 滤波器、共模输出滤波器或输出电抗器,以降低输出电压波形上升沿陡度。

需要采取的防止冲击电压的措施见表 8-1。

表 8-1　　　　　　　　　　　　　　　防止冲击电压的措施

| 位　置 | 冲击电压的处理 | | 具体措施 | |
| --- | --- | --- | --- | --- |
| | 尖峰值 | $du/dt$ | 尖峰值 | $du/dt$ |
| 变频器侧 | 抑制 | 抑制 | 浪涌吸收器(电容)过电压钳位 | 浪涌保护器 |
| 电动机侧 | 提高耐压能力 | 提高耐压能力 | 强化相间及对地绝缘 | 强化绕组绝缘,平均分担绕组级间电压 |
| | | | 用变频器驱动已有电动机时采用强化绝缘或更换绕组 | |
| 其他 | 限制上升 | 抑制 | 使用电抗器 | 使用滤波器 |

## 思考与练习

(1)简述变频调速控制系统的基本设计步骤。

(2)如何预防变频器浪涌电压对电动机的危害?

# 任务2　根据控制对象设计变频调速控制系统

## 任务引入

对于调速电动机所传动的生产机械,有速度、位置、张力、流量、温度、压力等控制对象。对于每一个控制对象,生产机械的特性和工艺的要求是不同的。因此,变频调速系统的控制方法和设计要点也不一样。

## 任务目标

(1)根据速度要求设计调速系统。
(2)根据流量要求设计调速系统。
(3)根据压力要求设计调速系统。

素质课堂8

## 相关知识

### 1. 根据速度要求设计调速系统

用变频器改变电动机速度时,有时以负载的速度为控制对象,但多数情况下以随速度改变而改变的流量、张力、压力等为最终控制对象。不管是哪一种情况,控制电动机的速度是最基本的要求。

为了维持某一速度,负载必须接受电动机供给的转矩,其值与该速度下的机械所做的功和损耗相应,这就是该速度下的负载转矩。

如图 8-2 所示为电动机调速系统负载转矩与速度的机械特性曲线。

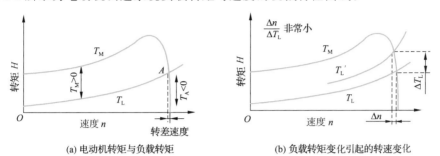

(a) 电动机转矩与负载转矩　　　　(b) 负载转矩变化引起的转速变化

图 8-2　电动机调速系统负载转矩与速度的机械特性曲线

电动机转矩与负载转矩的运动方程为

$$T_A = \frac{GD^2}{4g} \cdot \frac{2\pi}{60} \cdot \frac{dn}{dt} = \frac{GD^2}{375} \cdot \frac{dn}{dt} \qquad (8\text{-}2)$$

式中　$T_A$——加速转矩,$N \cdot m$,$T_A = T_M - T_L$;

　　　$T_M$——电动机产生的转矩,$N \cdot m$;

　　　$T_L$——负载转矩,$N \cdot m$;

　　　$GD^2$——电动机的飞轮矩与换算到电动机轴上的负载飞轮矩之和,$N \cdot m$;

　　　$n$——速度,$r/min$;

　　　$t$——加速时间,$s$;

　　　$g$——重力加速度。

由式(7-2)可以推导出下列性质:

①当 $T_A = 0$ 时,速度 $n$ 保持一定。

②当 $T_A > 0$ 时,速度 $n$ 增大。

③当 $T_A < 0$ 时,速度 $n$ 减小。

在图 8-2 中,电动机的速度由曲线 $T_M$ 与 $T_L$ 的交点 $A$ 确定。此外,要从 $A$ 点加速或减速,需要改变 $T_M$,使 $T_A$ 为正值或负值。这就是说,要控制电动机的速度,必须具有改变电动机转矩 $T_M$ 的功能,而这个功能可借助于变频器来实现。

**(1)加/减速时间的确定**

电动机速度从 $n_a$ 到达 $n_b$ 所需要的时间为

$$t = \frac{GD^2}{375} \int_{n_a}^{n_b} \frac{1}{T_A} \cdot dn \qquad (8\text{-}3)$$

通常,加速率是以频率从 0 上升到最高频率所需要的时间定义的;减速率是以从最高频率下降到 0 所需要的时间定义的。

加速时间给定的要点,是将加速电流限制在变频器过电流容量以下,即避免过电流失速,防止回路动作。减速时间给定的要点,则是防止平滑回路的电压过大,即避免再生过电压失速,防止回路动作。对于转差频率控制和矢量控制型变频器,由于其具有快速电流限制功能,所以即使指令速度(指令频率)急速改变,其本身也能将电流限制在容许值以内,以对产生的最大转矩进行可靠的加/减速。对于电压型通用变频器的 $U/f$ 控制,由于变频器限制电流的功能不足,可产生的再生转矩也小,所以加速时必须限制指令频率的上升率,以防止过电流;减速时则限制其下降率,以防止过电压。

这样,对于采用转差频率控制和矢量控制的变频器,如果求出各速度下的减速转矩,根据式(7-3)就可求出加/减速时间。而对于电压型通用变频器,则用指令频率的上升/下降确定加/减速时间。

通用变频器加/减速时间的给定方法如下:

①对于风机、泵等二次平方减转矩负载,其加/减速时间的计算与恒转矩负载时有若干不同,由于负载转矩随速度大幅度变化,所以仅用平均加/减速转矩来讨论广泛的速度范围是不行的。在这种场合,由各速度下的负载转矩与电动机产生转矩的关系曲线求出最小加/减速转矩,进而选择可以给出的最大给定时间,即

$$t_A \geqslant \frac{GD^2}{375} \cdot \frac{n_{\max}}{T_{AA\min}} \tag{8-4}$$

$$t_D \geqslant \frac{GD^2}{375} \cdot \frac{n_{\max}}{T_{AD\min}} \tag{8-5}$$

式中　$t_A$——给定加速时间,s;

$t_D$——给定减速时间,s;

$n_{\max}$——最大速度,r/min;

$T_{AA\min}$——最小加速转矩,N·m;

$T_{AD\min}$——最小减速转矩,N·m。

最小加/减速转矩如图 8-3 所示。

②对于平方减转矩负载,为了提高低速区的电动机效率,多采用减小励磁的 $U/f$ 模式。因为电动机转矩的曲线随 $U/f$ 模式的选取方式变化很大,所以求加/减速转矩时要考虑这一点。同时,当变频器与电动机间装设变压器或电缆线长时,由于阻抗压降的影响,特别是在低速区转矩会减小,往往启动时间变长,这在给定加速时间时要注意。

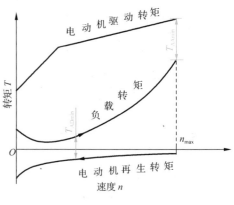

图 8-3　最小加/减速转矩

### (2)速度控制系统

①开环速度控制　开环速度控制系统如图 8-4 所示。

对于风机、泵等平方减转矩负载,不太要求快速响应,常常采用开环控制。此时,对于变频器来说,频率给定为输入信号,变频器向电动机输出电压 $U_n$ 和频率 $f_n$。电动机依转矩特性根据电压 $U_n$、频率 $f_n$ 产生转矩 $T_n$,与负载转矩相一致,在速度 $n_n$ 下稳定运转。此时,影响速度精度的因素主要有负载转矩的变化、输出频率的精度以及电源电压的变动等。

负载转矩变化使电动机速度改变,电动机的转差率也随之发生变化。为了对此进行补偿,可以检测出电动机电流,在频率、电压控制电路进行修正。

此外,由于电流电压一变动,变频器平滑电路的直流电压就变化,因而输出电压也出现变动。因此,电动机转矩-速度曲线在转矩轴方向伸缩,与负载转矩的交点移动,速度发生变化。为了对此补偿,可将平滑电路的直流电压和变频器的输出电压进行反馈,在电压控制电路中进行修正。

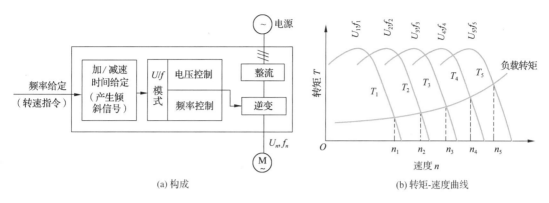

(a) 构成　　　　　　　　　　　　　(b) 转矩-速度曲线

图 8-4　开环速度控制系统

②闭环速度控制　为了补偿电动机速度的变化,将检测到的速度量作为电气信号负反馈到变频器的控制电路,这种控制方式称为闭环控制。

速度反馈控制方式是以速度为控制对象的闭环控制,广泛应用于造纸、泵类机械、机床等要求速度精度高的场合。它需要装设传感器,以便检测出电动机速度。在这些传感器中,光电编码器、分解器等能检测出机械位置,可用于直线或旋转位置的高精度控制。

如图 8-5 所示为 PLG(由脉冲频率测量速度的传感器)和变频器等组成的闭环速度控制系统。其中的虚线路径表示通用变频器的开环控制,控制器用来修正速度误差,$f/U$ 变换构成反馈,可获得良好的控制效果。

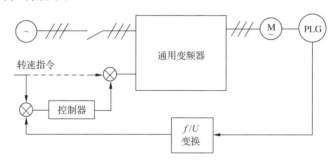

图 8-5　闭环速度控制系统

### (3) 系统设计要点

电动机采用变频器组成调速系统时,应注意以下几点。

①速度控制范围　根据调速系统要求,必须选择能覆盖所需速度控制范围的变频器。速度控制范围的表示方法有多种:有的用实际数值表示,如 $145 \sim 1\ 450$ r/min 或 $5 \sim 50$ Hz;有的用比率表示,如 1:10;还有的用百分比表示,如 10%。

②避免危险速度下的运转　在速度控制范围内如果存在着能引起大的扭转谐振的速度或其他危险速度,就必须避免在这些速度下连续运转。此时,应选择具有如图 8-6 所示频率跳变回路特性的变频器。具有这种功能的变频器,其跳变速度和幅值可自由选用。另外,变速区间的运转速度可选择在高速区,也可选择在低速区。

所谓扭转谐振,是指当电动机转矩的脉动分量与机械系统(含负载和电动机)的固有频率一致时,电动机进入谐振状态将超过额定转矩的扭矩应力加在机械系统上的现象。机械系统有时在速度控制范围内存在大的扭转谐振。

所谓危险速度,是指旋转系统轴弯曲的固有频率与旋转频率一致时的速度。通常,危险速

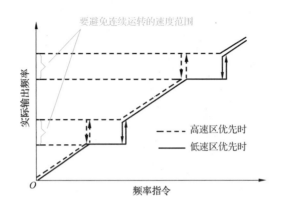

图 8-6    频率跳变回路特性

度大于电动机的额定速度。但对于大容量的 2～4 极电动机,危险速度有时小于额定速度。

③电动机在低速区的冷却能力    对于自冷方式的电动机,速度减小,则电动机的冷却能力降低。在二次平方转矩负载下,因速度减小引起的输出功率减小比冷却能力的降低要大,因此电动机冷却不成问题;但对于恒转矩负载,低速区冷却能力的降低将限制速度的下限,因此必须考虑电动机的冷却能力。当然,电动机也可改用其他通风方式。

④光电速度传感器和控制器的使用    作为构成闭环系统的重要器件,选择光电速度传感器和控制器时,必须充分考虑温度漂移和外界干扰对这些器件及其接线的影响。另外,为了得到快速响应而过多地提高控制器的灵敏度有时会引起振荡,因此必须采用与所用变频器的响应性和频率分辨率相适应的增益。为了尽可能提高变频器本身的响应性,在给定加/减速时间时,时间值不要超过实际需要值。

## 2. 根据流量要求设计调速控制系统

### (1)流量控制的特点

在工业生产过程中,大量使用着进行流体输送的泵类与风机类机械。泵按工作原理分类如图 8-7(a)所示。风机按工作原理分类如图 8-7(b)所示。

(a) 泵                                    (b) 风机

图 8-7    泵与风机按工作原理分类

泵按产生的压力可分为：低压泵，压力在 2 MPa 以下；中压泵，压力为 2～6 MPa；高压泵，压力在 6 MPa 以上。

风机按用途可分为换气扇、干燥机、集尘机、加热炉风机、冷却风扇、锅炉送风机、诱导风机、机械冷却风扇、空气压缩传送机和吹气风选机等。

风机按产生的压力可分为：通风机，压力为 $2.9 \times 10^5 \sim 3.9 \times 10^5$ Pa 以下；鼓风机，压力为 $2.9 \times 10^5 \sim 3.4 \times 10^5$ Pa；压气机，压力为 $2.9 \times 10^5 \sim 3.4 \times 10^5$ Pa 以上。

其中，通风机按压力又可分为：低压通风机，压力为 $2.9 \times 10^4$ Pa 以下；中压通风机，压力为 $2.9 \times 10^4 \sim 7.8 \times 10^4$ Pa；高压通风机，压力为 $7.8 \times 10^4 \sim 3.9 \times 10^5$ Pa。

泵的主要作用是输送液体，风机的主要作用是输送气体。在流体力学上，泵与风机在许多方面的特性及数学、物理描述是一样或类似的。例如，流量 $Q$ 与出口侧压力 $P$ 的流量-压力特性曲线是相似的。流体流过热交换器、管道、阀门、过滤器时会产生压力损耗。流体流经的回路中，管道、阀门、过滤器、负载等产生的全部压力损耗之和与流量的关系曲线称为流体机械阻抗曲线。

流量-压力 $(Q\text{-}P)$ 曲线与流体机械阻抗曲线的交点表示流体机械的流量。

控制流量的基本方法有两种：改变流量-压力 $(Q\text{-}P)$ 曲线和改变流体机械阻抗曲线。

### （2）流量控制方法及特点

①流量控制的一般方法　现以风机为例讨论流量控制的一般性结论，泵可同样使用这些结论。

风机的风量控制如图 8-8 所示。最常用的是通过叶片控制、挡板控制来调节风量的方法，其特点是结构简单、能耗大、效率低。

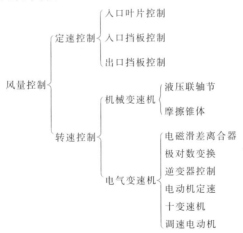

图 8-8　风机的风量控制

采用对拖动风机的电动机进行调速，尤其是变频调速，效果十分理想。

为了方便讨论，下面列出转速控制理论中常用的几个基本公式：

- 风量 $Q = K_1 n$，表示风量与转速成正比。
- 压力 $P = K_2 n^2$，表示压力与转速的平方成正比。
- 轴功率 $W = K_3 n^3$，表示轴功率与转速的三次方成正比。

②流量控制的特点　一般情况下，风机、泵类机械的转矩与转速的平方成正比，故将它们称

为具有平方转矩特性的机械。流量控制中,对于启动、停止、加/减速控制的定量化分析是重要的。因为在这些过程中,电动机与机械都处在一种非稳定的运行过程中,这一过程的情况直接影响流量控制的好坏。在暂态过程中,风机的转动惯量 $J^2$ 是传动电动机转动惯量 $J^2$ 的 $10\sim50$ 倍;泵的转动惯量 $J^2$ 是传动电动机转动惯量 $J^2$ 的 $20\%\sim80\%$。

**(3)变频调速流量控制**

电动机速度的改变导致流量的改变,直接控制变频器指令来控制流量。

①单台水泵控制系统　如图 8-9 所示,流量给定器可根据需要进行设置,反馈环节是流量计及流量-电量转换器,压力调节器将流量信号与流量给定信号进行动态比较,再决定变频器的频率指令,控制流量恒定或按要求改变。

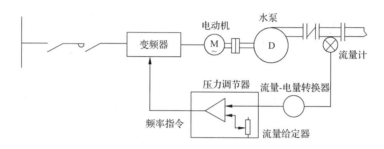

图 8-9　单台水泵控制系统

②流量计　流量控制系统中使用的流量计种类较多,如电磁流量计、超声波流量计、孔板流量计、面积式流量计、容积式流量计、卡门流量计等。

● 电磁流量计　电磁流量计的检出量是电动势 $E$,流量 $Q$ 为

$$Q=\pi DE/(4B) \tag{8-6}$$

式中　$D$、$B$——常数。

电磁流量计主要用于测量导电性流体,其测量精度高,无压力损耗,维修容易,并适用于各种口径的管道。

● 超声波流量计　超声波流量计工作时不需要切断管路或置入管道内,只需把超声波流量计的发射探头与接收探头贴放在被测管道的外表面,即可由机内的数据处理及显示装置读出流量。该流量计的发射探头反射一定频率的超声波穿透载流导管,通过接收探头可测得超声波传播速度的改变量 $\Delta f$。流量 $Q$ 为

$$Q=K\Delta f \tag{8-7}$$

式中　$K$——比例系数。

● 孔板流量计　孔板流量计的工作原理:在流体流动的管道中装设孔板,由孔板两侧的压强差检知流速,流量是流速与截面积之积。设孔板前、后压强分别为 $P_1$ 和 $P_2$,则流量 $Q$ 为

$$Q=K(P_1-P_2)^{\frac{1}{2}} \tag{8-8}$$

式中　$K$——常数。

孔板流量计测量精度有一定误差,压力损耗较大,适用于液体、气体等流体。

**(4)流量控制系统**

①提高可靠性　设置调速状态与非调速状态的切换装置。当变频系统出现故障时,能够

使整个工作系统进入不用变频器也能工作的状态,从而不影响实际生产的进行。调速与非调速状态的方便切换大大提高了系统工作可靠性。

②无供水保护　对有实际扬程的供水系统,当电动机速度减小时,泵的出口压力比实际扬程小,就进入无供水状态,水泵在此状态下工作,温度会持续上升而导致泵体机械损坏。应设置无供水状态的检测与保护环节,并设置速度下限,用指令信号控制速度始终保持在下限值以上。也可以采取一些其他方法来提供无供水保护,如在出口侧装设分流阀等。

③瞬停的处理　如果出现电源侧的瞬时停电并瞬间又恢复供电,会使变频调速控制系统的保护环节动作而跳闸。供电中断时,电动机及负载立刻进入惯性运转状态,在阻转矩的作用下,速度减小。对于转动惯量 $J^2$ 较大的负载,惯性运转过程的速度变化慢,瞬停再启动环节可以自动检测出电动机的实际速度,给出与电动机速度一致的变频器工作频率指令,使电动机再次加速。

水泵的转动惯量 $J^2$ 小,一旦失电,会很快停转,因此不宜用瞬停再启动环节,而应采用一定时间后自动再启动的方法。

④启动联锁环节　变频器从低频率启动,如果电动机在旋转时便进入再生制动状态,会出现因过电压而停转的危险。必须设置电动机停止后再启动的联锁环节。但有些设备停转后,由于外界的扰动(如风力等),电动机处于反转状态而不能完全停转,这种情况下就应采用较大容量变频器,为充分耐受反转状态下启动的冲击电流。

水泵停转后,由于水流的作用会反向缓慢旋转。在反转中启动变频器,电动机进入反接制动状态,变频器可能因过电流而保护性失电,对于这种情况,可装设单向阀。

## 知识拓展

### 根据压力要求设计调速控制系统

#### 1. 压力控制的特点

压力控制,如气体压力、液体压力控制等是常见的控制。压力控制有以下特点:压力控制系统的精度要求不太高;压力与电动机速度成非线性关系;液体由于不可压缩,对液体的压力控制响应快,而气体由于压缩,控制响应慢;压力控制与流量控制关系紧密。

#### 2. 给水泵压力控制系统

生活用水和工业用水中,使用给水泵向各阀门、水龙头及所有的用户供给水压适当且连续的用水。在不同的供水量情况下,水压必须为恒定。

采用变频器调速的水泵,水压控制方法有出口压力恒定控制、预测末端压力恒定控制、出口压力阶段控制等。

**(1)出口压力恒定控制**

出口压力恒定控制是最常见的水压控制方式,如图 8-10 所示。压力传感器检测水泵出口附近配管内压力,作为反馈信号送给压力调节器,并与出口压力给定值比较,得到输出给变频器的频率指令,调节电动机速度,控制出口压力保持恒定。由流体力学的伯努利原理可知:流量 $Q$ 增大,出口压力 $P$ 减小,此时输出较高的频率指令,使电动机速度增大进而使出口压力 $P$ 增大,从而维持出口压力恒定。

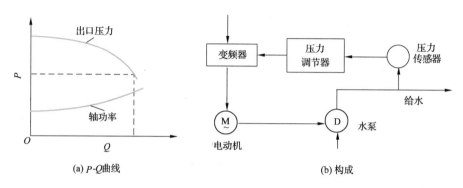

(a) $P-Q$曲线　　　　　　　　(b)构成

图 8-10　出口压力恒定控制系统

### (2)预测末端压力恒定控制

采用出口压力恒定控制时,配管末端水压因管路内的摩擦而发生损失,损失的大小与管路的长度、截面、内壁的光滑程度有关,但大致按管内流体的流速即流量 $Q$ 的平方变化。当给定出口压力使最大流量时的末端压力为定值时,在流量小的情况下,末端压力及出口压力都将过大,这就导致了许多能量的无端耗损。对于水头损失较大的配管系统采用预测末端压力恒定控制可较好地避免上述情况下的能量损耗。

预测末端压力恒定控制系统如图 8-11 所示。流量计检出流量值,在预测末端压力恒定运算器加在此流量下的水头损失,算出保持末端压力恒定所需的出口压力,并作为给定出口压力加到压力调节器。这种控制方式在小流量区节能效果较好,因为水泵速度可以变得很小。

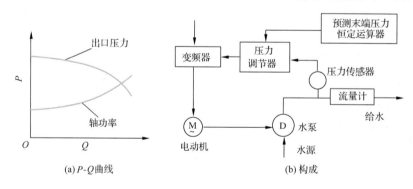

(a) $P-Q$曲线　　　　　　　　(b)构成

图 8-11　预测末端压力恒定控制系统

### (3)出口压力阶段控制

出口压力阶段控制是不使用流量计而对出口压力阶段控制的方式,有与预测末端压力恒定控制相近的效果,如图 8-12 所示。用定时器或程序调节器来具体控制某台泵的运转或停止,并将此信号送给压力调节器。

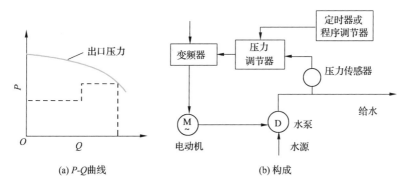

(a) $P$-$Q$曲线　　　　　　　　　　(b) 构成

图 8-12　出口压力阶段控制系统

# 思考与练习

(1) 变频器如何避免在危险速度下运转？

(2) 何为出口压力恒定控制？

# 参 考 文 献

[1] 刘美俊.变频器应用与维护技术[M].北京:中国电力出版社,2008.

[2] 张燕宾.SPWM变频调速应用技术[M].4版.北京:机械工业出版社,2012.

[3] 邓其贵,周炳.变频器操作与工程项目应用[M].北京:北京理工大学出版社,2009.

[4] 薛晓明.变频器技术与应用[M].北京:北京理工大学出版社,2009.

[5] 孟晓芳,李策,王珏.西门子系列变频器及其工程应用[M].北京:机械工业出版社,2008.

# 附　录

# 附录 A　MM440 变频器功能参数表

本附录表格中的信息说明：

缺省值—工厂设置值；Level—用户参数访问级；DS—变频器的状态（传动装置的状态），表示参数的数值可以在变频器的这种状态下进行修改（参看 P0010）；C—调试；U—运行；T—运行准备就绪；QC—快速调试；Q—可以在快速调试状态下修改参数；N—在快速调试状态下不能修改参数。

## 1. 常用参数

表 A-1　　　　　　　　　　　　　　　　　常用参数

| 参数号 | 参数名称 | 缺省值 | Level | DS | QC |
|---|---|---|---|---|---|
| r0000 | 驱动装置只读参数的显示值 | — | 1 | — | — |
| P0003 | 用户参数访问级 | 1 | 1 | CUT | N |
| P0004 | 参数过滤器 | 0 | 1 | CUT | N |
| P0010 | 调试用的参数过滤器 | 0 | 1 | CT | N |
| P0014[3] | 存储方式 | 0 | 3 | UT | N |
| P0199 | 设备的系统序号 | 0 | 2 | UT | N |

## 2. 快速调试

表 A-2　　　　　　　　　　　　　　　　　快速调试参数

| 参数号 | 参数名称 | 缺省值 | Level | DS | QC |
|---|---|---|---|---|---|
| P0100 | 适用于欧洲/北美洲地区 | 0 | 1 | C | Q |
| P3900 | 快速调试结束 | 0 | 1 | C | Q |

## 3. 复位

表 A-3                              复位参数

| 参数号 | 参数名称 | 缺省值 | Level | DS | QC |
|--------|----------|--------|-------|----|----|
| P0970 | 复位为工厂设定值 | 0 | 1 | C | N |

## 4. 技术应用功能

表 A-4                              技术应用功能参数

| 参数号 | 参数名称 | 缺省值 | Level | DS | QC |
|--------|----------|--------|-------|----|----|
| P0500[3] | 技术应用 | 0 | 3 | CT | Q |

## 5. 变频器(P0004=2)

表 A-5                              变频器参数

| 参数号 | 参数名称 | 缺省值 | Level | DS | QC |
|--------|----------|--------|-------|----|----|
| P0201 | 功率组合件的标号 | 0 | 3 | C | N |
| r0209 | 变频器最大电流 | — | 2 | — | — |
| P0210 | 电源电压 | 230 | 3 | CT | N |
| r0231[2] | 电缆的最大长度 | — | 3 | — | — |
| P0290 | 变频器的过载保护 | 2 | 3 | CT | N |
| P0292 | 变频器的过载报警信号 | 15 | 3 | CUT | N |
| P1800 | 脉宽调制频率 | 4 | 2 | CUT | N |
| P1802 | 调制方式 | 0 | 3 | CUT | N |
| P1820[3] | 输出相序反向 | 0 | 2 | CT | N |
| P1911 | 自动测量识别的相数 | 3 | 2 | CT | N |

## 6. 电动机(P0004=3)

表 A-6                              电动机参数

| 参数号 | 参数名称 | 缺省值 | Level | DS | QC |
|--------|----------|--------|-------|----|----|
| r0035[3] | CO:电动机温度实际值 | — | 2 | — | — |
| P0300[3] | 选择电动机类型 | 1 | 2 | C | Q |
| P0304[3] | 电动机额定电压 | 230 | 1 | C | Q |
| P0305[3] | 电动机额定电流 | 3.25 | 1 | C | Q |
| P0307[3] | 电动机额定功率 | 0.75 | 1 | C | Q |
| P0308[3] | 电动机额定功率因数 | 0.000 | 2 | C | Q |
| P0309[3] | 电动机额定效率 | 0.0 | 2 | C | Q |
| P0310[3] | 电动机额定频率 | 50.00 | 1 | C | Q |
| P0311[3] | 电动机额定速度 | 0 | 1 | C | Q |

续表

| 参数号 | 参数名称 | 缺省值 | Level | DS | QC |
|---|---|---|---|---|---|
| P0320[3] | 电动机磁化电流 | 0.0 | 3 | CT | Q |
| P0335[3] | 电动机的冷却方式 | 0 | 2 | CT | Q |
| P0340[3] | 电动机参数的计算 | 0 | 2 | CT | N |
| P0341[3] | 电动机的转动惯量(kg·m$^2$) | 0.001 80 | 3 | CUT | N |
| P0342[3] | 总惯量/电动机惯量 | 1.000 | 3 | CUT | N |
| P0344[3] | 电动机的质量 | 9.4 | 3 | CUT | N |
| P0346[3] | 磁化时间 | 1.000 | 3 | CUT | N |
| P0347[3] | 去磁时间 | 1.000 | 3 | CUT | N |
| P0350[3] | 定子电阻(线间) | 4.0 | 2 | CUT | N |
| P0352[3] | 电缆电阻 | 0.0 | 3 | CUT | N |
| P0601[3] | 电动机的温度传感器 | 0 | 2 | CUT | N |
| P0604[3] | 电动机温度保护动作的门限值 | 130.0 | 2 | CUT | N |
| P0610[3] | 电动机 $I^2t$ 温度保护 | 2 | 3 | CT | N |
| P0625[3] | 电动机运行的环境温度 | 20.0 | 3 | CUT | N |
| P0640[3] | 电动机的过载因子(%) | 150.0 | 2 | CUT | Q |
| P1910 | 选择电动机数据是否自动测量 | 0 | 2 | CT | Q |
| P1960 | 速度控制的优化 | 0 | 3 | CT | Q |

## 7. 命令和数字 I/O(P0004＝7)

表 A-7　　　　　　　　　　　命令和数字 I/O 参数

| 参数号 | 参数名称 | 缺省值 | Level | DS | QC |
|---|---|---|---|---|---|
| P0700[3] | 选择命令源量 | 2 | 1 | CT | Q |
| P0701[3] | 选择数字量输入 1 的功能 | 1 | 2 | CT | N |
| P0702[3] | 选择数字量输入 2 的功能 | 12 | 2 | CT | N |
| P0703[3] | 选择数字量输入 3 的功能 | 9 | 2 | CT | N |
| P0704[3] | 选择数字量输入 4 的功能 | 15 | 2 | CT | N |
| P0705[3] | 选择数字量输入 5 的功能 | 15 | 2 | CT | N |
| P0706[3] | 选择数字量输入 6 的功能 | 15 | 2 | CT | N |
| P0707[3] | 选择数字量输入 7 的功能 | 0 | 2 | CT | N |
| P0708[3] | 选择数字量输入 8 的功能 | 0 | 2 | CT | N |
| P0719[3] | 选择命令和频率设定值 | 0 | 3 | CT | N |
| P0724 | 开关量输入的防颤动时间 | 3 | 3 | CT | N |
| P0725 | 选择数字量输入的 PNP/NPN 接线方式 | 1 | 3 | CT | N |
| P0731[3] | BI 选择数字量输出 1 的功能 | 52：3 | 2 | CUT | N |
| P0732[3] | BI 选择数字量输出 2 的功能 | 52：7 | 2 | CUT | N |
| P0733[3] | BI 选择数字量输出 3 的功能 | 0：0 | 2 | CUT | N |

| 参数号 | 参数名称 | 缺省值 | Level | DS | QC |
|---|---|---|---|---|---|
| P0748 | 数字量输出反相 | 0 | 3 | CUT | N |
| P0800[3] | BI：下载参数组 0 | 0：0 | 3 | CT | N |
| P0801[3] | BI：下载参数组 1 | 0：0 | 3 | CT | N |
| P0809[3] | 复制命令数据组 | 0 | 2 | CT | N |
| P0810 | BI：CDS 的位 0 本机/远程 | 0：0 | 2 | CUT | Q |
| P0811 | BI：CDS 的位 1 | 0：0 | 2 | CUT | Q |
| P0819[3] | 复制驱动装置数据组 0 | 2 | 3 | CT | N |
| P0820 | BI：DDS 位 0 | 0：0 | 3 | CT | N |
| P0821 | BI：DDS 位 1 | 0：0 | 3 | CT | N |
| P0840[3] | BI：ON/OFF1 | 722：0 | 3 | CT | N |
| P0842[3] | BI：ON/OFF1 反转方向 | 0：0 | 3 | CT | N |
| P0844[3] | BI：1.OFF2 | 10 | 3 | CT | N |
| P0845[3] | BI：2.OFF2 | 191 | 3 | CT | N |
| P0848[3] | BI：1.OFF3 | 10 | 3 | CT | N |
| P0849[3] | BI：2.OFF3 | 10 | 3 | CT | N |
| P0852[3] | BI：脉冲使能 | 10 | 3 | CT | N |
| P1020[3] | BI：固定频率选择位 0 | 0：0 | 3 | CT | N |
| P1021[3] | BI：固定频率选择位 1 | 0：0 | 3 | CT | N |
| P1022[3] | BI：固定频率选择位 2 | 0：0 | 3 | CT | N |
| P1023[3] | BI：固定频率选择位 3 | 722：3 | 3 | CT | N |
| P1026[3] | BI：固定频率选择位 4 | 722：4 | 3 | CT | N |
| P1028[3] | BI：固定频率选择位 5 | 722：5 | 3 | CT | N |
| P1035[3] | BI：使能 MOP(升速命令) | 19：13 | 3 | CT | N |
| P1036[3] | BI：使能 MOP(减速命令) | 19：14 | 3 | CT | N |
| P1055[3] | BI：使能正转点动 | 0：0 | 3 | CT | Q |
| P1056[3] | BI：使能反转点动 | 0：0 | 3 | CT | N |
| P1074[3] | BI：禁止辅助设定值 | 0：0 | 3 | CUT | N |
| P1110[3] | BI：禁止负向的频率设定值 | 0：0 | 3 | CT | N |
| P1113[3] | BI：反向 | 722：1 | 3 | CT | N |
| P1124[3] | BI：使能斜坡时间 | 00 | 3 | CT | N |
| P1140[3] | BI：RFG 使能 | 1.0 | 3 | CT | N |
| P1141[3] | BI：RFG 开始 | 1.0 | 3 | CT | N |
| P1142[3] | BI：RFG 使能设定值 | 1.0 | 3 | CT | N |

续表

| 参数号 | 参数名称 | 缺省值 | Level | DS | QC |
|---|---|---|---|---|---|
| P1230[3] | BI：使能直流注入制动 | 0：0 | 3 | CUT | N |
| P2103[3] | BI：1.故障确认 | 722：2 | 3 | CT | N |
| P2104[3] | BI：2.故障确认 | 00 | 3 | CT | N |
| P2106[3] | BI：外部故障 | 10 | 3 | CT | N |
| P2220[3] | BI：固定 PID 设定值选择,位 0 | 0：0 | 3 | CT | N |
| P2221[3] | BI：固定 PID 设定值选择,位 1 | 0：0 | 3 | CT | N |
| P2222[3] | BI：固定 PID 设定值选择,位 2 | 0：0 | 3 | CT | N |
| P2223[3] | BI：固定 PID 设定值选择,位 3 | 722：3 | 3 | CT | N |
| P2226[3] | BI：固定 PID 设定值选择,位 4 | 722：4 | 3 | CT | N |
| P2228[3] | BI：固定 PID 设定值选择,位 5 | 722：5 | 3 | CT | N |
| P2235[3] | BI：使能 PID-MOP(升速命令) | 19：13 | 3 | CT | N |
| P2236[3] | BI：使能 PID-MOP(减速命令) | 19：14 | 3 | CT | N |

## 8. 模拟 I/O(P0004＝8)

表 A-8　　　　　　　　　　　　　　模拟 I/O 参数

| 参数号 | 参数名称 | 缺省值 | Level | DS | QC |
|---|---|---|---|---|---|
| P0295 | 变频器风机停机断电的延时时间 | 0 | 3 | CUT | N |
| P0753[2] | ADC 的平滑时间 | 3 | 3 | CUT | N |
| P0756[2] | ADC 的类型 | 0 | 2 | CT | N |
| P0757[2] | ADC 输入特性标定的 $x_1$ 值(V/mA) | 0 | 2 | CUT | N |
| P0758[2] | ADC 输入特性标定的 $y_1$ 值 | 0.0 | 2 | CUT | N |
| P0759[2] | ADC 输入特性标定的 $x_2$ 值(V/mA) | 10 | 2 | CUT | N |
| P0760[2] | ADC 输入特性标定的 $y_2$ 值 | 100.0 | 2 | CUT | |
| P0761[2] | ADC 死区的宽度(V/mA) | 0 | 2 | CUT | N |
| P0762[2] | 信号消失的延迟时间 | 10 | 3 | CUT | N |
| P0771[2] | CI DAC 输出功能选择 | 21：0 | 22 | CUT | N |
| P0773[2] | DAC 的平滑时间 | 2 | 2 | CUT | N |
| P0776[2] | DAC 的型号 | 0 | 2 | CT | N |
| P0777[2] | DAC 输出特性标定的 $x_1$ 值 | 0.0 | 2 | CUT | N |
| P0778[2] | DAC 输出特性标定的 $y_1$ 值 | 0 | 2 | CUT | N |
| P0779[2] | DAC 输出特性标定的 $x_2$ 值 | 100.0 | 2 | CUT | N |
| P0780[2] | DAC 输出特性标定的 $y_2$ 值 | 20 | 2 | CUT | |
| P0781[2] | DAC 死区的宽度 | 0 | 2 | CUT | N |

## 9. 设定值通道和斜坡函数发生器(P0004＝10)

表 A-9 设定值通道和斜坡函数发生器参数

| 参数号 | 参数名称 | 缺省值 | Level | DS | QC |
|---|---|---|---|---|---|
| P1000[3] | 选择频率设定值 | 2 | 1 | CT | Q |
| P1001[3] | 固定频率 1 | 0.00 | 2 | CUT | N |
| P1002[3] | 固定频率 2 | 5.00 | 2 | CUT | N |
| P1003[3] | 固定频率 3 | 10.00 | 2 | CUT | N |
| P1004[3] | 固定频率 4 | 15.00 | 2 | CUT | N |
| P1005[3] | 固定频率 5 | 20.00 | 2 | CUT | N |
| P1006[3] | 固定频率 6 | 25.00 | 2 | CUT | N |
| P1007[3] | 固定频率 7 | 30.00 | 2 | CUT | N |
| P1008[3] | 固定频率 8 | 35.00 | 2 | CUT | N |
| P1009[3] | 固定频率 9 | 40.00 | 2 | CUT | N |
| P1010[3] | 固定频率 10 | 45.00 | 2 | CUT | N |
| P1011[3] | 固定频率 11 | 50.00 | 2 | CUT | N |
| P1012[3] | 固定频率 12 | 55.00 | 2 | CUT | N |
| P1013[3] | 固定频率 13 | 60.00 | 2 | CUT | N |
| P1014[3] | 固定频率 14 | 65.00 | 2 | CUT | N |
| P1015[3] | 固定频率 15 | 65.00 | 2 | CUT | N |
| P1016 | 固定频率方式:位 0 | 1 | 3 | CT | N |
| P1017 | 固定频率方式:位 1 | 1 | 3 | CT | N |
| P1018 | 固定频率方式:位 2 | 1 | 3 | CT | N |
| P1019 | 固定频率方式:位 3 | 1 | 3 | CT | N |
| P1025 | 固定频率方式:位 4 | 1 | 3 | CT | N |
| P1027 | 固定频率方式:位 5 | 1 | 3 | CT | N |
| P1031[3] | 存储 MOP 的设定值 | 0 | 2 | CUT | N |
| P1032 | 禁止反转的 MOP 的设定值 | 1 | 2 | CT | N |
| P1040[3] | MOP 的设定值 5.0 | 0 | 2 | CUT | N |
| P1058[3] | 正转点动频率 | 5.00 | 2 | CUT | N |
| P1059[3] | 反转点动频率 | 5.00 | 2 | CUT | N |
| P1060[3] | 点动斜坡上升时间 | 10.00 | 2 | CUT | N |
| P1061[3] | 点动斜坡下降时间 | 10.00 | 2 | CUT | N |
| P1070[3] | CI:主设定值 | 755:0 | 3 | CUT | N |
| P1071[3] | CI:标定的主设定值 | 10 | 3 | CUT | N |

续表

| 参数号 | 参数名称 | 缺省值 | Level | DS | QC |
|---|---|---|---|---|---|
| P1075[3] | CI：辅助设定值 | 00 | 3 | CUT | N |
| P1076[3] | CI：标定的辅助设定值 | 10 | 3 | CUT | N |
| P1080[3] | 最低频率 | 0.00 | 1 | CUT | Q |
| P1082[3] | 最高频率 | 50.00 | 1 | CT | N |
| P1091[3] | 跳转频率 1 | 0.00 | 3 | CUT | N |
| P1092[3] | 跳转频率 2 | 0.00 | 3 | CUT | N |
| P1093[3] | 跳转频率 3 | 0.00 | 3 | CUT | N |
| P1094[3] | 跳转频率 4 | 0.00 | 3 | CUT | N |
| P1101[3] | 跳转频率的带宽 | 2.00 | 3 | CUT | N |
| P1120[3] | 斜坡上升时间 | 10.00 | 1 | CUT | Q |
| P1121[3] | 斜坡下降时间 | 10.00 | 1 | CUT | Q |
| P1130[3] | 斜坡上升起始段圆弧时间 | 0.00 | 2 | CUT | N |
| P1131[3] | 斜坡上升结束段圆弧时间 | 0.00 | 2 | CUT | N |
| P1132[3] | 斜坡下降起始段圆弧时间 | 0.00 | 2 | CUT | N |
| P1133[3] | 斜坡下降结束段圆弧时间 | 0.00 | 2 | CUT | N |
| P1134[3] | 平滑圆弧的类型 | 0 | 2 | CUT | N |
| P1135[3] | OFF3 斜坡下降时间 | 5.00 | 2 | CUT | Q |
| P1257[3] | 动态缓冲的频率限制 | 2.5 | 3 | CUT | N |

## 10. 驱动装置的特点（P0004＝12）

表 A-10        驱动装置的特点参数

| 参数号 | 参数名称 | 缺省值 | Level | DS | QC |
|---|---|---|---|---|---|
| P0005[3] | 选择需要显示的参量 | 21 | 2 | CUT | N |
| P0006 | 显示方式 | 2 | 3 | CUT | N |
| P0007 | 背板亮光延迟时间 | 0 | 3 | CUT | N |
| P0011 | 锁定用户定义的参数 | 0 | 3 | CUT | N |
| P0012 | 用户定义的参数解锁 | 0 | 3 | CUT | N |
| P0013[20] | 用户定义的参数 | 0 | 3 | CUT | N |
| P1200 | 捕捉再启动 | 0 | 2 | CUT | N |
| P1202[3] | 电动机电流捕捉再启动 | 100 | 3 | CUT | N |
| P1203[3] | 搜寻速率捕捉再启动 | 100 | 3 | CUT | N |
| P1210 | 自动再启动 | 1 | 2 | CUT | N |
| P1211 | 自动再启动的重试次数 | 3 | 3 | CUT | N |

续表

| 参数号 | 参数名称 | 缺省值 | Level | DS | QC |
|---|---|---|---|---|---|
| P1215 | 使能抱闸制动 | 0 | 2 | T | N |
| P1216 | 释放抱闸制动的延迟时间 | 1.0 | 2 | T | N |
| P1217 | 斜坡下降后的抱闸时间 | 1.0 | 2 | T | N |
| P1232[3] | 直流注入制动的电流 | 100 | 2 | CUT | N |
| P1233[3] | 直流注入制动的持续时间 | 0 | 2 | CUT | N |
| P1234[3] | 投入直流注入制动的起始频率 | 650.00 | 2 | CUT | N |
| P1236[3] | 复合制动电流 | 0 | 2 | CUT | N |
| P1237 | 动力制动 | 0 | 2 | CUT | N |

## 11. 电动机的控制（P0004＝13）

表 A-11　　　　　　　　　　　　电动机的控制参数

| 参数号 | 参数名称 | 缺省值 | Level | DS | QC |
|---|---|---|---|---|---|
| P0095[10] | CI：PZD 信号的显示 | 0：0 | | | 3 |
| P1300[3] | 控制方式 | 0 | 2 | CT | Q |
| P1310[3] | 连续提升 | 50.0 | 2 | CUT | N |
| P1311[3] | 加速度提升 | 0.0 | 2 | CUT | N |
| P1312[3] | 启动提升 | 0.0 | 2 | CUT | N |
| P1316[3] | 提升结束的频率 | 20.0 | 3 | CUT | N |
| P1320[3] | 可编程 $U/f$ 特性的频率坐标 1 | 0.00 | 3 | CT | N |
| P1321[3] | 可编程 $U/f$ 特性的频率坐标 2 | 0.0 | 3 | CUT | N |
| P1322[3] | 可编程 $U/f$ 特性的频率坐标 3 | 0.00 | 3 | CT | N |
| P1323[3] | 可编程 $U/f$ 特性的频率坐标 4 | 0.0 | 3 | CUT | N |
| P1324[3] | 可编程 $U/f$ 特性的频率坐标 5 | 0.00 | 3 | CT | N |
| P1235[3] | 可编程 $U/f$ 特性的频率坐标 6 | 0.0 | 3 | CUT | N |
| P1330[3] | CI：电压设定值 | 0：0 | 3 | T | N |
| P1333[3] | FCC 的启动频率 | 10.0 | 3 | CUT | N |
| P1335[3] | 滑差补偿 | 0.0 | 2 | CUT | N |
| P1336[3] | 滑差限值 | 250 | 2 | CUT | N |
| P1338[3] | $U/f$ 特性谐振阻尼的增益系数 | 0.00 | 3 | CUT | N |
| P1340[3] | 最大电流 $I_{max}$ 控制器的比例增益系数 | 0.000 | 3 | CUT | N |
| P1341[3] | 最大电流 $I_{max}$ 控制器的积分时间 | 0.300 | 3 | CUT | N |
| P1345[3] | 最大电流 $I_{max}$ 控制器的比例增益系数 | 0.250 | 3 | CUT | N |
| P1346[3] | 最大电流 $I_{max}$ 控制器的积分时间 | 0.300 | 3 | CUT | N |

| 参数号 | 参数名称 | 缺省值 | Level | DS | QC |
|---|---|---|---|---|---|
| P1350[3] | 电压软启动 | 0 | 3 | CUT | N |
| P1400[3] | 速度控制的组态 | 1 | 3 | CUT | N |
| P1452[3] | 速度控制器 SLVC 的滤波时间 | 4 | 3 | CUT | N |
| P1460[3] | 速度控制器的增益系数 | 3.0 | 2 | CUT | N |
| P1462[3] | 速度控制器的积分时间 | 400 | 2 | CUT | N |
| P1470[3] | 速度控制器 SLVC 的增益系数 | 3.0 | 2 | CUT | N |
| P1472[3] | 速度控制器 SLVC 的积分时间 | 400 | 2 | CUT | N |
| P1477[3] | BI：设定速度控制器的积分器 | 0：0 | 3 | CUT | N |
| P1478[3] | CI：设定速度控制器的积分器 | | 0 | 0 | 3 |
| P1488[3] | 垂度的输入源 | 0 | 3 | CUT | N |
| P1489[3] | 垂度的标定 | 0.05 | 3 | CUT | N |
| P1492[3] | 使能垂度功能 | 0 | 3 | CUT | N |
| P1496[3] | 标定加速度预控 | | | | |
| P1499[3] | 标定加速度转矩控制 | 100 | 3 | CUT | N |
| P1500[3] | 选择转矩设定值 | 0 . | 2 | CT | Q |
| P1501[3] | BI：切换到转矩控制 | 00 | 3 | CT | |
| P1503[3] | CI：转矩总设定值 | 00 | 3 | T | |
| P1511[3] | CI：转矩附加设定值 | 00 | 3 | T | |
| P1520[3] | CO：转矩上限 | 5.13 | 2 | CUT | N |
| P1521[3] | CO：转矩下限 | −5.13 | 2 | CUT | N |
| P1522[3] | CI：转矩上限 | 1 520 | 0 | 3 | |
| P1523[3] | CI：转矩下限 | 1 521 | 0 | 3 | |
| P1525[3] | 标定的转矩下限 | 100.0 | 3 | CUT | N |
| P1530[3] | 电动状态功率限值 | 0.75 | 2 | CUT | N |
| P1531[3] | 再生状态功率限值 | −0.75 | 2 | CUT | QC |
| P1570[3] | CO：固定的磁通设定值 | 100.0 | 2 | CUT | N |
| P1574[3] | 动态电压裕量 | 10 | 3 | CUT | N |
| P1580[3] | 效率优化 | 0 | 2 | CUT | N |
| P1582[3] | 磁通设定值的平滑时间 | 15 | 3 | CUT | N |
| P1596[3] | 弱磁控制器的积分时间 | 50 | 3 | CUT | N |
| P1610[3] | 连续转矩提升 SLVC | 50.0 | 2 | CUT | N |
| P1611[3] | 加速度转矩提升 SLVC | 0.0 | 2 | CUT | N |
| P1740 | 消除振荡的阻尼增益系数 | 0.000 | 3 | CUT | N |

| 参数号 | 参数名称 | 缺省值 | Level | DS | QC |
|---|---|---|---|---|---|
| P1750[3] | 电动机模型的控制字 | 1 | 3 | CUT | N |
| P1755[3] | 电动机模型 SLVC 的起始频率 | 5.0 | 3 | CUT | N |
| P1756[3] | 电动机模型 SLVC 的回线频率 | 50.0 | 3 | CUT | N |
| P1758[3] | 过渡到前馈方式的等待时间 $t\_wait$ | 1 500 | 3 | CUT | N |
| P1759[3] | 转速自适应的稳定等待时间 $t\_wait$ | 100 | 3 | CUT | N |
| P1764[3] | 转速自适应 SLVC 的 Kp | 0.2 | 3 | CUT | N |
| P1780[3] | $R_s/R_r$ 定子/转子电阻自适应的控制字 | 3 | 3 | CUT | N |
| P2480[3] | 位置方式 | 1 | 3 | CT | N |
| P2481[3] | 齿轮箱的速比输入 | 1.00 | 3 | CT | N |
| P2482[3] | 齿轮箱的速比输出 | 1.00 | 3 | CT | N |
| P2484[3] | 轴的圈数 | = | 1 | 1.0 | 3 |
| P2487[3] | 位置误差微调值 | 0.00 | 3 | CUT | N |
| P2488[3] | 最终轴的圈数 | = | 1 | 1.0 | 3 |

## 12. 通信(P0004＝20)

表 A-12　　　　　　　　　　　通信参数

| 参数号 | 参数名称 | 缺省值 | Level | DS | QC |
|---|---|---|---|---|---|
| P0918 | CB(通信板地址) | 3 | 2 | CT | N |
| P0927 | 修改参数的途径 | 15 | 2 | CUT | N |
| P0971 | 从 RAM 到 EEPROM 的传输数据 | 0 | 3 | CUT | N |
| P2000[3] | 基准频率 | 50.00 | 2 | CT | N |
| P2001[3] | 基准电压 | 1000 | 3 | CT | N |
| P2002[3] | 基准电流 | 0.10 | 3 | CT | N |
| P2003[3] | 基准转矩 | 0.75 | 3 | CT | N |
| P2009[2] | USS 标称化 | 0 | 3 | CT | N |
| P2010[2] | USS 波特率 | 6 | 2 | CUT | N |
| P2011[2] | USS 地址 | 0 | 2 | CUT | N |
| P2012[2] | USS PZD 的长度 | 2 | 3 | CUT | N |
| P2013[2] | USS PKW 的长度 | 127 | 3 | CUT | N |
| P2014[2] | USS 停止发报时间 | 0 | 3 | CT | N |
| P2016[8] | CI：从 PZD 到 BOP 链接(USS) | 52：0 | 3 | CT | N |
| P2019[8] | CI：从 PZD 到 COM 链接(USS) | 52：0 | 3 | CT | N |
| P2040 | CB 报文停止时间 | 20 | 3 | CT | N |
| P2041[5] | CB：参数 | 0 | 3 | CT | N |
| P2051[8] | CI：从 PZD 至 CB | 52：0 | 3 | CT | N |

## 13. 报警警告和监控(P0004＝21)

| 参数号 | 参数名称 | 缺省值 | Level | DS | QC |
|---|---|---|---|---|---|
| P0952 | 故障的总数 | 0 | 3 | CT | N |
| P2100[3] | 选择报警号 | 0 | 3 | CT | N |
| P2101[3] | 停止的反冲值 | 0 | 3 | CT | N |
| P2111 | 警告信息的总数 | 0 | 3 | CT | N |
| P2115[3] | AOP 实时时钟 | 0 | 3 | CT | N |
| P2150[3] | 回线频率 $f\_hys$ | 3.00 | 3 | CUT | N |
| P2151[3] | CI：监控速度设定值 | 0：0 | 3 | CUT | N |
| P2152[3] | CI：监控速度实际值 | 0：0 | 3 | CUT | N |
| P2153[3] | 速度滤波器的时间常数 | 5 | 2 | CUT | N |
| P2155[3] | 门限频率 $f\_1$ | 30.00 | 3 | CUT | N |
| P2156[3] | 门限频率 $f\_1$ 的延迟时间 | 10 | 3 | CUT | N |
| P2157[3] | 门限频率 $f\_2$ | 30.00 | 2 | CUT | N |
| P2158[3] | 门限频率 $f\_2$ 的延迟时间 | 10 | 2 | CUT | N |
| P2159[3] | 门限频率 $f\_3$ | 30.00 | 2 | CUT | N |
| P2160[3] | 门限频率 $f\_3$ 的延迟时间 | 10 | 2 | CUT | N |
| P2161[3] | 频率设定值的最低门限 | 3.00 | 2 | CUT | N |
| P2162[3] | 超速的回线频率 | 20.00 | 2 | CUT | N |
| P2163[3] | 输入允许的频率差 | 3.00 | 2 | CUT | N |
| P2164[3] | 回线频率差 | 3.00 | 3 | CUT | N |
| P2165[3] | 允许频率差的延迟时间 | 10 | 2 | CUT | N |
| P2166[3] | 完成斜坡上升的延迟时间 | 10 | 2 | CUT | N |
| P2167[3] | 关断频率 $f\_off$ | 1.00 | 3 | CUT | N |
| P2168[3] | 延迟时间 $t\_off$ | 10 | 3 | CUT | N |
| P2170[3] | 门限电流 $I\_thresh$ | 100.0 | 3 | CUT | N |
| P2171[3] | 电流延迟时间 | 10 | 3 | CUT | N |
| P2172[3] | 直流电路电压门限值 | 800 | 3 | CUT | N |
| P2173[3] | 直流电路电压延迟时间 | 10 | 3 | CUT | N |
| P2174[3] | 转矩门限值 $T\_thresh$ | 5.13 | 2 | CUT | N |
| P2176[3] | 转矩门限的延迟时间 | 10 | 2 | CUT | N |
| P2177[3] | 闭锁电动机的延迟时间 | 10 | 2 | CUT | N |
| P2178[3] | 电动机停止的延迟时间 | 10 | 2 | CUT | N |

| 参数号 | 参数名称 | 缺省值 | Level | DS | QC |
|---|---|---|---|---|---|
| P2179 | 判定无负载的电流限值 | 3.0 | 3 | CUT | N |
| P2180 | 判定无负载的延迟时间 | 2 000 | 3 | CUT | N |
| P2181[3] | 传动皮带故障的检测方式 | 0 | 2 | CUT | N |
| P2182[3] | 传动皮带门限频率 1 | 5.00 | 3 | CUT | N |
| P2183[3] | 传动皮带门限频率 2 | 30.00 | 2 | CUT | N |
| P2184[3] | 传动皮带门限频率 3 | 50.00 | 2 | CUT | N |
| P2185[3] | 转矩上门限值 1 | 99 999.0 | 2 | CUT | N |
| P2186[3] | 转矩下门限值 1 | 0.0 | 2 | CUT | N |
| P2187[3] | 转矩上门限值 2 | 99 999.0 | 2 | CUT | N |
| P2188[3] | 转矩下门限值 2 | 0.0 | 2 | CUT | N |
| P2189[3] | 转矩上门限值 3 | 99 999.0 | 2 | CUT | N |
| P2190[3] | 转矩下门限值 3 | 0.0 | 2 | CUT | N |
| P2192[3] | 传动皮带故障的延迟时间 | 10 | 2 | CUT | N |

## 14. PI 控制器(P0004＝22)

表 A-14　　　　　　　　　　　　　　PI 控制器参数

| 参数号 | 参数名称 | 缺省值 | Level | DS | QC |
|---|---|---|---|---|---|
| P2200[3] | BI：使能 PID 控制器 | 0：0 | 2 | CT | N |
| P2201[3] | 固定的 PID 设定值 1 | 0.00 | 2 | CUT | N |
| P2202[3] | 固定的 PID 设定值 2 | 10.00 | 2 | CUT | N |
| P2203[3] | 固定的 PID 设定值 3 | 20.00 | 2 | CUT | N |
| P2204[3] | 固定的 PID 设定值 4 | 30.00 | 2 | CUT | N |
| P2205[3] | 固定的 PID 设定值 5 | 40.00 | 2 | CUT | N |
| P2206[3] | 固定的 PID 设定值 6 | 50.00 | 2 | CUT | N |
| P2207[3] | 固定的 PID 设定值 7 | 60.00 | 2 | CUT | N |
| P2208[3] | 固定的 PID 设定值 8 | 70.00 | 2 | CUT | N |
| P2209[3] | 固定的 PID 设定值 9 | 80.00 | 2 | CUT | N |
| P2210[3] | 固定的 PID 设定值 10 | 90.00 | 2 | CUT | N |
| P2211[3] | 固定的 PID 设定值 11 | 100.00 | 2 | CUT | N |
| P2212[3] | 固定的 PID 设定值 12 | 110.00 | 2 | CUT | N |
| P2213[3] | 固定的 PID 设定值 13 | 120.00 | 2 | CUT | N |
| P2214[3] | 固定的 PID 设定值 14 | 130.00 | 2 | CUT | N |
| P2215[3] | 固定的 PID 设定值 15 | 130.00 | 2 | CUT | N |

续表

| 参数号 | 参数名称 | 缺省值 | Level | DS | QC |
|---|---|---|---|---|---|
| P2216 | 固定的 PID 设定值方式,位 0 | 1 | 3 | CT | N |
| P2217 | 固定的 PID 设定值方式,位 1 | 1 | 3 | CT | N |
| P2218 | 固定的 PID 设定值方式,位 2 | 1 | 3 | CT | N |
| P2219 | 固定的 PID 设定值方式,位 3 | 1 | 3 | CT | N |
| P2225 | 固定的 PID 设定值方式,位 4 | 1 | 3 | CT | N |
| P2227 | 固定的 PID 设定值方式,位 5 | 1 | 3 | CT | N |
| P2231[3] | PID-MOP 的设定值存储 | 0 | 2 | CUT | N |
| P2232 | 禁止 PID-MOP 的反向设定值 | 1 | 2 | CT | N |
| P2240[3] | PID-MOP 的设定值 | 10.00 | 2 | CUT | N |
| P2251 | PID 方式 | 0 | 3 | CT | N |
| P2253[3] | CI：PID 设定值 | 0：0 | 2 | CUT | N |
| P2254[3] | CI：PID 微调信号源 | 0：0 | 3 | CUT | N |
| P2255 | PID 设定值的增益因子 | 100.00 | 3 | CUT | N |
| P2256 | PID 微调的增益因子 | 100.00 | 3 | CUT | N |
| P2257 | PID 设定值的斜坡上升时间 | 1.00 | 2 | CUT | N |
| P2258 | PID 设定值的斜坡下降时间 | 1.00 | 2 | CUT | N |
| P2261 | PID 设定值滤波器的时间常数 | 0.00 | 3 | CUT | N |
| P2263 | PID 控制器的类型 | 0 | 3 | CT | N |
| P2264[3] | CI：PID 反馈 | 755：0 | 2 | CUT | N |
| P2265 | PID 反馈信号滤波器的时间常数 | 0.00 | 2 | CUT | N |
| P2267 | PID 反馈最大值 | 100.0 | 3 | CUT | N |
| P2268 | PID 反馈最小值 | 0.0 | 3 | CUT | N |
| P2269 | PID 增益系数 | 100.0 | 3 | CUT | N |
| P2270 | PID 反馈功能选择器 | 0 | 3 | CUT | N |
| P2271 | PID 变送器的类型 | 0 | 2 | CUT | N |
| P2274 | PID 的微分时间 | 0.000 | 2 | CUT | N |
| P2280 | PID 的比例增益系数 | 3.000 | 2 | CUT | N |
| P2285 | PID 的积分时间 | 0.000 | 2 | CUT | N |
| P2291 | PID 输出上限 | 100.00 | 2 | CUT | N |
| P2292 | PID 输出下限 | 0.00 | 2 | CUT | N |
| P2293 | PID 限定值的斜坡上升/下降时间 | 1.00 | 3 | CUT | N |
| P2295 | PID 输出的增益系数 | 100.00 | 3 | CUT | N |
| P2350 | 使能 PID 自动整定 | 0 | 2 | CUT | N |

续表

| 参数号 | 参数名称 | 缺省值 | Level | DS | QC |
|---|---|---|---|---|---|
| P2354 | PID 参数自整定延迟时间 | 240 | 3 | CUT | N |
| P2355 | PID 自动整定的偏差 | 5.00 | 3 | CUT | N |
| P2800 | 使能 FFB | 0 | 3 | CUT | N |
| P2801[17] | 激活的 FFB | 0 | 3 | CUT | N |
| P2802[14] | 激活的 FFB | 0 | 3 | CUT | N |
| P2849 | BI：定时器 1 | 0：0 | 3 | CUT | N |
| P2850 | 定时器 1 的延迟时间 | 0 | 3 | CUT | N |
| P2851 | 定时器 1 的操作方式 | 0 | 3 | CUT | N |
| P2854 | BI：定时器 2 | 0：0 | 3 | CUT | N |
| P2855 | 定时器 2 的延迟时间 | 0 | 3 | CUT | N |
| P2856 | 定时器 2 的操作方式 | 0 | 3 | CUT | N |
| P2859 | BI：定时器 3 | 0：0 | 3 | CUT | N |
| P2860 | 定时器 3 的延迟时间 | 0 | 3 | CUT | N |
| P2861 | 定时器 3 的操作方式 | 0 | 3 | CUT | N |
| r2862 | BO：定时器 3 | — | 3 | — | — |
| r2863 | BO：定时器 3 无输出 | — | 3 | — | — |
| P2864 | BI：定时器 4 | 0：0 | 3 | CUT | N |
| P2865 | 定时器 4 的延迟时间 | 0 | 3 | CUT | N |
| P2866 | 定时器 4 的操作方式 | 0 | 3 | CUT | N |
| P2889 | CO：以(%)值表示的固定设定值 1 | 0 | 3 | CUT | N |
| P2890 | CO：以(%)值表示的固定设定值 2 | 0 | 3 | CUT | N |

## 15. 编码器

表 A-15                                          编码器参数

| 参数号 | 参数名称 | 缺省值 | Level | DS | QC |
|---|---|---|---|---|---|
| P0400[3] | 选择编码器的类型 | 0 | 2 | CT | N |
| P0408[3] | 编码器每转一圈发出的脉冲数 | 1 024 | 2 | CT | N |
| P0491[3] | 速度信号丢失时的处理方法 | 0 | 2 | CT | N |
| P0492[3] | 允许的速度偏差 | 10.00 | 2 | CT | N |
| P0494[3] | 速度信号丢失时进行处理的延迟时间 | 10 | 2 | CUT | N |

# 附录 B　MM440 变频器故障信息及排除

故障信息说明：

发生故障时，变频器断电，并在显示屏上出现一个故障码。为使故障码复位，可以采用以下三种方法中的一种：使变频器断电，再重新通电；按 BOP 或 AOP 上的 🔵Fn 键；输入数字 3（缺省设置）。

故障信息按其故障码序号（如 F0003＝3）存储在参数 r0947 中。相关的故障值可在参数 r0949 中查到。如果某个故障没有故障值，则输入值为 0。而且，可以读出故障出现的时间（r0948）和存储在参数 r0947 中的故障信息数量（P0952）。

表 B-1　　　　　　　　　　　　　　MM440 故障信息及排除

| 故障信息 | 故障成因分析 | 故障诊断及处理 |
|---|---|---|
| F0001<br>过电流 | (1)电动机功率(P0307)与变频器功率(r0206)不匹配<br>(2)电动机引线短路<br>(3)接地故障 | 检查以下各项：<br>(1)电动机功率(P0307)必须与变频器功率(r0206)相匹配<br>(2)电缆长度不得超过允许限度<br>(3)电动机电缆和电动机不得有短路或接地故障<br>(4)电动机参数必须与实际使用的电动机相匹配<br>(5)定子电阻值(P0350)必须正确，电动机旋转不得受阻碍，电动机不得过载<br>(6)增大斜坡时间<br>(7)减小提升数值 |
| F0002<br>过电压 | 中间直流电路电压(r0026)超过脱扣电平(P2172) | 检查以下各项：<br>(1)电源电压(P0210)必须在铭牌标明的允许范围内<br>(2)中间直流电路电压调节器必须使能(P1240)并正确进行参数设置<br>(3)斜坡下降时间(P1121)必须与负载惯量相匹配<br>(4)所需的制动功率必须在规定的极限值范围内 |
| F0003<br>欠电压 | (1)供电电源发生故障<br>(2)出现超出规定极限值范围的冲击负载 | 检查以下各项：<br>(1)电源电压(P0210)必须在铭牌标明的允许范围内<br>(2)电源不允许出现短时故障或电压减小 |
| F0004<br>变频器过热 | (1)通风不足<br>(2)环境温度过高 | 检查以下各项：<br>(1)负载条件和工作循环必须合适<br>(2)在变频器运行时风机必须正常运转<br>(3)脉冲频率(P1800)必须设定为缺省值<br>(4)环境温度可能高于为变频器规定的温度<br>(5)对于 MM440 框架尺寸 FX 和 GX 而言，还有另外的含义：<br>①r0949＝1：整流器过热<br>②r0949＝2：环境过热<br>③r0949＝3：EBOX 过热 |
| F0005<br>变频器 $I^2t$ | (1)变频器过载<br>(2)工作循环要求过于苛刻，电动机功率(P0307)超过变频器功率(r0206) | 检查以下各项：<br>(1)负载工作循环必须在规定的极限值范围内<br>(2)电动机功率(P0307)必须与变频器功率(r0206)相匹配 |

| 故障信息 | 故障成因分析 | 故障诊断及处理 |
|---|---|---|
| F0011<br>电动机过热 | 电动机过载 | 检查以下各项:<br>(1)负载工作循环必须正确<br>(2)电动机的标称过热(P0626~P0628)必须正确<br>(3)电动机温度报警阈值(P0604)必须匹配 |
| F0012<br>变频器温度<br>信号丢失 | 变频器(散热器)温度传感器断线 | 检查变频器或散热器的传感器是否断线,连接线是否松动,感温元件是否损坏 |
| F0015<br>电动机温度<br>信号丢失 | 电动机温度传感器开路或短路。如果检测到信号丢失,则温度控制切换成采用电动机热模型的监控方式 | 检查电动机的温度传感器是否开路,温度传感器是否损坏 |
| F0020<br>电源断相 | 如果电源三相输入中的一相丢失,便出现故障,但脉冲仍被使能、传动装置仍然带载 | 检查电源各相的输入线路连接 |
| F0021<br>接地故障 | 如果相电流之和超过变频器电流标称值的5%,便出现故障。只有在带有3个电流传感器的变频器(框架尺寸为 $D\sim F$)上才出现该故障 | (1)检查电动机是否有接地故障<br>(2)检查电缆是否有接地故障 |
| F0022<br>硬件监控<br>故障 | (1)由下列事件所引起的硬件故障($r0947=22$ 和 $r0949=1$):<br>①中间直流电路过电流＝IGBT短路<br>②制动单元短路<br>③接地故障<br>④I/O板没有正确插入<br>(2)框架尺寸 $A\sim C$:(1)(2)(3)(4)<br>(3)框架尺寸 $D\sim E$:(1)(2)(4)<br>(4)框架尺寸 $F$:(2)(4)<br>就功率组件而言,由于所有这些故障都被赋值给一个信号,因而不能确定实际上出现了哪个故障<br>对于框架尺寸 FX/GX 而言,仅会出现下列故障(UCE 和 $I^2C$):<br>①当 $r0947=22$ 以及故障值 $r0949=$ 12 或 13 或 14(取决于 UCE)时,检测出了 UCE 故障<br>②当 $r0947=22$ 以及故障值 $r0949=$ 21(需断开/接通电源)时,$I^2C$ 总线读出错误 | (1)常发性 F0022 故障:<br>①检查 I/O 板,它必须完全插入就位<br>②检查变频器输出端或 IGBT 中是否有接地故障或短路,拆开电动机电缆,将可以确定是哪种情况<br>③如果在使所有外部电路连接(与电源)断开时经常发生该故障,则几乎可以肯定是装置损坏,应当进行修理<br>(2)间发性 F0022 故障:这种故障应被认为是"过电流"。下列情况可能发生间发性 F0022 故障:<br>①负载突然改变或者机械堵塞<br>②斜坡时间非常短<br>③对无传感器矢量控制的最优化起副作用<br>④所安装的制动电阻器不正确、电阻值太小 |
| F0023<br>输出故障 | 电动机的一相断开 | 检查输出电缆是否有故障 |
| F0024<br>整流器过热 | (1)通风不足<br>(2)风机不工作<br>(3)环境温度过高 | 检查以下各项:<br>(1)在变频器运行时风机必须正常运转<br>(2)脉冲频率必须设定为缺省值<br>(3)环境温度可能高于为变频器规定的温度 |
| F0030<br>风机发生<br>故障 | 风机不再工作 | 检查以下各项:<br>(1)在连接有操作面板选件(AOP 或 BOP)时,故障不能被屏蔽<br>(2)需更换新的风机 |

| 故障信息 | 故障成因分析 | 故障诊断及处理 |
|---|---|---|
| F0035<br>在 n 次之后<br>自动再启动 | 自动再启动尝试次数超过 P1211<br>的值 | 检查负载是否过重。如过重,则卸载后再启动 |
| F0041<br>电动机数据<br>识别故障 | (1)报警值=0:负载消失<br>(2)报警值=1:在识别过程中已达到电流极限强度<br>(3)报警值=2:识别出定子电阻小于 0.1% 或大于 100%<br>(4)报警值=3:识别出转子电阻小于 0.1% 或大于 100%<br>(5)报警值=4:识别出定子电抗小于 50% 或大于 500%<br>(6)报警值=5:识别出主电抗小于 50% 或大于 500%<br>(7)报警值=6:识别出转子时间常数小于 10 ms 或大于 5 s<br>(8)报警值=7:识别出总漏抗小于 5% 或大于 50%<br>(9)报警值=8:识别出定子漏抗小于 25% 或大于 250%<br>(10)报警值=9:识别出转子漏抗小于 25% 或大于 250%<br>(11)报警值=20:识别出 IGBT 通态电压小于 0.5 V 或大于 10 V<br>(12)报警值=30:电流调节器达到电压极限值<br>(13)报警值=40:识别出的数据组不一致,至少有一次识别发生故障<br>上述百分比(%)值基于阻抗 $Z_b = V_{mot,nom}/\mathrm{sqrt}(3)/I_{mot,nom}$ | 检查以下各项:<br>(1)故障值=0:检查电动机是否与变频正确连接<br>(2)故障值=1~40:检查 P0304~P0311 中的电动机数据是否正确<br>(3)检查要求采用的电动机接线形式(星形、三角形) |
| F0042<br>速度控制<br>最优化故障 | (1)速度控制最优化(P1960)发生故障<br>(2)报警值=0:等待稳定速度时超时<br>(3)报警值=1:读数值不一致 | 取消速度控制最优化功能 |
| F0051 参数<br>EEPROM<br>故障 | 在保存非易失参数时出现读或写故障 | (1)工厂复位并重新参数设置<br>(2)更换传动装置 |
| F0052<br>功率组件<br>故障 | 功率组件信息读出错误或者数据无效 | 更换传动装置 |
| F0053<br>I/O<br>EEPROM<br>故障 | I/O EEPROM 信息读出错误或者数据无效 | (1)检查数据<br>(2)更换 I/O 模块 |
| F0054<br>I/O 板错误 | (1)连接的 I/O 板错误<br>(2)检测不到 I/O 板的 ID,无数据 | (1)检查数据<br>(2)更换 I/O 模块 |
| F0060<br>ASIC 超时 | 内部通信故障 | (1)更换变频器<br>(2)与服务部门联系 |

| 故障信息 | 故障成因分析 | 故障诊断及处理 |
|---|---|---|
| F0070<br>CB 给定值<br>故障 | 在报文结束时间内没有从 CB(通信板)接收到给定值 | 检查 CB 板和通信对方站 |
| F0071<br>USS(BOP<br>链路)<br>给定值故障 | 在报文结束时间内没有从 USS 接收到给定值 | 检查 USS 主站 |
| F0072<br>USS(COM<br>链路)<br>给定值故障 | 在报文结束时间内没有从 USS 接收到给定值 | 检查 USS 主站 |
| F0080<br>ADC 输入<br>信号丢失 | (1)断线<br>(2)信号超出极限范围 | (1)检查 ADC 的输入信号线是否正常<br>(2)检查信号值是否在规定范围内 |
| F0085<br>外部故障 | 由端子输入触发的外部故障 | 禁止故障触发的端子输入 |
| F0090<br>编码器反馈<br>信号丢失 | 来自编码器的信号丢失(检查报警值 r0949) | (1)报警值=0:编码器反馈信号丢失<br>(2)报警值=5:在 P0400 中没有配置编码器,但传感器控制需要编码器(P1300=21 或 23)<br>(3)报警值=6:没有找到编码器模块,但 P0400 中已设置<br>(4)检查编码器与变频器之间的连接。检查编码器是否处于故障状态(选择 P1300=0,以固定速度运行,检查 r0061 中的编码器反馈信号)<br>(5)增大 P0492 中的编码器反馈信号丢失阈值 |
| F0101<br>堆栈溢出 | 软件出错或者处理器故障 | 运行自测试程序 |
| F0221<br>PID 反馈信号<br>小于最小值 | PID 反馈信号小于最小值 P2268 | (1)更改 P2268 的值<br>(2)调整反馈增益 |
| F0222<br>PID 反馈信号<br>大于最大值 | PID 反馈信号大于最大值 P2267 | (1)更改 P2267 的值<br>(2)调整反馈增益 |
| F0450<br>BIST 测试<br>故障 | (1)故障值=1:功率部分的有些测试发生故障<br>(2)故障值=2:控制板的有些测试发生故障<br>(3)故障值=4:有些功能测试发生故障<br>(4)故障值=8:I/O 板的有些测试发生故障(仅是 MM420)<br>(5)故障值=16:上电检测时内部 RAM 发生故障 | 传动装置可能运行,但有些功能将不能正常工作,更换传动装置 |
| F0452<br>检测出传动<br>皮带故障 | 电动机的负载状态表明传动皮带故障或机械故障 | 检查以下各项:<br>(1)传动链有无断裂、卡死或阻塞<br>(2)如果使用外部速度传感器,检查其是否正常工作。检查参数:P2192(允许偏差的延迟时间)<br>(3)如果采用转矩包络线,检查下列参数:P2182、P2183、P2184、P2185、P2186、P2187、P2188、P2189、P2190、P2192 |

# 附录 C　MM440 变频器报警信息及排除

报警信息说明：

报警信息按其报警码序号（例如 A0503＝503）存储在参数 r2110 中，并且可以从中读出。

表 C-1　　　　　　　　　　　　MM440 报警信息及排除

| 报警信息 | 报警原因 | 报警诊断和应采取的措施 |
|---|---|---|
| A0501<br>电流极限值 | (1)电动机功率与变频器功率不匹配<br>(2)电动机引线电缆太长<br>(3)接地故障 | 检查以下各项：<br>(1)电动机功率(P0307)必须与变频器功率(r0206)相匹配<br>(2)电缆长度不得超过允许限度<br>(3)电动机电缆和电动机不得有短路或接地故障<br>(4)电动机参数必须与实际使用的电动机相匹配<br>(5)定子电阻值(P0350)必须正确<br>(6)电动机旋转不得受阻碍,电动机不得过载<br>(7)增大斜坡时间<br>(8)减小提升数值 |
| A0502<br>过电压极<br>限值 | 在下列情况下产生这一报警信息：<br>(1)中间直流电路调节器被禁止<br>(P1240＝0)<br>(2)脉冲被使能<br>(3)电压实际值 r0026＞r1242 | 如果长时间显示这一报警信息,检查传动装置输入电压 |
| A0503<br>欠电压极<br>限值 | (1)供电电源发生故障<br>(2)供电电源电压(P0210)以及中间<br>直流电路电压(r0026)小于规定的极限<br>值(P2172) | 检查电源电压(P0210) |
| A0504<br>变频器过热 | 超过了变频器散热器温度的报警阈<br>值(P0614),导致脉冲频率降低和/或<br>输出频率降低(取决于 P0610 中的参<br>数设置) | 检查以下各项：<br>(1)环境温度必须在规定的极限值范围内<br>(2)负载条件和工作循环必须合适 |
| A0505<br>变频器 I2t | 超过了报警阈值,如果已进行了参<br>数设置(P0610＝1),则将减小电流 | 检查负载工作循环是否在规定的极限值范围内 |
| A0506<br>变频器工作<br>循环 | 散热器温度与 IGBT 结温之间的差<br>值超过报警极限值 | 检查负载工作循环和冲击负载是否在规定的极限值范围内 |
| A0512<br>电动机温度<br>信号丢失 | 电动机温度传感器断线。如果检测<br>出断线,则温度监控切换成采用电动<br>机热模型的监控方式 | 检查温度传感器是否开路 |
| A0520<br>整流器过热 | 超过了整流器散热器温度($P$)的报<br>警阈值 | 检查以下各项：<br>(1)环境温度必须在规定的极限值范围内<br>(2)负载条件与工作循环必须合适<br>(3)在变频器运行时风机必须正常运转 |
| A0521<br>环境过热 | 超过了环境温度($P$)的报警阈值 | 检查以下各项：<br>(1)环境温度必须在规定的极限值范围内<br>(2)在变频器运行时风机必须正常运转<br>(3)风机进风口必须没有任何阻力 |
| A0522<br>$I^2C$ 读出<br>超时 | 通过 $I^2C$ 总线(Mega Master)周期性<br>访问 UCE 值和功率组件温度受到干扰 | 确认干扰信号是否降到最低 |

| 报警信息 | 报警原因 | 报警诊断和应采取的措施 |
|---|---|---|
| A0523<br>输出故障 | 电动机的一相断开 | 报警信息可以被屏蔽 |
| A0535<br>制动电<br>阻发热 | 制动电阻发热 | (1)增加工作/停止周期 P1237<br>(2)增大斜坡下降时间 P1121 |
| A0541<br>电动机数<br>据识别功<br>能激活 | 电动机数据识别功能(P1910)被选<br>择或者正在运行 | 检查以下各项:<br>(1)故障值＝0:检查电动机是否与变频器正确连接<br>(2)故障值＝1～40:检查 P0304～P0311 中的电动机数据是否<br>正确<br>(3)检查要求采用哪一种电动机接线形式(星形、三角形) |
| A0542<br>速度控制<br>最优化功<br>能激活 | 速度控制最优化功能(P1960)被选<br>择或者正在运行 | 无须采取措施,该报警在检测功能结束后会自动消失 |
| A0590<br>编码器反<br>馈信号丢失<br>的报警 | 来自编码器的信号丢失;变频器可<br>能已切换成无传感器矢量控制方式<br>(也检查报警值 r0949) | 使变频器停机,然后检查以下各项:<br>(1)检查编码器的安装情况,如果安装了编码器且 r0949＝5,则<br>通过 P0400 选择编码器类型<br>(2)如果安装了编码器且 r0949＝6,则检查编码器模块与变频器<br>之间的连接<br>(3)如果没有安装编码器且 r0949＝5,则选择 SLVC 方式(P1300＝<br>20 或 22)<br>(4)如果没有安装编码器且 r0949＝6,则设定 P0400＝0<br>(5)检查编码器与变频器之间的连接<br>(6)检查编码器是否处于无故障状态(选择 P1300＝0,以固定速<br>度运行,检查 r0061 中的编码器反馈信号),增大 P0492 中的编码<br>器反馈信号丢失阈值 |
| A0910<br>$V_{dc-max}$<br>调节器已<br>被停用 | $V_{dc-max}$调节器由于其不能使中间直<br>流电路电压(r0026)保持在极限值<br>(P2172)范围内而已经被停用:<br>(1)如果电源电压(P0210)一直太<br>大,就可能出现这一报警<br>(2)如果电动机由负载带动旋转而<br>使电动机进入再生制动方式,就可能<br>出现这一报警<br>(3)在斜坡下降时,如果负载的惯量<br>很高,就可能出现这一报警 | 检查以下各项:<br>(1)输入电源电压(P0210)必须在允许范围内<br>(2)负载必须匹配 |
| A0911<br>$V_{dc-max}$<br>调节器<br>激活 | $V_{dc-max}$调节器激活,这样将自动增大<br>斜坡下降时间以便中间直流电路电压<br>(r0026)保持在极限值(P2172)范围内 | 检查 CB 参数 |
| A0912<br>$V_{dc-min}$<br>调节器<br>激活 | (1)如果中间直流电路电压(r0026)<br>减小到最小电平(P2172)以下,则<br>$V_{dc-min}$调节器将被激活<br>(2)电动机的动能用于缓冲中间直<br>流电路电压,因而导致传动系统减速<br>这么短时间的电源故障不一定引起<br>欠电压脱扣 | 不要同时按正向和反向 jog 键 |

续表

| 报警信息 | 报警原因 | 报警诊断和应采取的措施 |
|---|---|---|
| A0920<br>ADC 参数<br>设定不<br>正确 | ADC 参数不应设定为相同的值,因为这样会产生不合乎逻辑的结果<br>(1)变址 0:输出的参数设定相同<br>(2)变址 1:输入的参数设定相同<br>(3)变址 2:输入的参数设定与 ADC 类型不一致 | 不要同时按正向和反向 jog 键 |
| A0921<br>DAC 参数<br>设定不<br>正确 | DAC 参数不应设定为相同的值,因为这样会产生不合乎逻辑的结果<br>(1)变址 0:输出的参数设定相同<br>(2)变址 1:输入的参数设定相同<br>(3)变址 2:输出的参数设定与 DAC 类型不一致 | 不要同时按正向和反向 jog 键 |
| A0922<br>变频器<br>没有负载 | 变频器没有负载。因而,有些功能不能像在正常负载条件下那样工作 | 不要同时按正向和反向 jog 键 |
| A0923<br>同时请求<br>反向 jog<br>和正向 jog | 已同时请求正向 jog 和向反 jog（P1055/P1056）。这会使 RFG 输出频率稳定在其当前值 | 不要同时按正向和反向 jog 键 |
| A0936<br>PID 自动<br>整定激活 | PID 自动整定功能(P2350)已被选择或者正在运行 | 取消 PID 自动整定功能(P2350) |
| A0952<br>传动皮带<br>故障<br>报警 | 电动机的负载状态表明传动皮带故障或机械故障 | 检查以下各项:<br>(1)传动链无断裂、卡死或阻塞<br>(2)如果使用外部速度传感器,检查其是否正常工作。检查参数:<br>①P0409(额定速度时的每分脉冲数)<br>②P2191(传动皮带故障速度公差)<br>③P2192(允许偏差的延迟时间)。<br>(3)如果采用转矩包络线,检查下列参数:<br>①P2182(频率阈值 $f_1$)<br>②P2183(频率阈值 $f_2$)<br>③P2184(频率阈值 $f_3$)<br>④P2185(转矩上阈值 1)<br>⑤P2186(转矩下阈值 1)<br>⑥P2187(转矩上阈值 2)<br>⑦P2188(转矩下阈值 2)<br>⑧P2189(转矩上阈值 3)<br>⑨P2190(转矩下阈值 3)<br>⑩P2192(允许偏差的延迟时间)。<br>(4)需要时加润滑 |

# 附录 D　G120 变频器故障/报警信息及排除

报警:代码以"A"开头,通常不会在变频器内部产生直接影响,在排除原因后自动消除而不需应答。

故障:代码以"F"开头,通常指变频器工作时出现的严重异常情况。故障发生后,必须首先解除故障原因,然后应答故障。

表 D-1　　　　　　　　　　　G120 变频器常见故障/报警信息及排除

| 代　码 | 原　因 | 诊断及处理 |
|---|---|---|
| F07801 | 电动机过流 | 查看电动机铭牌数据,判断功率模块和电动机是否配套;<br>如果没有做过静态辨识,需要做静态辨识;<br>检查是否有启动时抱闸没有打开的现象;<br>适当放大电流过载系数(P0640);<br>矢量控制:检查电流调节器(P1715、P1717);<br>U/F 控制:检查电流限幅调节器;<br>延长加速时间或减轻负载;<br>如果变频器是在电动机旋转时启动,选择捕捉再启动 |
| F30001 | 功率单元过流 | 检查输出电缆和电动机的绝缘性,查看是否有接地故障;<br>U/F 控制电动机和功率模块的额定电流是否配套;<br>电源电压是否有大的波动;<br>功率电缆是否有短路和接地故障;<br>检查功率电缆的长度;<br>更换功率模块 |
| F30002 | 直流母线过压 | 延长减速时间(P1121);<br>设置圆弧时间(P1130、P1136);<br>激活 $V_{dc}$ 电压控制器(P1140、P1180);<br>检查主电源电压;<br>检查电源相位 |
| F30003 | 直流母线欠压 | 检查主电源电压;<br>激活 $V_{dc}$ 电压控制器(P1140、P1180) |
| F30004 | 变频器过热 | 检查变频器风扇是否工作;<br>检查环节温度是否在规定范围内;<br>检查电动机是否过载;<br>降低脉冲频率 |
| F30011 | 主电源缺相 | 检查变频器的进线熔断器;<br>检查电动机电源线 |
| F30015 | 电动机电源线缺相 | 检查电动机电源线;<br>延长加速时间、减速时间 |

续表

| 代　码 | 原　因 | 诊断及处理 |
|---|---|---|
| F30021 | 接地 | 检查功率线路的连接；<br>检查电动机；<br>检查电流互感器；<br>检查抱闸电缆及接触情况 |
| F30027 | 直流母线预充电时间<br>监控响应 | 检查输入端子上的主输入电压；<br>检查主电源电压的设置 |
| F30035 | 风机温度过高 | 检查风扇是否运行； |
| F30036 | 内部过热 | 检查滤网；<br>检查环节温度是否在规定范围内 |
| F30037 | 整流器温度过高 | 参考 F30035 的解决办法；<br>检查电动机负载；<br>检查电源相位 |
| A30049 | 内部风扇损坏 | 检查内部风扇,必要时更换 |
| A30920 | 温度传感器异常 | 检查传感器连接是否正确 |
| F30059 | 内部风扇损坏 | 检查内部风扇,必要时更换 |

# 附录E　ACS510变频器功能参数表

表 E-1　　　　　　　　　　　　　ABB ACS510 变频器功能参数

| 代码 | 中文名称 | 范　　围 | 分辨率 | 缺省值 |
|---|---|---|---|---|
| Group99:启动数据 | | | | |
| 9901 | 语言 | $0\sim3$ | 1 | 0 |
| 9902 | 应用宏 | $-3\sim7,15$ | 1 | 1 |
| 9905 | 电动机额定电压 | $200\sim600$ V | 1 V | 400 V |
| 9906 | 电动机额定电流 | $0.2I_{2N}\sim2.0I_{2N}$ | 0.1 A | $1.0I_{2N}$ |
| 9907 | 电动机额定频率 | $10.0\sim500.0$ Hz | 0.1 Hz | 50.0 Hz |
| 9908 | 电动机额定转速 | $50\sim30\,000$ r/min | 1 r/min | 取决于容量 |
| 9909 | 电动机额定功率 | $0.2P_N\sim3.0P_N$ | 0.1 kW | $1.0P_N$ |
| 9915 | 电动机功率因数 | $0=$辨识,$0.01\sim0.97$ | 0.01 | 0 |
| Group01:运行数据 | | | | |
| 0101 | 转速和方向 | $-30\,000\sim30\,000$ r/min | 1 r/min | |
| 0102 | 转速 | $0\sim30\,000$ r/min | 1 r/min | — |
| 0103 | 输出频率 | $0.0\sim500.0$ Hz | 0.1 Hz | — |
| 0104 | 电流 | $0\sim2.0I_N$ | 0.1 A | — |
| 0105 | 转矩 | $-200\%\sim200\%$ | 0.1% | — |
| 0106 | 功率 | $-2.0P_{2N}\sim2.0P_{2N}$ | 0.1 kW | — |
| 0107 | 直流电压 | $0\sim2.5V_{dN}$ | 1 V | — |
| 0109 | 输出电压 | $0\sim2.0V_{dN}$ | 1 V | — |
| 0110 | 传动温度 | $0\sim150.0$ ℃ | 0.1 ℃ | — |
| 0111 | 外部给定1 | $0\sim500.0$ Hz | 0.1 Hz | — |
| 0112 | 外部给定2 | $0\sim100\%$ | 0.1% | — |
| 0113 | 控制方式 | $0=$本地,$1=$外部控制1,1,2=外部控制2 | 1 | — |
| 0114 | 运行时间 | $0\sim9\,999$ h | 1 h | 0 |
| 0115 | 千瓦时计数器 | $0\sim9\,999$ kW·h | 1 kW·h | — |
| 0116 | 调节器输出 | $0\sim100.0\%.(0\sim600.0\%$转矩控制) | 0.1% | — |
| 0120 | AI1 | $0\sim100.0\%$ | 0.1% | — |
| 0121 | AI2 | $0\sim100.0\%$ | 0.1% | — |

续表

| 代码 | 中文名称 | 范 围 | 分辨率 | 缺省值 |
|------|---------|-------|--------|--------|
| 0124 | AO1 | 0~20.0 mA | 0.1 mA | — |
| 0125 | AO2 | 0~20.0 mA | 0.1 mA | — |
| 0126 | PID1 输出 | −1 000.0%~1 000.0% | 0.1% | — |
| 0127 | PID2 输出 | −100.0%~100.0% | 0.1% | — |
| 0128 | PID1 设定值 | 单位和换算比例是由参数 4006/4106 和 4007/4107 来定义 | — | — |
| 0129 | PID2 设定值 | 单位和换算比例是由参数 4206 和 4207 来定义 | — | — |
| 0130 | PID1 反馈值 | 单位和换算比例是由参数 4006/4106 和 4007/4107 来定义 | — | — |
| 0131 | PID2 反馈值 | 单位和换算比例是由参数 4206 和 4207 来定义 | — | — |
| 0132 | PID1 偏差值 | 单位和换算比例是由参数 4006/4106 和 4007/4107 来定义 | — | — |
| 0133 | PID2 偏差值 | 单位和换算比例是由参数 4206 和 4207 来定义 | — | — |
| 0137 | 过程变量 1 | — | 1 | |
| 0138 | 过程变量 2 | — | 1 | |
| 0139 | 过程变量 3 | — | 1 | |
| 0140 | 运行时间 | 0.00~499.99 kh | 0.01 kh | 0.00 |
| 0141 | 兆瓦时计数器 | 0.999 9 MW·h | 1 MW·h | — |
| 0142 | 旋转计数器 | 0~65 535 | 1 | 0 |
| 0143 | 通电时间(日) | 天 | 1 天 | 0 |
| 0144 | 通电时间(滴答) | hh. mm. ss | 1=2 s | 0 |
| 0145 | 电动机温度 | −10~200 ℃/0~5 000 Ω/0~1 | 1 | 0 |
| 0149 | 超越模式激活 | 0~1 | 1 | 0 |
| 0150 | 控制板温度 | −20.0~150.0 ℃ | 1.0 ℃ | 0 |
| 0151 | 输入千瓦时 | 0.0~999.9 kW·h | 0.1 kW·h | — |
| 0152 | 输入兆瓦时 | 0~999.9 kW·h | 1 MW·h | — |
| 0158 | PID 通信值 1 | −32 768~+32 767 | 1 | — |
| 0159 | PID 通信值 2 | −32 768~+32 767 | 1 | — |

Group04:故障记录

| 代码 | 中文名称 | 范 围 | 分辨率 | 缺省值 |
|------|---------|-------|--------|--------|
| 0401 | 最后故障 | 故障代码(控制盘显示文本) | 1 | 0 |
| 0402 | 故障时间 1 | 上电时间:以天为单位 | 1 | 0 |
| 0403 | 故障时间 2 | 时间:小时.分钟.秒 | 2 s | 0 |
| 0410 | 故障时 DI1−3 | 000~111(0~7 十进制) | 1 | 0 |
| 0411 | 故障时 DI4−6 | 000~111(0~7 十进制) | 1 | 0 |

续表

| 代码 | 中文名称 | 范　围 | 分辨率 | 缺省值 |
|------|----------|--------|--------|--------|
| 0412 | 历史故障 1 | 与参数 0401 相同 | 1 | 0 |
| 0413 | 历史故障 2 | 与参数 0401 相同 | 1 | 0 |
| Group10:输入指令 | | | | |
| 1001 | 外部控制 1 | 0～10 | 1 | 2 |
| 1002 | 外部控制 2 | 0～10 | 1 | 0 |
| 1003 | 转向 | 1～3 | 1 | 3 |
| Group11:给定选择 | | | | |
| 1101 | 控制盘给定 | 1～2 | 1 | 1 |
| 1102 | 外部控制选择 | −6～8 | 1 | 0 |
| 1103 | 给定值 1 选择 | 0～17,20,21 | 1 | 1 |
| 1104 | 给定值 1 下限 | 0～500.0 Hz | 0.1 Hz | 0.0 Hz |
| 1105 | 给定值 1 上限 | 0～500.0 Hz | 0.1 Hz | 50.0 Hz |
| 1106 | 给定值 2 选择 | 0～17,19～21 | 1 | 2 |
| 1107 | 给定值 2 下限 | 0～100.0% | 0.1% | 0 |
| 1108 | 给定值 2 上限 | 0～100.0% | 0.1% | 100.0% |
| Group12:恒速运行 | | | | |
| 1201 | 恒速选择 | −14～14 | 1 | 9 |
| 1202 | 恒速 1 | 0～500.0 Hz | 0.1 Hz | 5.0 Hz |
| 1203 | 恒速 2 | 0～500.0 Hz | 0.1 Hz | 10.0 Hz |
| 1204 | 恒速 3 | 0～500.0 Hz | 0.1 Hz | 15.0 Hz |
| 1205 | 恒速 4 | 0～500.0 Hz | 0.1 Hz | 20.0 Hz |
| 1206 | 恒速 5 | 0～500.0 Hz | 0.1 Hz | 25.0 Hz |
| 1207 | 恒速 6 | 0～500.0 Hz | 0.1 Hz | 40.0 Hz |
| 1208 | 恒速 7 | 0～500.0 Hz | 0.1 Hz | 50.0 Hz |
| Group13:模拟量输入 | | | | |
| 1301 | AI1 下限 | 0～100.0% | 0.1% | 0 |
| 1302 | AI1 上限 | 0～100.0% | 0.1% | 100.0% |
| 1303 | AI1 滤波时间 | 0～10.0 s | 0.1 s | 0.1 s |
| 1304 | AI2 下限 | 0～100.0% | 0.1% | 0 |
| 1305 | AI2 上限 | 0～100.0% | 0.1% | 100.0% |
| 1306 | AI2 滤波时间 | 0～10.0 s | 0.1 s | 0.1 s |
| Group14:继电器输出 | | | | |
| 1401 | 继电器输出 1 | 0～36,45～47 | 1 | 1 |
| 1402 | 继电器输出 2 | 0～36,45～47 | 1 | 2 |

续表

| 代码 | 中文名称 | 范　围 | 分辨率 | 缺省值 |
|---|---|---|---|---|
| 1403 | 继电器输出 3 | 0～36,45～47 | 1 | 3 |
| 1404 | 继电器 1 通延时 | 0～3 600.0 s | 0.1 s | 0 |
| 1405 | 继电器 1 断延时 | 0～3 600.0 s | 0.1 s | 0 |
| 1406 | 继电器 2 通延时 | 0～3 600.0 s | 0.1 s | 0 |
| 1407 | 继电器 2 断延时 | 0～3 600.0 s | 0.1 s | 0 |
| 1408 | 继电器 3 通延时 | 0～3 600.0 s | 0.1 s | 0 |
| 1409 | 继电器 3 断延时 | 0～3 600.0 s | 0.1 s | 0 |
| 1410 | 继电器输出 4 | 0～36,45～47 | 1 | 0 |
| 1411 | 继电器输出 5 | 0～36,45～47 | 1 | 0 |
| 1412 | 继电器输出 6 | 0～36,45～47 | 1 | 0 |
| 1413 | 继电器 4 通延时 | 0～3 600.0 s | 0.1 s | 0 |
| 1414 | 继电器 4 断延时 | 0～3 600.0 s | 0.1 s | 0 |
| 1415 | 继电器 5 通延时 | 0～3 600.0 s | 0.1 s | 0 |
| 1416 | 继电器 5 断延时 | 0～3 600.0 s | 0.1 s | 0 |
| 1417 | 继电器 6 通延时 | 0～3 600.0 s | 0.1 s | 0 |
| 1418 | 继电器 6 断延时 | 0～3 600.0 s | 0.1 s | 0 |

Group15:模拟量输出

| 代码 | 中文名称 | 范　围 | 分辨率 | 缺省值 |
|---|---|---|---|---|
| 1501 | AO1 赋值 | 99～159 | 1 | 103 |
| 1502 | AO1 赋值下限 | — | — | 取决于参数 0103 |
| 1503 | AO1 赋值上限 | — | — | 取决于参数 0103 |
| 1504 | AO1 下限 | 0～20.0 mA | 0.1 mA | 0 |
| 1505 | AO1 上限 | 0～20.0 mA | 0.1 mA | 20.0 mA |
| 1506 | AO1 滤波时间 | 0.0～10.0 s | 0.1 s | 0.1 s |
| 1507 | AO2 赋值 | 99～159 | 1 | 104 |
| 1508 | AO2 赋值下限 | — | — | 取决于参数 0104 |
| 1509 | AO2 赋值上限 | — | — | 取决于参数 0104 |
| 1510 | AO2 下限 | 0～20.0 mA | 0.1 mA | 0 |
| 1511 | AO2 上限 | 0～20.0 mA | 0.1 mA | 20.0 mA |
| 1512 | AO2 滤波时间 | 0～10.0 s | 0.1 s | 0.1 s |

Group16:系统控制

| 代码 | 中文名称 | 范　围 | 分辨率 | 缺省值 |
|---|---|---|---|---|
| 1601 | 运行允许 | −6～7 | 1 | 0 |
| 1062 | 参数锁定 | 0～2 | 1 | 1 |
| 1603 | 解锁密码 | 0～65 535 | 1 | 0 |
| 1604 | 故障复位选择 | −6～8 | 1 | 0 |

| 代码 | 中文名称 | 范　围 | 分辨率 | 缺省值 |
|------|----------|--------|--------|--------|
| 1605 | 用户参数切换 | $-6\sim6$ | 1 | 0 |
| 1606 | 本地锁定 | $-6\sim8$ | 1 | 0 |
| 1607 | 参数存储 | 0＝完成,1＝存储 | 1 | 0 |
| 1608 | 启动允许1 | $0\sim7,-1\sim-6$ | 1 | 0 |
| 1609 | 启动允许2 | $0\sim7,-1\sim-6$ | 1 | 0 |
| 1610 | 显示报警 | $0\sim1$ | 1 | 0 |
| Group17:超越模式 | | | | |
| 1701 | 超越模式选择 | $0\sim6,-1\sim-6$ | 1 | 0 |
| 1702 | 超越模式运行频率 | $0\sim500.0$ Hz | 0.1 Hz | 0 |
| 1704 | 超越模式密码 | $0\sim65\,535$ | 1 | 0 |
| 1705 | 超越模式使能 | $0\sim2$ | 1 | 0 |
| 1706 | 超越模式方向 | $-6\sim7$ | 1 | 0 |
| 1707 | 超越模式给定 | $1\sim2$ | 1 | 1 |
| Group20:限幅 | | | | |
| 2003 | 最大电流 | $0\sim1.1I_{2N}$ | 0.1 A | $1.1I_{2N}$ |
| 2005 | 过电压控制 | 0＝关闭,1＝激活 | 1 | 1 |
| 2006 | 欠电压控制 | 0＝关闭,1＝激活(时间),2＝激活 | 1 | 1 |
| 2007 | 最低频率 | $-500.0\sim500.0$ Hz | 0.1 Hz | 0.0 Hz |
| 2008 | 最高频率 | $0\sim500.0$ Hz | 0.1 Hz | 50.0 Hz |
| Group21:启动/停止 | | | | |
| 2101 | 启动方式 | $1\sim5,8$ | 1 | 1 |
| 2102 | 停止方式 | 1＝自由停机,2＝积分停机 | 1 | 1 |
| 2103 | 直流磁化时间 | $0\sim10.0$ s | 0.01 s | 0.30 s |
| 2104 | 直流抱闸控制 | 0,2 | — | 0 |
| 2106 | 直流抱闸电流 | $0\sim100\%$ | 1% | 30% |
| 2107 | 直流制动时间 | $0\sim250.0$ s | 0.1 s | 0 |
| 2108 | 启动禁止 | 0＝关闭,1＝打开 | 1 | 0 |
| 2109 | 急停选择 | $0\sim6,-1\sim-6$ | 1 | 0 |
| 2110 | 转矩提升电流 | $15\%\sim300\%$ | 1 | 100% |
| 2113 | 启动延时 | $0\sim60.00$ s | 0.01 s | 0 |
| Group22:加速/减速 | | | | |
| 2201 | 加/减速曲线选择 | $0\sim7,-1\sim-6$ | 1 | 5 |
| 2202 | 加速时间1 | $0\sim1\,800.0$ s | 0.1s | 30.0 s |
| 2203 | 加速时间1 | $0\sim1\,800.0$ s | 0.1s | 30.0 s |

| 代码 | 中文名称 | 范　　围 | 分辨率 | 缺省值 |
|---|---|---|---|---|
| 2204 | 速度曲线形状 1 | 0＝线性;0.1～1 000.0 s | 0.1 s | 0 |
| 2205 | 加速时间 2 | 0～1 800.0 s | 0.1 s | 60.0 s |
| 2206 | 加速时间 2 | 0～1 800.0 s | 0.1 s | 60.0 s |
| 2207 | 速度曲线形状 2 | 0＝线性,0.1～1 000.0 s | 0.1 s | 0 |
| 2208 | 急停减速时间 | 0～1 800.0 s | 0.1 s | 30.0 s |
| 2209 | 积分器输入置零 | －6～7 | 1 | 0 |
| Group25:危险频率 | | | | |
| 2501 | 危险频率选择 | 0＝关闭 1＝打开 | 1 | 0 |
| 2502 | 危险频率 1 低限 | 0～500.0 Hz | 0.1 Hz | 0.0 Hz |
| 2503 | 危险频率 1 高限 | 0～500.0 Hz | 0.1 Hz | 0.0 Hz |
| 2504 | 危险频率 2 低限 | 0～500.0 Hz | 0.1 Hz | 0.0 Hz |
| 2505 | 危险频率 2 高限 | 0～500.0 Hz | 0.1 Hz | 0.0 Hz |
| 2506 | 危险频率 3 低限 | 0～500.0 Hz | 0.1 Hz | 0.0 Hz |
| 2507 | 危险频率 3 高限 | 0～500.0 Hz | 0.1 Hz | 0.0 Hz |
| Group31:自动复位 | | | | |
| 3101 | 复位次数 | 0～5 | 1 | 5 |
| 3102 | 复位时间 | 1.0～600.0 s | 0.1 s | 30.0 s |
| 3103 | 延时时间 | 0～120.0 s | 0.1 s | 6.0 s |
| 3104 | 过电流复位 | 0＝禁止,1＝允许 | 1 | 1 |
| 3105 | 过电压复位 | 0＝禁止,1＝允许 | 1 | 1 |
| 3106 | 欠电压复位 | 0＝禁止,1＝允许 | 1 | 1 |
| 3107 | A1 故障复位 | 0＝禁止,1＝允许 | 1 | 1 |
| 3108 | 外部故障复位 | 0＝禁止,1＝允许 | 1 | 1 |
| Group40:过程 PID 设置 1 | | | | |
| 4001 | 增益 | 0.1～100 | 0.1 | 2.5 |
| 4002 | 积分时间 | 0＝未选择,0.1～3 600.0 s | 0.1 s | 3.0 s |
| 4003 | 微分时间 | 0～10.0 s | 0.1 s | 0 |
| 4004 | 微分滤波 | 0～10.0 s | 0.1 s | 1.0 s |
| 4005 | 偏差值取反 | 0＝否,1＝是 | — | 0 |
| 4006 | 单位 | 0～127 | — | 4 |
| 4007 | 显示格式 | 0～4 | 1 | 1 |
| 4008 | 0 值 | 单位和换算比例是由参数 4006 和 4007 来定义 | 0.1% | 0 |

| 代码 | 中文名称 | 范围 | 分辨率 | 缺省值 |
|---|---|---|---|---|
| 4009 | 100%值 | 单位和换算比例是由参数 4006 和 4007 来定义 | 0.1% | 100.0% |
| 4010 | 给定值选择 | 0～19 | 1 | 1 |
| 4011 | 内部给定值 | 单位和换算比例是由参数 4006 和 4007 来定义 | 0.1% | 40.0% |
| 4012 | 给定最小值 | −500.0%～500.0% | 0.1% | 0 |
| 4013 | 给定最大值 | −500.0%～500.0% | 0.1% | 100.0% |
| 4014 | 反馈值选择 | 1～13 | 1 | 1 |
| 4015 | 乘法因子 | −32.768～32.767(0＝未使用) | 0.001 | 0 |
| 4016 | 实际值 1 输入 | 1～7 | 1 | 2 |
| 4017 | 实际值 2 输入 | 1～7 | 1 | 2 |
| 4018 | 实际值 1 下限 | −1 000%～1 000% | 1% | 0 |
| 4019 | 实际值 1 上限 | −1 000%～1 000% | 1% | 100% |
| 4020 | 实际值 2 下限 | −1 000%～1 000% | 1% | 0 |
| 4021 | 实际值 2 上限 | −1 000%～1 000% | 1% | 100% |
| 4022 | 睡眠选择 | 0～7，−1～−6 | 1 | 0 |
| 4023 | 睡眠频率 | 0～500.0 Hz | 0.1 Hz | 0 |
| 4024 | 睡眠延时 | 0～3 600.0 s | 0.1 s | 60.0 s |
| 4025 | 唤醒偏差 | 单位和换算比例是由参数 4006 和 4007 来定义 | 1 | — |
| 4026 | 唤醒延时 | 0～60.0 s | 0.01 s | 0.50 s |
| 4027 | PID1 参数选择 | −6～7 | 1 | 0 |
| Group81:PFC 控制 | | | | |
| 8103 | 给定增量 1 | 0～100.0% | 0.1% | 0 |
| 8104 | 给定增量 2 | 0～100.0% | 0.1% | 0 |
| 8105 | 给定增量 3 | 0～100.0% | 0.1% | 0 |
| 8109 | 启动频率 1 | 0～500.0 Hz | 0.1 Hz | 50.0 Hz |
| 8110 | 启动频率 2 | 0～500.0 Hz | 0.1 Hz | 50.0 Hz |
| 8111 | 启动频率 3 | 0～500.0 Hz | 0.1 Hz | 50.0 Hz |
| 8112 | 停止频率 1 | 0～500.0 Hz | 0.1 Hz | 25.0 Hz |
| 8113 | 停止频率 2 | 0～500.0 Hz | 0.1 Hz | 25.0 Hz |
| 8114 | 停止频率 3 | 0～500.0 Hz | 0.1 Hz | 25.0 Hz |
| 8115 | 辅机启动延时 | 0～3 600.0 s | 0.1 s,1 s | 5.0 s |
| 8116 | 辅机停止延时 | 0～3 600.0 s | 0.1 s,1 s | 20.0 s |
| 8117 | 辅机数量 | 0～6 | 1 | 1 |